K. C. Cole
Das Universum in der Teetasse

K. C. Cole

Das Universum in der Teetasse

Von der alltäglichen Magie
der Mathematik

*Aus dem Englischen von
Ulrike Seeberger*

Aufbau-Verlag

Die Originalausgabe
The Universe and the Teacup
erschien 1998
bei Harcourt Brace & Co.
New York, San Diego, London.

Inhalt

Für Frank

Einleitung
Die Früchte der Gefühle

Auf der elementarsten Stufe entscheidet sich die Natur, aus welchem Grund auch immer, stets für das Schöne.

David Gross, Physiker und Leiter des Instituts für theoretische Physik an der University of California, Santa Barbara

Die Mathematik scheint die erstaunliche Fähigkeit zu haben, uns zu erklären, wie Dinge funktionieren, warum sie so sind, wie sie sind und was das Universum uns alles mitzuteilen hätte, wenn wir bloß lernen könnten, richtig hinzuhören. Das mag den einen oder anderen ein wenig überraschen. Denn dieses Feld menschlichen Strebens gilt doch eigentlich als abstrakt, objektiv und bar jeglichen Gefühls.

Und doch hat die Art, wie wir uns wahrnehmen, wirklich sehr viel damit zu tun, was wir objektiv über die Natur wissen (oder zumindest zu wissen glauben). Die Mathematik sagt uns die Wahrheit – nicht nur darüber, wie die Erdanziehung funktioniert (damit wir bessere Brücken bauen können), sie liefert uns auch allgemeine Wahrheiten, die sich auf unsere Denkweise und unsere Gefühle auswirken (damit wir eine bessere Gesellschaft bauen können). Der Physiker Frank Oppenheimer hat dies gern die »Früchte der Gefühle« in der Wissenschaft genannt.

Klar, die Mathematik vermag wirklich all das, was man uns damals in der Schule beigebracht hat: Man kann mit ihrer Hilfe Brücken bauen, Ausgaben und Einnahmen im Scheckbuch richtig eintragen, die Wahrscheinlichkeit eines Lottogewinns kalkulieren. Aber die Mathematik wirft auch Licht auf jene verschlungenen Gedankengänge, die nicht nur Naturwissenschaftlern den Schlaf rauben, sondern auch Malern, Schauspieler, Dichtern, Lehrern, Psychologen, Liebenden und Eltern: Können wir uns überhaupt einen Reim auf die Natur – einschließlich unserer menschlichen Natur – machen? Was ist Wahrheit?

Menschen suchen diese Wahrheit bei Gott und in Gleichungen (manchmal beides gleichzeitig), indem sie Dramen verfassen oder das Leben der Waldameise studieren. Kurioserweise kann man mit den gleichen Denkmethoden, die dazu beigetragen haben, das Licht als elektromagnetische Welle zu identifizieren, auch die Gründe für die verschiedensten gesellschaftlichen Probleme bestimmen. Die gleichen Beweismethoden, die von Physikern dazu verwendet werden, ein Teilchen namens Top-Quark zu erforschen, dienten im Gerichtssaal beim Prozeß gegen O. J. Simpson der Wahrheitsfindung.

Es ist schon ein schwindelerregender Gedanke: Die Mathematik – dieses angeblich so trockene Fach – ist von ungeheurer Bedeutung für die tiefsten philosophischen Betrachtungen, für die Grundlagen unserer Gesellschaft. Wenn wir herausfinden, wie die Mathematik funktioniert, können wir auch alles andere besser begreifen: von den geheimnisvollsten Bereichen der modernen Physik bis hin zur Erarbeitung gerechterer Scheidungsvereinbarungen.

Das ist einer der Gründe dafür, daß ich in diesem Buch versucht habe, die direkte Verbindung zwischen der Mathematik und der Problemlösung auf den unwahrscheinlichsten Anwendungsgebieten herzustellen. Ich möchte aufzeigen, daß die Mathematik alle möglichen Fragen durchdringt, über die sich Menschen die Köpfe zerbrechen oder Sorgen machen. Ich würde gern mit diesem Buch beweisen, daß unsere Lebensqualität keineswegs darunter leiden muß, wenn auch quantitative Argumente in die Debatte aufgenommen werden. Qualität und Quantität sind ohnehin untrennbar miteinander verbunden. Naturwissenschaftler und Mathematiker sind – wie Heilige und Philosophen – auf der Suche nach dem grundlegenden Warum und Wie der menschlichen Existenz. Und obwohl sie für ihre Beweise völlig andere Normen benutzen, helfen uns quantitative Einsichten doch auch, qualitative Probleme zu verstehen.

Natürlich sind die Werkzeuge der Mathematik kein Ersatz für die Einsichten der Künstler, Schauspieler, Wirtschaftsmagnaten, Psychologen, Historiker, Schriftsteller und anderer geistiger Leitfiguren. Aber sie könnten dringend notwendige neue Perspektiven eröffnen.

Das Buch ist in fünf (unterschiedlich lange) Teile gegliedert. Im Einführungskapitel (»Und was hat das mit Mathematik zu tun?«) stelle ich den Gedanken vor, daß es in der Mathematik nicht so sehr um Zahlen geht als vielmehr um eine bestimmte Denkweise, um eine bestimmte Art, die Fragen zu stellen, die es uns möglich machen, das Innerste der Dinge nach außen zu krempeln, sie auf den Kopf zu stellen und so eine bessere Vorstellung von ihrer wahren Natur zu bekommen. Mathematiker wissen das natürlich schon lange, aber die meisten Menschen außerhalb dieser Zunft wohl nicht. Das erste Kapitel soll Sie in völlig unerwartete Gefilde führen, die alle mit Mathematik zu tun haben – angefangen von den Schlagzeilen in der Tagespresse bis hin zur »Goldenen Regel der Mitmenschlichkeit«.

Der erste Teil (»Wo Denken und Mathematik aufeinandertreffen«) bringt einige Gründe dafür vor, warum wir die Mathematik dringend brauchen, um das vielfältige Durcheinander der Welt zu sieben. Zahlen sprechen ja nicht für sich, denn immer geraten unsere allzu menschlichen Hirne dazwischen. Bestimmte Beziehungen, die jedem glasklar sein sollten, dringen einfach nicht durch den dichten Schleier hindurch, den Physiologie und Erfahrung zwischen unserem Wissen und der Wahrheit ausgebreitet haben. Tatsächlich machen es diese Gedankenfilter dem menschlichen Gehirn schwer (um nicht zu sagen: unmöglich), Dinge so zu sehen, wie sie wirklich sind (was immer das heißen mag …). Allerdings sind sie notwendige Bestandteile der menschlichen Psychologie und Physiologie, und »Heilungsversuche« sind folglich zwecklos. Es ist jedoch sehr hilfreich, wenn man sich diese Filter bewußt macht – so wie es gut ist, nach rechts gegenzusteuern, wenn die Lenkung eines Autos nach links zieht.

Der zweite Teil (»Die Interpretation der stofflichen Welt«) erforscht einige dieser Hindernisse, die verschiedene Bereiche der physischen Realität vor der klaren Erkenntnis aufbauen (nicht daß man allerdings unser verschwommenes

Denken je ganz von der Verworrenheit der Wirklichkeit trennen könnte). Signale werden durch ständige Störungen und veränderte Zusammenhänge verzerrt, qualitative Aussagen zerrinnen vor unseren Augen zu quantitativen Aussagen (und umgekehrt), komplexe Beziehungsgeflechte sind nur allzu oft unmöglich zu entwirren, das Beobachten selbst ist eine höchst brisante Sache, Voraussagen bergen unzählige Gefahren – all das macht die Kunst, aus vorliegenden Informationen einen Sinn zu destillieren, selbst für den begabtesten Mathematiker zu einer ziemlichen Herausforderung.

Der dritte Teil (»Die Interpretation der Gesellschaft«) soll Ihnen eine kleine Ahnung davon geben, wie die Mathematik Licht auf menschliche Probleme wirft, etwa auf das der Gerechtigkeit. So legt uns ein Teilgebiet der Mathematik, die Spieltheorie, nahe, daß ein Leben nach der Goldenen Regel nicht nur moralisch gut ist, sondern auch eine effektive Strategie darstellt, wenn man gute Ergebnisse erzielen will.

Der vierte und längste Teil (»Die Mathematik der Wahrheit«) ist das Kernstück dieses Buches. Er behandelt einige Methoden, derer sich die Mathematik bedient, um oft erstaunlich grundlegende Beziehungen offenzulegen – zum Beispiel die Beziehungen zwischen Ursache und Wirkung, zwischen Beleg und Beweis, zwischen dem Wahren und dem Schönen. Der pikanteste Teil – der Leckerbissen zur Belohnung sozusagen (zumindest für mich) – ist der Bericht darüber, wie eine junge Mathematikerin namens Emmy Noether Albert Einsteins allgemeine Relativitätstheorie schlüssig formulierte, indem sie die Verbindung zwischen der Symmetrie und den grundlegenden, unabänderlichen Naturgesetzen aufzeigte. Anders ausgedrückt: die gleichen Eigenschaften, die eine Schneeflocke so schön aussehen lassen, liegen den elementaren Gesetzen zugrunde, die das gesamte Universum steuern. Das Wahre und das Schöne sind nur zwei Seiten einer Medaille.

Kapitel 1

Und was hat das mit Mathematik zu tun?

Mit dem Verstehen ist es so ähnlich wie mit dem Sex. Die Sache hat einen praktischen Zweck, aber deswegen machen es die Leute eigentlich nicht.

Frank Oppenheimer

Die Suche nach der Wahrheit ist eine der grundlegendsten Leidenschaften des Menschen. Die Frage nach der Wahrheit beschäftigt uns alle unablässig: auf der Bühne und bei Abendgesellschaften, in Klassenzimmern, Gerichtssälen oder Labors und bei religiösen Exerzitien. Und doch wird es seit der Informationsexplosion, die immer stärker in unseren Köpfen widerhallt, zunehmend schwieriger, unter all den konkurrierenden Fakten und Philosophien noch den klaren Klang der Wahrheit herauszuhören.

Wie sich zeigen wird, stellt uns die Mathematik ein einzigartiges Sortiment an Werkzeugen für die Wahrheitssuche zur Verfügung. Sie bringt überraschende Klarheit in ein breit gefächertes Spektrum von Themen: von kosmischen Fragen (dem Schicksal des Universums) bis hin zum sozialen Konflikt (O. J. Simpsons Schuld) und speziellen politischen Problemen (Rasse und IQ).

Menschen, die keine Naturwissenschaftler sind, benutzen diese Werkzeuge in den seltensten Fällen. Selbst wenn ihnen bewußt ist, daß solche Hilfsmittel existieren, wissen sie doch nicht, wie sie diese bei den Problemen einsetzen sollen, die ihnen auf den Nägeln brennen.

Die Mathematik ist jedoch die Grundlage vieler politischer und gesellschaftlicher Neuerungen, die der Gesellschaft sehr am Herzen liegen: Sie macht sich Gedanken über Ursache und Wirkung, über Fairneß und Gerechtigkeit, über Eigennutz und Kooperation, über das Abwägen von Risiken, die Ausgaben für Soziales oder die Verteidigung, sogar über die Natur der wissenschaftlichen Entdeckung selbst.

13

Es stimmt schon, unsere Vorstellungen von der physischen und sozialen Welt sind nicht aus Zahlen abgeleitet. Sie stammen aus anderen Quellen: aus Religion, Geschichtsschreibung, Familie, Psychologie. Wir erkennen die »Wahrheiten«, die uns diese Quellen vermitteln, intuitiv mit dem gesunden Menschenverstand als vernünftig oder als offensichtlich richtig an. So nennt die amerikanische Unabhängigkeitserklärung sie »selbstverständlich«.

Die Mathematik – die logischste aller Wissenschaften – zeigt uns jedoch, daß die Wahrheit oft der Intuition widerspricht und der Menschenverstand manchmal alles andere als gesund ist.

Die Denkweise der Mathematik kann uns dabei helfen, unklare Beziehungen klarer zu sehen. Die Mathematik ist eine Sprache, die es uns erlaubt, die Komplexität unserer Welt in überschaubare Muster zu übersetzen. In gewisser Weise ist es etwa so, wie wenn im Kino die Saallichter ausgehen, damit man den Film besser sieht. Nun können Sie zwar die Gesichter der Menschen in Ihrer Umgebung und das Muster an der Decke nicht mehr erkennen. Dafür bekommen Sie einen wesentlich besseren Blick auf das, worum es eigentlich geht.

William Thurston, der Direktor des Instituts für mathematische Forschung (und manchen zufolge der größte lebende Geometer der Welt), nennt die Mathematik, in Analogie zu Software und Hardware, »Mindware«. Sie gibt uns die Möglichkeit, Konzepte zu erkennen und zu formulieren, an die wir auf keine andere Art herankommen können. Ingrid Daubechies – die mit dem MacArthur Award ausgezeichnete, in Princeton arbeitende Mathematikerin, die die Wavelet-Analyse wieder aus der Versenkung holte (eine Methode, mit der man alles mögliche bewerkstelligen kann, von der Speicherung von Fingerabdrücken bis zur Beobachtung der Sterne) – meint, die Mathematik sei der Lyrik sehr verwandt: Man geht an eine große Idee heran, verdichtet sie, bearbeitet und schleift sie so lange, bis sie genau die richtige Information übermittelt.

Die Mathematik kann wie ein Teleskop, wie ein Mikroskop oder wie ein Sieb wirken, mit dem man ein Signal vom Hintergrundrauschen trennt. Oder wie eine Schablone für die

Mustererkennung, eine Methode, um die Wahrheit zu suchen oder zu bestätigen. Sie ist eine Linse, mit der man das Dunkel erhellen – oder auch das verdunkeln und verzerren kann, was bis dahin scheinbar klar war. Sie kann Sie bis ins Zentrum eines Sterns mitnehmen oder bis an den äußersten Rand des Universums, Ihnen das Ergebnis einer Wahl voraussagen oder vorausberechnen, was passiert, wenn wir noch hundert Jahre lang Kohlendioxid in die Atmosphäre pumpen. Sie können mit ihrer Hilfe bis ans Ende der Zeiten extrapolieren oder sich ganz bis zu ihrem Anfang zurückrechnen, und all dies von Ihrem gegenwärtigen Standpunkt aus.

Mathematiker sehen ihre Kunst nicht als eine Methode, einfach die Wirklichkeit zu berechnen oder zu ordnen. Sie begreifen, daß die Mathematik die Wirklichkeit auch formuliert, manipuliert und entdeckt. In diesem Sinne ist sie also gleichzeitig Sprache und Literatur, gleichzeitig Werkzeugkasten und das mit diesen Werkzeugen errichtete Gebäude.

Ich flog einmal von Boston, wo ich mich mit einem Kosmologen am MIT über das Universum und dergleichen unterhalten hatte, nach Hause. Ich schaute aus dem Fenster und bemerkte Inseln, die unter dem seichten Wasser ganz deutlich sichtbar durch Landstreifen verbunden waren. Am Boden wären diese Verbindungen nicht auszumachen gewesen, wären die Inseln völlig separat erschienen. Aus der Luft gesehen lagen die Pfade zwischen ihnen so klar und deutlich wie auf einer Straßenkarte da. Es hat schon seinen Grund, dachte ich mir damals, daß ein großer Teil der physikalischen Grundlagenforschung sich mit der Betrachtung wesentlich größerer Dimensionen beschäftigt. Von einem erhöhten Standpunkt aus hat man einfach einen besseren Überblick.

Genauso geben uns die Werkzeuge der Mathematik die Möglichkeit, ansonsten unsichtbare Muster und Verbindungen aufzudecken. Die Mathematik hat uns bereits Hinweise auf versteckte Trends (HIV-Infektion), neue Materiearten (Quarks, dunkle Materie, Antimaterie) und wichtige Korrelationen (zwischen Rauchen und Lungenkrebs) gegeben. Sie erreicht dies, indem sie das nackte Knochengerippe einer Situation freilegt und dabei – so weit wie möglich – die Vorstellungen des »gesunden Menschenverstandes« ausschaltet, die uns so oft in die Irre führen. Mit der Mathematik hat man die Möglichkeit, von einem Problem alle Hüllen herunterzureißen und gleich bis zum Skelett vorzudringen. Mit welchem Geschehen im Untergrund ließe sich das erklären, was an der Oberfläche sichtbar wird? Was verzögert die Sache? Wenn man tief genug weitergräbt, was findet man dann?

In gewisser Weise ist die Geschichte des Universums, wie sie sich vor uns auftut, die Geschichte einer Suche nach verborgenen Verbindungen. Die Natur des Lichts wurde entdeckt, als in den Gleichungen, die Elektrizität und Magnetismus miteinander verknüpfen, immer wieder eine bestimmte Zahl (die Lichtgeschwindigkeit) auftauchte. Man erkannte Licht als elektromagnetische Schwingung – und dieses Verständnis ermöglichte es den Forschern, mit ihren Experimenten nach anderen Erscheinungen ähnlicher Art zu suchen. Funksignale zum Beispiel werden mit Hilfe von elektromagnetischen Wellen übertragen, die so langsam schwingen, daß sie für das Auge unsichtbar sind, während die Schwingungen der Röntgenstrahlen wesentlich schneller sind.

Gleichungen können Bände sprechen, wirtschaftliche Trends deutlich machen, Krankheitsmuster offenlegen, Bevölkerungswachstum erklären und die Auswirkungen von Vorurteilen und Diskriminierung formulieren. Die Mathematik ist im wahrsten Sinn des Wortes bewußtseinserweiternd. Sie läßt uns mehr sehen. Mit ihren Werkzeugen können wir in die Zukunft extrapolieren (obwohl es dabei einige Risiken gibt) und unsichtbare Dinge sehen (zum Beispiel den gekrümmten Raum).

»Was beobachten wir wirklich?« fragte Sir Arthur Eddington 1959, als er die Lektionen aus den revolutionären Umwälzungen in der Physik dieses Jahrhunderts zusammenfaßte: »Die Relativitätstheorie hat uns eine Antwort gegeben – wir beobachten nur Relationen, Beziehungen. Die Quantentheorie gibt uns eine andere Antwort – wir beobachten nur Wahrscheinlichkeiten.«[*]

[*] Zitiert in Richard Gregory *Mind in Science*

Anders ausgedrückt: wir beobachten also mathematische Beziehungen.

Da die Mathematik bei der Freilegung der Wahrheit so Großes leistet, ist es schon seltsam, wie oft sie dazu verwendet wird, Mißverständnisse und Lügen am Leben zu halten. Die Mathematik hat eine solche Macht, weil wir Zahlen größeres Gewicht beimessen als Worten. »Zahlen führen Menschen oft in die Irre«, sagt der Mathematiker Keith Devlin. »Das ist keine Schande: auch Wörter können irreführend sein. Das Problem ist nur, daß wir dazu neigen, Zahlen mit einer gewissen Ehrfurcht zu betrachten, als wären sie irgendwie zuverlässiger als Wörter ... Diese Annahme ist in keiner Weise gerechtfertigt.«

Die Menschen erhoffen sich oft von der Mathematik objektive Argumente, die sie vor dem unangenehmen Phänomen der Mehrdeutigkeit erretten. Wenn wir die Dinge nur in Zahlen fassen, hoffen wir, dann kommt dabei vielleicht die Wahrheit heraus. Aber die Mathematik formuliert diese Mehrdeutigkeiten lediglich. Sie ist kein Rettungsboot im Meer der Verwirrung, nur eine Boje, die uns auf Untiefen hinweist. Schließlich war es ein mathematischer Lehrsatz (Gödels Unvollständigkeitssatz[*]), der bewies, daß man manche Wahrheiten nicht allein durch die Anwendung reiner Logik erreichen kann.

Ein Musterbeispiel dafür, wie leicht wir uns von Zahlen einschüchtern lassen, ist das Buch *The Bell Curve*. Diese Abhandlung war so kontrovers, daß in kürzester Zeit als Reaktion ein halbes Dutzend Bücher erschien. Die Autoren sind Charles Murray vom American Enterprise Institute und der kürzlich verstorbene Richard Herrnstein aus Harvard. Das Buch fährt ein ganzes Arsenal von mathematischen Geschützen auf, um die These zu untermauern, daß Intelligenz hauptsächlich ererbt ist, daß Schwarze weniger intelligent sind und man daran leider wohl auch nur wenig ändern kann. Kritiker – von einfachen Lesern ganz zu schweigen – gaben zu, daß

[*] Siehe Kapitel 13 »Die Beweislast«

sie von diesem Sperrfeuer von Statistiken, Kurven und Regressionsanalysen völlig verstört waren.

Und doch stellten die wenigen Unerschrockenen, die sich kopfüber in dieses Meer von Statistiken stürzten, fest, daß man bei den Zahlen, die so klar zu sprechen schienen, viele grundlegende Einschränkungen unter den Teppich gekehrt hatte, wodurch ein großer Teil der mathematischen Argumente völlig bedeutungslos wurde. *

Die Frage, die man mir am häufigsten stellt, ist: Wie kann man in solchen Fällen je herausfinden, was wahr ist, ohne daß man vorher selbst Mathematiker wird? Die Antwort: Das muß man nicht. Sie müssen nur selbstbewußt genug sein und die Fragen stellen, die Ihnen durch den Kopf gehen. Wie zum Beispiel: Woher wissen Sie das? Auf welche Beweise stützt sich das? Womit sonst läßt sich das vergleichen? Wie die Frau in San Francisco, die den ganzen Tag im Exploratorium, einem naturwissenschaftlichen Museum, verbrachte, sämtliche Exponate genau studierte und dann nach Hause ging und eine Lampe anschloß. In diesem weltberühmten Naturwissenschaftsmuseum wurde an keiner Stelle gezeigt, wie man eine Lampe anschließt. Die Frau hatte dort einfach den Glauben an ihre eigenen Fähigkeiten entdeckt: Auch sie konnte herausfinden, wie Dinge funktionieren.

Wenn man die Mathematik richtig benutzt, kann sie die kleinen Webfehler in unserem Wahrnehmungsapparat bloßlegen, die zu den häufigsten Illusionen führen – wie zum Beispiel unsere Unfähigkeit, den Unterschied zwischen Millionen und Milliarden wirklich zu »begreifen« –, und stellt uns relativ einfache Methoden zur Verfügung, wie wir uns vor unserer eigenen Unwissenheit schützen können. Der Physiker Richard Feynman hat einmal gesagt: »Die Naturwissenschaft ist die lange Geschichte, wie wir gelernt haben, uns nichts mehr vorzumachen.« Ein wenig mathematisches Wissen als Grundlage unseres Denkens kann uns dabei helfen, daß wir uns nicht mehr so oft etwas vormachen – und mit weniger drastischen Folgen.

* Siehe Kapitel 12 »Warum Dinge wirklich geschehen«

Kurz gesagt: Mathematik ist wichtig, wesentlich wichtiger, als die meisten glauben. Auf der Grundlage von Zahlen müssen wir Entscheidungen über Leben und Tod fällen. Wir können es uns nicht leisten, auf dem Gebiet der Mathematik vollkommen unwissend zu bleiben, nur weil wir den Mathe-Unterricht in der Schule so schrecklich öde fanden – genauso wenig, wie wir es uns leisten können, in Sachen Computer oder AIDS vollkommen unwissend zu bleiben. Mathematik ist lebenswichtiges Wissen, kein schmückendes Beiwerk.

Ich habe mich ursprünglich in meinen Arbeiten mit gesellschaftlichen Fragestellungen beschäftigt. Es beeindruckt mich immer wieder, was für ein leistungsfähiges Werkzeug die Mathematik beim Durchsieben von Tatsachen ist, wie sehr sie uns bei der Entscheidung darüber helfen kann, was in einer ungeheuren Vielfalt von Situationen die Wahrheit ist. Einige ihrer Hilfsmittel sind offensichtlich (zum Beispiel die Wahrscheinlichkeitsrechnung), während andere subtiler und sogar obskur sind (zum Beispiel die Beziehung zwischen Symmetrie, Wahrheit und den grundlegenden, unabänderlichen Naturgesetzen).

In Zahlen liegen viele verschiedene Arten von Wahrheit verborgen. Diese Wahrheiten möchte ich im vorliegenden Buch erkunden. Was bedeutet es, wenn man eine Zahl mit einer anderen korrelieren kann? Zum Beispiel den IQ mit der Intelligenz oder gute Mathematiknoten mit großen Füßen? Wenn eine Sache eine andere wahrscheinlicher macht, ist es dann angemessen, sie als deren »Ursache« zu bezeichnen? Was ist die wirkungsvollste Strategie, wenn man ein Spiel gewinnen will? Ist unbeschränktes Wirtschaftswachstum wirklich eine gute Sache (oder auch nur möglich)? Hat es früher Leben auf dem Mars gegeben? Wie teilt man den Staatshaushalt am gerechtesten auf? Wie überlebt man am ehesten eine tödliche Mutprobe? Wie hoch ist die Wahrscheinlichkeit, daß man von einem Terroristen ermordet wird? Mit über 40 noch heiratet? Seinem Schwager in Manhattan begegnet? Oder in Nome in Alaska? Haben diese Zahlen, die wir mit Dingen in Verbindung bringen, überhaupt eine Bedeutung? Und wenn ja, welche?

Zweifellos hat die Mathematik große Macht. Kein Wunder also, daß der Physiker Sir James Jeans zu folgendem Schluß kam: »Der große Baumeister des Universums erscheint uns mit der Zeit immer mehr als reiner Mathematiker.«

Gleichzeitig ist die Mathematik alles andere als idiotensicher. Wie jede andere Wissenschaft wächst und gedeiht sie in verschiedenen Kulturen und wird sehr von deren speziellen Eigenheiten beeinflußt. Ich möchte mich in diesem Buch auf verschiedene mathematische Richtlinien auf dem Weg zur Wahrheit konzentrieren, die sich auf ein breites Spektrum von Fragen anwenden lassen – von den Themen in den Tagesnachrichten bis hin zu Fragen von rein philosophischem oder ästhetischem Belang.

Was mir persönlich am besten gefällt: wie im Werk von Emmy Noether und Albert Einstein das Wahre und das Schöne zusammengeführt werden; daß man tiefe Wahrheiten als Invarianten definieren kann – als Dinge, die sich unter keinen Umständen ändern; daß diese Invarianten über Symmetrien definiert werden, die ihrerseits festlegen, welche Eigenschaften der Natur erhalten bleiben, und zwar absolut und unter allen Umständen. Es sind dies genau die gleichen Symmetrien, die unsere Sinne in der Kunst, in der Musik und bei der Betrachtung eines Schneekristalls oder einer Galaxie ansprechen. Die grundlegenden Wahrheiten beruhen alle auf Symmetrie – und darin liegt eine tiefe Schönheit.

Und nun kann unsere Reise beginnen.

Teil I

Wo Denken und Mathematik
aufeinandertreffen

Die Mathematik ist nicht aus dem Nichts aufgetaucht – wie es manche Kosmologen vom Universum annehmen. Sie wurde von Menschen geschaffen (oder entdeckt, wenn Sie diese Lesart vorziehen). Deswegen spiegeln sich in der Mathematik viele Aspekte des Menschen wider, unter anderem seine körperlichen Eigenschaften, Psychologie und Kultur. Die Funktionsweise unseres Hirns und unseres Körpers hat nicht nur das Studium der Mathematik geformt, sondern auch unsere alltägliche Wahrnehmung der quantitativen Erscheinungen des Lebens. Schließlich hat ja gerade die menschliche Natur – im weitesten psychologischen und physiologischen Sinne – die komplexe Mathematik geschaffen, die uns den gekrümmten Raum und die Quarks enthüllt und die im Laufe der Zeit alles mögliche vom Computer bis zur Gentechnik hervorgebracht hat. Die gleiche menschliche Natur beschränkt jedoch auch unsere Fähigkeit, jene Phänomene zu verstehen, die für das Überleben unserer Art kritisch sein könnten: unter anderem Risiken, Bevölkerungswachstum und Staatshaushalte.

Es ist ein ständig wiederkehrendes Thema der Evolution: Die gleichen Strategien, die uns als Treppenstufen zu einigen grundlegenden Wahrheiten dienen, entwickeln sich in anderen Zusammenhängen für uns zu Hindernissen, die sich vor anderen Wahrheiten auftürmen.

Ein offensichtliches Beispiel dafür, daß die menschliche Physiologie die Mathematik mitgeformt hat, sind die Zahlensysteme, die in den meisten Gesellschaften der Welt benutzt werden. Sie basieren alle auf Vielfachen der Zahl zehn, weil praktisch alle Menschen mit zehn Fingern und zehn Zehen geboren werden. (Einige Kulturen erweitern dieses System noch, indem sie zum Zählen auch Handgelenk, Ellbogen, Schultern und die Brust hinzunehmen.)

Weniger offensichtlich ist, daß unsere Gehirne anscheinend ziemlich ähnlich geeicht sind wie die Skala, mit der man die

Stärke von Erdbeben angibt. Ein kleiner Anstieg auf dieser Skala (sagen wir einmal von Stärke 7 auf 8) entspricht einer ungeheuren Zunahme der Zerstörungskraft (zehnmal stärker). So läßt sich vielleicht die Unfähigkeit vieler Menschen erklären, den wahren Unterschied zwischen einer Million und einer Milliarde zu begreifen – übrigens völlig unabhängig von ihrer mathematischen Bildung.

Die Welt jenseits unseres Körpers wird zudem von Kräften bestimmt, die allüberall mathematische Objekte hervorbringen. Die Geometrie wächst buchstäblich auf den Bäumen. Wegen der spezifischen Wirkungsweise der Schwerkraft, der elektrischen Kräfte und der Kernkraft erscheint uns alles, was so groß wie der Mond oder größer ist, als rund oder oval. Wasserfontänen in einem Brunnen fallen in Parabelkurven. Seifenblasen schließen sich in einem Winkel von 120° zusammen, die beiden Wasserstoffatome und das Sauerstoffatom in einem Wassermolekül unter einem Winkel von 105°. Und daraus ergibt sich die Form aller Seifenblasen und Schneeflocken. Die Verzweigungen von Bäumen, Blutgefäßen und Flüssen ähneln einander deutlich.

In ähnlicher Weise sind unser Zeitmaß und unsere Zeitvorstellung von den Umdrehungen unseres Planeten um seine eigene Achse und von seiner Umlaufzeit um die Sonne bestimmt. Wir orientieren uns im Raum entlang der Erdachse (Nord-Süd) und mit Hilfe der Magnetpole. Wir haben eine feste Vorstellung vom Begriff »unten«. Dabei ist das, was für mich »unten« ist, für einen Menschen auf der anderen Seite der Erdkugel genau das Gegenteil. In Wirklichkeit ist »unten« nur die Richtung der größten Erdanziehung. Wenn Sie sich allein im All befänden, gäbe es für Sie kein Oben und Unten, kein Ost und West.

Viele mathematische Verknüpfungen – wie zum Beispiel Addieren und Subtrahieren – leiten sich direkt aus unserer praktischen Erfahrung ab: Wie viele Äpfel habe ich, wenn ich zwei hinzufüge? Wie schneidet man einen Kuchen in drei Teile? Wie leitet man den Umfang eines Kreises aus seinem Durchmesser ab?

Aber mathematische Vorstellungen gehen auch weit über die

Erfahrung hinaus. Die vollkommenen Kreise und rechten Winkel, mit denen die Mathematiker in der Geometrie so gerne arbeiten, gibt es in der wirklichen Welt nicht. Zahlen können vieles, was »wirkliche« Dinge nicht können. Eine alte Geschichte zeigt deutlich, daß manche Rechnungen einfach nicht aufgehen wollen: Ein Mann steht an einer Straßenecke und bettelt mit folgendem Schild um Kleingeld: 2 Kriege; 1 Bein; 2 Ehefrauen; 3 Kinder; 2 Verletzungen. Insgesamt: 10. Andererseits können Dinge vieles, was Zahlen allein nicht schaffen: Wenn Sie Wasserstoff und Sauerstoff im Verhältnis zwei zu eins zusammenmischen, erhalten Sie unter den richtigen Bedingungen eben nicht drei Teile Gas, sondern Wasser.

Und doch hat bisher jeder Versuch, die Welt der Zahlen über den Bereich der Erfahrung hinaus auszudehnen, ungeheure kulturelle Auswirkungen nach sich gezogen. Als man die negativen Zahlen einführte, hielten die Menschen sie für absurd. Die Vorstellung von minus zwei Äpfeln war völlig sinnlos, was konnte dann minus zwei überhaupt bedeuten? Die Einführung der Null war so erbittert umkämpft wie das kopernikanische sonnenzentrierte Weltbild. Und wenn die Geschichten stimmen, die man sich über die Pythagoräer erzählt, dann mußten wirklich Menschen ihr Leben lassen, weil man die irrationalen Zahlen (wie die Zahl Pi) entdeckt hatte, die sich nicht als Brüche darstellen lassen. Unser heutiger Gebrauch des Wortes »irrational« in der Bedeutung »völlig unsinnig und vernunftwidrig« spiegelt wohl ziemlich genau wider, was die Menschen damals kurz nach deren Entdeckung über diese Zahlen dachten.

Heutzutage verlassen sich die Mathematiker auf alle möglichen seltsamen Dinge, die man früher einmal für völlig verrückt gehalten hätte: verschiedene Arten von Unendlichkeit, imaginäre und transzendentale Zahlen, Geometrien mit weit mehr als drei Dimensionen und so weiter.

Aber wie weit sich die Mathematik auch von der menschlichen Erfahrung entfernt, unsere stoffliche Welt (einschließlich unserer eigenen Körperlichkeit) spielt doch weiterhin eine große Rolle bei der Wahrnehmung mathematischer Ideen.

Kapitel 2

Exponentielles Wachstum

Die größte Schwäche von uns Menschen ist unsere Unfähigkeit, die Exponentialfunktion wirklich zu verstehen.

Albert A. Bartlett, Physiker

Denken Sie einmal an die außerordentlichen Schwierigkeiten,
die wir mit sehr großen und sehr kleinen Zahlen haben. Jeder,
der je eine Milliarde mit einer Billion verwechselt hat, weiß,
daß irgendwann alle großen Zahlen ziemlich ähnlich aussehen. Täglich werden wir mit unvorstellbaren Zahlen bom-
bardiert:

Die nationale Verschuldung der USA ist auf die Größenordnung von Billionen Dollar angewachsen. Die Milchstraße
hat 200 Milliarden Sterne, und im Universum gibt es noch
200 Milliarden andere Galaxien. Die chemischen Reaktionen,
die allem zugrunde liegen, vom Feuer bis hin zum menschlichen Denken, finden in einem Zeitraum von Femtosekun-
den statt (dem billiardsten Teil einer Sekunde). Das Leben hat
sich innerhalb eines Zeitraums von ungefähr 4 Milliarden Jahren entwickelt.

Was können wir mit solchen Zahlen anfangen? Die außerordentlich beunruhigende Antwort ist: nicht besonders viel.
Unser Hirn ist anscheinend nicht dafür gebaut, mit außerordentlich großen oder außerordentlich kleinen Zahlen umzu-
gehen. Douglas Hofstadter hat den Ausdruck »Zahlenblindheit« geprägt, um dieses Syndrom zu beschreiben, an dem
beinahe jeder leidet. Schließlich ist es ja wirklich ziemlich einfach, eine Million und eine Milliarde zu verwechseln. Die beiden unterscheiden sie sich ja nur durch ein paar popelige
Buchstaben. Außer daß eine Million ein kaum wahrnehm-
bares Tausendstel einer Milliarde ist – ein aberwitzig winziges
Teilchen.

Dagegen ist anscheinend niemand immun. Wie Donald
Goldsmith im *Wall Street Journal* aufzeigte, hat es immerhin

sogar Präsident Clinton geschafft, in einer Rede über das Gesundheitswesen lumpige 90 000 Arztbesuche unter den Tisch fallen zu lassen. Er multiplizierte 500 Kinder mit 200 Ärzten und bekam als Ergebnis 10 000 Arztbesuche, 90 000 zu wenig.

Wir haben alle unsere Probleme mit der Vorstellung, daß eine Inflationsrate von 5 % unser Einkommen innerhalb von etwa einem Jahrzehnt auf die Hälfte zusammenschmelzen lassen kann oder daß eine Bevölkerung, die sich mit bloßen 2% vermehrt, innerhalb kürzester Zeit jeden Quadratzentimeter auf der Erde mit Beschlag belegen würde. Vom rasant schrumpfenden Dollar bis hin zur Sprengkraft einer Atombombe wird vieles in Zahlen gefaßt, mit denen wir Menschen so unsere Probleme haben. Und doch sind die Konsequenzen unserer eingebauten Zahlenblindheit ungeheuerlich.

Wenn wir den wirklichen Unterschied zwischen Tausend, einer Million, einer Milliarde, einer Billion und so weiter nicht verstehen können, wie wollen wir da vernünftig über Prioritäten im Haushaltsentwurf debattieren? Wir können nicht verstehen, daß winzige Veränderungen in der Überlebensrate zum Aussterben ganzer Arten führen sollen, warum sich AIDS so rasch ausbreitet oder wie kleine Schwankungen der Zinssätze die Preise so rasend schnell in die Höhe treiben. Wir können weder die Kleinheit subatomarer Teilchen noch die Größe des interstellaren Raums begreifen. Wir haben keinen blassen Schimmer, wie wir das Bevölkerungswachstum, die Sprengkraft von Waffen oder unseren Energieverbrauch einschätzen sollen.

Zum Glück haben Naturwissenschaftler und Mathematiker sich alle möglichen Metaphern und Tricks einfallen lassen, die uns einen Blick auf diese riesigen und winzig kleinen Welten erlauben, deren Größenordnung jenseits unserer Vorstellungskraft zu liegen scheint. Der Geologe Raymond Jeanloz von der University of California in Berkeley gibt seinen Studenten gern ein beeindruckendes Beispiel von der Macht der Zahlen: Er zieht am einen Ende der Wandtafel einen Strich, der für die Null stehen soll, und am anderen Ende einen für eine Billion. Dann bittet er einen Freiwilligen, dort einen Strich einzuzeichnen, wo eine Milliarde läge. Die meisten malen ihn irgendwo auf dem Drittel des Abstandes zwischen Null und einer Billion hin, erzählt er. Tatsächlich wäre die richtige Stelle so ziemlich in der Nähe der Nullinie.

Verglichen mit einer Billion ist eine Milliarde nur ein winziger Klacks. Das gleiche gilt für den Unterschied zwischen einem Millionstel und einem Milliardstel. Wenn die Breite dieser Buchseite für ein Millionstel von irgend etwas steht, dann wäre ein Milliardstel sehr viel weniger als die Strichdicke eines Bleistiftes.

S. George Djogvski hat einmal in der Zeitschrift *Engineering and Science* der Caltech-Hochschule eine Analogie angeboten, die uns helfen soll, uns die riesige Ausdehnung des Raums vorzustellen. Wenn die Sonne zweieinhalb Zentimeter Durchmesser hätte und 1,50 m von unserem Standpunkt auf der Erde entfernt wäre, dann »hätte das Sonnensystem einen Durchmesser von etwa 0,3 km. Der nächste Stern läge mehr als 400 km entfernt, beinahe schon in San Francisco [von Los Angeles aus gesehen], und unsere Galaxie hätte einen Durchmesser von beinahe 10 Millionen km. Die nächste Galaxie wäre 64 Millionen km entfernt. Hier verliert man dann schließlich sogar in diesem Modell den Überblick. Der nächste Sternhaufen läge über 6 Milliarden km entfernt, und die Größe des beobachtbaren Universums wäre eine Billion Kilometer. Wenn man für die Reise über diese Entfernung fünf Dollar pro Kilometer bekäme, wäre die nationale Verschuldung getilgt.«

Nicht daß wir uns die nationale Verschuldung besser vorstellen könnten als diese Zahlen. Der verstorbene Physiker Sir James Jeans, der Einsteins Theorien in wunderbare, allgemeinverständliche Worte gefaßt hat, meint, es sei uns Menschen anscheinend unmöglich, die Bandbreite aller Größenordnungen zu durchmessen – zwischen »Elektronen, deren Durchmesser ein Bruchteil eines Millionstels eines Millionstels von einem Zentimeter ist, bis hin zu galaktischen Nebeln, die in Hunderttausenden von Millionen Kilometern gemessen werden«. Er versucht, uns mit der folgenden Erklärung zu helfen: »Wenn die Sonne ein Staubkörnchen vom Durchmesser eines Tausendstel Zentimeters wäre, so müßte sie [d. h. die körnchengroße Sonne] sich in jede Richtung um über 6 Millionen Kilometer ausdehnen, um auch nur einige wenige benachbarte Galaxien zu umfangen.«

Oder so: »Wenn man die Waterloo Station in London völlig leeren würde, so daß sich nur noch sechs Staubkörnchen darin befänden, dann wären hier die Staubkörnchen immer noch näher beieinander als die Sterne im Weltraum.«

Oder so: »Wenn man alle Moleküle aus einem Halbliterglas Wasser aneinanderreihen würde, so würden sie eine Kette bilden, die mehr als 200 Millionen Mal um die Erde reicht.«

Schließlich bietet er uns noch eine Möglichkeit an, uns die ungeheure Hitze vorzustellen, die bei der Kernverschmelzung entsteht: Ein Stecknadelkopf, den man auf die Temperatur des Sonneninneren brächte, schreibt Jeans, »würde so viel Hitze ausstrahlen, daß er im Umkreis von tausend Meilen jegliches Leben auslöschen würde«.

Diese Bilder haben einen emotionalen Gehalt, den reine Zahlen nicht vermitteln können. Sie geben uns eine Vorstellung davon – und einiges Wissen darüber –, worum es bei wirklich großen Zahlen geht.

Einer der vielen Gründe dafür, daß große Zahlen so explosionsartig anwachsen, ist die Tatsache, daß die Multiplikation eine so mächtige Triebfeder für Wachstum ist – sogar wenn die einzige Zahl, mit der man multipliziert, unscheinbar klein ist, etwa die Zahl zwei.

Die alte Legende von der Mathematikerin, die das Schachspiel erfunden hat, zeigt dies sehr schön. Dem König gefiel nämlich das Schachspiel so gut, daß er der Mathematikerin jeden Preis anbot, den sie von ihm forderte. Sie bat um nichts als um zwei Weizenkörner auf dem ersten Feld des Schachbretts, vier auf dem zweiten, acht auf dem dritten und so weiter, immer doppelt so viele Weizenkörner für jedes der vierundsechzig Felder des Schachbretts.

Wieviel Getreide hat sie bekommen? Mehr, als in der gesamten Menschheitsgeschichte je erzeugt wurde! So groß ist die Kraft der Verdopplung.

Ein noch deutlicheres Beispiel hat der Physiker Albert A.

Bartlett uns gegeben, der einen persönlichen Feldzug gegen das »Exponential-Analphabetentum« führte. Hier ist die Geschichte, mit der er erklärt, wie prekär selbst in Zeiten augenscheinlichen Wohlstands die Lage unserer natürlichen Ressourcen ist:

Stellen Sie sich eine Bakterienkolonie vor, die in Bakterienland lebt. Einige Bewohner machen sich auf den Weg, um eine neue Kolonie zu gründen – in einer Coca-Cola-Flasche, die sie in der Erde vergraben fanden. Sie buddeln die Flasche aus und richten sich dort häuslich ein. Fangen wir mit zwei furchtlosen Pionieren an, die sich in dieser neuen Kolonie niederlassen. Außerdem soll sich die Bevölkerung jede Minute verdoppeln. Wenn sie um 11 Uhr anfangen, dann ist um 12 Uhr mittags die Flasche voll, und sie haben keinen Platz und keine Ressourcen mehr.

Wann, fragt Bartlett, würden wohl die weitsichtigeren unter den Bakterien anfangen, ein Überbevölkerungsproblem am Horizont zu sehen? Sicherlich nicht vor 11. 58 Uhr, antwortet er, denn zu diesem Zeitpunkt ist die Flasche erst zu einem Viertel gefüllt (zwei Verdopplungen vom vollen Zustand entfernt). Sogar um 11. 59 Uhr wäre sie erst halbvoll. Man kann die Bakterienpolitiker richtig hören, wie sie ihre Binsenwahrheiten verkünden: »Kein Grund zur Sorge, Leute! Wir haben noch mehr Platz in unserem Heimatland, als wir in der gesamten Geschichte dieser Kolonie gebraucht haben!«

Trotzdem entscheiden sie sich, an anderen Ufern nach weiteren Coca-Cola-Flaschen zu suchen. Sie finden drei. Toll! Wieviel Zeit gibt das den Bakterien, bis ihnen wieder der Platz ausgeht? Antwort: zwei Minuten.

Tatsächlich verdoppelt sich alles, was exponentiell anwächst, früher oder später. Zinsen zu 7% verdoppeln Ihr Geld in zehn Jahren. Ein Bevölkerungswachstum von 7% verdoppelt die Zahl der Menschen in zehn Jahren. Wir wollen die ersten Bakterien in der Flasche einmal Adam und Eva nennen. Man erwartet, daß sich die Zahl der Menschen auf Erden in fünfzig oder sechzig Jahren verdoppelt (das sind die optimistischeren Berechnungen). Doch wahrscheinlich regt sich in näherer Zukunft noch niemand sonderlich darüber auf, denn die Flasche sieht noch ziemlich leer aus – besonders dann, wenn man auf dem flachen Land lebt.

Für Leute, die Geld auf der Bank oder – noch besser – in Aktien angelegt haben, ist exponentielles Wachstum natürlich eine feine Sache. Ein lumpiger Dollar, den man 500 Jahre lang zu 5 % pro Jahr mit Zinsen und Zinseszins angelegt hat, bringt dann einen warmen Regen von 114 Dollar *pro Sekunde*.

Für Menschen mit festem Einkommen, zum Beispiel Angestellte oder Rentner, ist das allerdings ziemlich ungünstig. So erklärt sich, daß man für einen typischen Warenkorb, der 1982 100 Dollar kostete, im Jahr 1992 50 % mehr bezahlen mußte (142 Dollar). Für den gleichen Einkauf hätte man 1946 19,50 Dollar aufbringen müssen.

Wichtig ist hier die Anmerkung, daß diese Zahlen sich natürlich nur so schnell vergrößern, wenn man mit Zins und Zinseszins arbeitet. Das heißt, jedesmal wenn die Bakterienkolonie sich verdoppelt hat, ist die Zahl, die mit zwei multipliziert wird, das Ergebnis aller vorherigen Verdoppelungen. Was sich verdoppelt, wächst also schnell, und das zahlenmäßige Wachstum wird immer größer, je größer die Zahl wird.

Vergleichen Sie dazu einfach die Zinsen, die Sie bekommen, wenn Sie auf der Bank 1000 Dollar zu 10 % hundert Jahre lang anlegen. Wenn Sie einfach nur jedes Jahr 100 Dollar addieren würden, hätten Sie nach 100 Jahren 11000 Dollar. Aber wenn Sie jedes Jahr 10 % der Gesamtsumme (Ausgangssumme plus Zinsen) nehmen, dann haben Sie nach 100 Jahren mehr als 22 Millionen Dollar.

Wir sind auf diese Zahlen so wenig vorbereitet, weil unser Gehirn auf eine ganz bestimmte Art gebaut ist. Unser Denken kann sich die explosionsartige Verstärkung nicht vorstellen, weil unser Hirn selbst anscheinend so kalibriert ist wie die Richterskala*, mit der die Stärke von Erdbeben gemessen wird.

* Tatsächlich benutzen Seismologen heute komplexere Varianten der altvertrauten Richterskala, die aber auf den gleichen mathematischen Prinzipien basieren.

Die meisten Leute wissen, daß ein Beben der Stärke 8 auf der Richterskala ungeheuer viel stärker ist (genauer gesagt, zehnmal so stark) als eines, das nur 7 anzeigt – jedenfalls sehr viel mehr, als der Unterschied zwischen den Zahlen 7 und 8 einen ahnen ließe. Die Richterskala funktioniert genau wie das Schachbrett – nur wächst hier die Energie des Erdbebens, wo dort die Zahl der Weizenkörner verdoppelt wurde. Aber auf der Skala geht die Zahl nur einen Schritt weiter, genau wie die Nummer des Feldes, auf dem das Weizenkorn lag, nur um eins erhöht wird.

Das gleiche gilt für unsere Nervenzellen oder vielleicht die neuronalen Verbindungen in den Sinnesorganen und im Gehirn. Das menschliche Auge kann ein Spektrum von weit mehr als einer Million Helligkeitsabstufungen wahrnehmen, aber der hellste Gegenstand, den wir noch sehen können, scheint uns keineswegs eine Million Mal heller als der dunkelste, den wir gerade noch wahrnehmen. Dafür ist im Gehirn einfach nicht genug Platz. Also gilt auch für das Sehen eine Art Richterskala.

Und für das Hören. »Die Schallintensität umfaßt ein so ungeheuer breites Spektrum, daß es unmöglich wäre, das mit einem linearen [nicht-exponentiellen] System zu verarbeiten«, erklärt Bartlett. »Das hat die Natur so in unsere Seh- und Hörmechanismen eingebaut.«

Wahrscheinlich auch in unsere Zählfertigkeit. Sonst könnte ein endliches Gehirn nicht mit dem exponentiellen Wachstum fertig werden, das auf alles mögliche von der Größenordnung des Universums bis zum Staatshaushalt zutrifft.

Sicherlich spielen exponentielle* Skalen in der menschlichen Zeitvorstellung eine Rolle. Wir erinnern uns an die vergangene Woche sehr viel besser als an die Woche davor und an diese Woche besser als an die vor vierzehn Tagen. Gleichzeitig ist jedes vergangene Jahr ein kleinerer Teil des gesamten Lebens – im Alter von zwei Jahren macht ein Jahr die Hälfte des Lebens aus, im Alter von fünfzig nur noch ein Fünfzigstel – und scheint wie im Flug zu vergehen.

* Eigentlich ist die Skala logarithmisch, das Wachstum ist exponentiell.

Wie der Physiker Philip Morrison einmal gesagt hat, scheinen alle Sinne daran beteiligt zu sein, daß wir die Welt auf diese »verzerrte« Art und Weise wahrnehmen. Es ginge gar nicht anders, denn nur auf einer logarithmischen Skala können wir ein solch breites Spektrum von Sinnesreizen und Eindrücken verarbeiten.

Wir bemerken auch solche Veränderungen nicht, die zu allmählich eintreten, die zu fein sind, als daß sie unser Wahrnehmungssystem registrieren könnte.* Wir sehen nicht, wie die Berge sich verschieben oder wie die Blumen wachsen, obwohl wir wissen, daß sich einige Berggipfel früher am Meeresboden befanden und daß Blumen aus winzigen Samen entspringen. Wir müßten die Zeit ungeheuer raffen, um diese Vorgänge wahrzunehmen. Wir sehen nicht, wie die Nacht hereinbricht, obwohl wir wissen, daß der Tag zu Ende geht und die Dunkelheit kommt.

Ebenso müßten wir die Zeit ungeheuer verlangsamen, wenn wir chemische Reaktionen beobachten wollten, die in unserem Gehirn (oder sonstwo) ablaufen. Dies ist für unser Verständnis des exponentiellen Wachstums wichtig, denn winzige Veränderungen sind oft alles, was wir als Hinweis darauf haben. Unter Umständen müssen wir ja außerordentlich feine Veränderungen registrieren können, um festzustellen, wann zum Beispiel die Coca-Cola-Flasche viertelvoll ist, wann uns Klimaveränderungen von katastrophalem Ausmaß drohen.

Interessanterweise ist das menschliche Hirn selbst das Produkt eines exponentiellen Wachstums. Anthony Smith erklärt in seinem Buch *The Mind*, daß das menschliche Gehirn aus 10 bis 15 Milliarden Nervenzellen besteht – das sind dreimal so viele Zellen, wie es Menschen auf der Erde gibt. Wenn man nun noch die Zahl der Verbindungen zwischen diesen Zellen hinzufügt, dann erhält man eine Summe, die größer ist als die Zahl aller Menschen, die je gelebt haben. Fünfzehn Milliarden entspricht außerdem ungefähr der Zahl der Sterne in einer Galaxie.

---

* Siehe Kapitel 6 »Sichtbar werdende Eigenschaften«

Das Gehirn hat all diese wunderbaren grauen Zellen auch durch Verdoppelung gebildet. Um 15 Milliarden Nervenzellen zu produzieren, sind lediglich dreiunddreißig Verdoppelungen der ersten Zelle notwendig. Für die Hälfte dieser Zahl werden folglich nur zweiunddreißig benötigt – das ist ungefähr die Zahl der Hirnzellen eines Menschenaffen. Unser Gehirn ist also nur eine Verdoppelung von dem unseres tierischen Verwandten entfernt ...

Warum ist das alles überhaupt wichtig? Denken Sie nur einmal an die Inflation, an Epidemien, Energieverbrauch, Atomexplosionen – dann bekommen Sie die richtige Vorstellung.

Nehmen wir einmal das Bevölkerungswachstum. Seit Malthus wissen die Menschen, daß sich die Bevölkerung exponentiell vermehrt. Aber niemand macht sich größere Sorgen darum, weil (so argumentieren jedenfalls manche Leute) die Bevölkerung sich selbst Grenzen setzt. Wenn den Menschen das Essen und der Wohnraum ausgehen, dann sterben sie, fangen Kriege an oder bekommen keine Kinder mehr, oder eine Kombination aus allem. All das stimmt – in gewissem Maße.

Wie die Bakterien in der Flasche sind wir jedoch unfähig, weit genug in die Zukunft zu blicken, um die Katastrophe aufzuhalten, ehe sie über uns hereinbricht. Vorausschau ist dann besonders schwierig, wenn alles unter Kontrolle zu sein scheint. Der Ökologe David Pimentel von der Cornell University warnte im Februar 1996 bei der Tagung der American Association for the Advancement of Science, daß »wir alle vierundzwanzig Stunden eine viertel Million Menschen mehr bekommen ... Und niemand reagiert. Die Sache ist nicht mit dem Urknall zu vergleichen, sondern sie passiert allmählich. Aber dieses Rinnsal wird uns langsam, aber sicher tropfenweise umbringen.«

Ein eng mit dieser Fragestellung verknüpftes Problem ist das des Energieverbrauchs. Praktisch alle Diskussionen über Wirtschaftsfragen gehen von der Annahme aus, daß Wachstum ein erstrebenswertes Ziel sei. Um den Ländern der dritten Welt den Wohlstand der Moderne zu bringen, drängen wir sie, unser Verbraucherverhalten im westlichen Stil zu übernehmen. Auch ohne die Vorstellung von den Bakterien in der Flasche kann man sich leicht vorstellen, wohin das führt.

Mit dem Verbrauch wächst auch der Müllberg. In einigen Artikeln, die in jüngster Zeit großes Aufsehen erregt haben, wird argumentiert, Recycling sei umweltschädlich (was ja vielleicht stimmen mag). Zugleich wird behauptet, daß wir eigentlich locker ohne die Bemühungen zur Wiederverwertung von Glas und Papier auskämen, da ja die Vereinigten Staaten noch jede Menge Platz hätten, um ihren Müll zu stapeln. Man fragt sich, wie oft sich unser Abfall noch verdoppeln muß, ehe jemand merkt, daß die Erde eine Kugel ist und daher nur eine endliche Oberfläche hat.

Bartlett hat kürzlich in einem Artikel diejenigen, die immer noch an die Möglichkeit stetigen Wachstums glauben, als die modernen Erben der These, daß die Erde eine Scheibe sei, beschrieben. Denn eine flache Erdscheibe könnte unendlich in alle Richtungen ausgedehnt sein und daher jede beliebige Menge Müll aufnehmen, jede Menge Land für den Ackerbau zur Verfügung stellen und auch über genügend Atmosphäre verfügen, um all die Gase zu absorbieren, die wir nur hineinpumpen wollen.

Aber leider, leider ist die Erde eine Kugel. Sie kann nirgendwohin wachsen. Und das ist nicht etwa eine politische Aussage. Es ist schlicht Mathematik. Deswegen ist laut Bartlett der so rasend populäre Slogan vom »aufrechtzuerhaltenden Wachstum« ein Widerspruch in sich. Auf einer kugelförmigen Erde läßt sich kein Wachstum für immer aufrechterhalten. Wenn die Bevölkerung nur mit 1,9 % jährlich anwächst, verdoppelt sie sich trotzdem im Laufe von sechsunddreißig Jahren. Ganz gleich, wie klein man die Wachstumsrate macht, irgendwann hat sich die Ausgangsgröße verdoppelt.*

Wie uns die Bakterien in der Flasche so deutlich gezeigt haben, läßt sich Wachstum nie aufrechterhalten – ob es sich

---

* Umgekehrt multipliziert sich auch die kleinste Abnahme in einer Population – wenn sie allmählich beginnt – exponentiell und führt schließlich zum Aussterben. Man kann sich eine aufrechtzuerhaltende Wachstumsrate nur als eine Rate vorstellen, die in sanften Zyklen ansteigt und fällt und immer um den Nullpunkt schwankt.

nun um Bevölkerungswachstum handelt oder um den Verbrauch von natürlichen Rohstoffen.

Der Astrophysiker Joel Primack meint, daß hier die Naturwissenschaften unter Umständen ziemlich überraschend rettend einschreiten könnten. Er argumentiert, die moralischen Grundsätze, an denen sich unsere Gesellschaft ausrichtet, hätten immer in gewisser Weise auf unserem Verständnis der Natur beruht. Jegliche Kultur und Religion hat zum Beispiel eine Schöpfungsgeschichte – eine Erklärung dafür, wie und warum das Universum erschaffen wurde und wie die Menschen und andere Lebewesen in diesen großen Plan hineinpassen. Ob wir uns dessen bewußt sind oder nicht: ein großer Teil unseres Denkens und unserer Pläne baut auf dem »Wissen« auf, das uns diese Schöpfungsgeschichten vermitteln.

Heute, da die Kosmologen die Schöpfung – den Urknall – allmählich buchstäblich begreifen, könnte eine neue Ära unmittelbar bevorstehen – vielleicht gerade noch rechtzeitig. Wenn die Kosmologie von heute recht hat – und die meisten Forscher vermuten das –, dann hat das Universum selbst in einem Zeitraum kurz nach dem Urknall eine explosionsartige inflationäre Entwicklung durchlaufen. Nachdem sich diese Inflation, dieses Aufblähen wieder verlangsamte, dehnte sich das Universum fortan in seinem gegenwärtigen, eher majestätisch langsamen Tempo weiter aus.

Vielleicht, meint Primack, könnten wir lernen, das Universum als Vorbild zu sehen. »Inflation ist ein kleiner Abglanz des Gefühls, wie es sein muß, Gott zu sein«, argumentiert er. »Man kann das nicht als die normale menschliche Geschwindigkeit betrachten. In einer endlichen Umwelt darf die Inflation nicht unbegrenzt weitergehen, wie geschickt wir das Unvermeidliche auch immer herauszögern oder verschleiern. Das ergibt sich aus den Naturgesetzen.«

Wenn wir unsere Schöpfungsgeschichten im Licht moderner naturwissenschaftlicher Erkenntnisse überdenken, könnten wir vielleicht Lösungen für die dringendsten Probleme der Menschheit finden.

Kapitel 3

Kalkulierte Risiken

Die Zeitschrift *Newsweek* versetzte vor einigen Jahren amerikanische Frauen schockartig in Panik, als sie verlautbarte, die Heiratschancen einer fünfunddreißigjährigen Frau mit Collegeabschluß seien geringer als die Wahrscheinlichkeit, daß sie von einem Terroristen getötet würde. Susan Faludi zerriß diese sogenannte Statistik in ihrem Buch *Backlash* zwar restlos in der Luft, aber die Vorstellung, daß wir Risiken genau in aussagekräftigen Zahlen angeben können, ist doch fest in unseren westlichen Köpfen verwurzelt. Naturwissenschaftler, Statistiker und Politiker beziffern Risiken – vom Risiko für Brustkrebs oder AIDS über die Risiken des Fliegens oder der Lebensmittelzusätze bis hin zum Risiko, vom Blitz getroffen zu werden oder in der Badewanne auszurutschen.

Und doch sind sich die meisten Leute trotz (oder vielleicht gerade wegen) all dieser Zahlen, die um uns herumschwirren, so ziemlich im unklaren über das Thema Risiko. Ich kenne Menschen, die ganz unbekümmert im Erdbebengebiet des San-Andreas-Grabens in Kalifornien leben und doch Angst haben, in New York mit der Untergrundbahn zu fahren (und umgekehrt). Ich kenne Raucher, die es nicht im gleichen Zimmer mit einem dicken, fetten Steak aushalten, und Frauen, die sich um die Nebenwirkungen der Pille Sorgen machen, aber ohne Kondom mit Wildfremden ins Bett steigen. Die Beurteilung von Risiken hat kaum je etwas mit rein rationalen Erwägungen zu tun – selbst wenn sich die Menschen darüber einigen könnten, was diese Erwägungen sind. Wir ängstigen uns über vernachlässigbar kleine Mengen von Pestiziden auf Äpfeln und tun gleichzeitig die viel höhere Wahrscheinlichkeit, an den Folgen des Rauchens zu sterben, mit einem lässigen Schulterzucken ab. Wir haben Angst vor dem Fliegen, aber nicht vor dem Autofahren. Wir fürchten uns davor, von unserem Handy einen Gehirntumor zu bekommen, obwohl eine Kausalität hier kaum stichhaltig ist. Tatsächlich kann man ganz leicht ein statistisches – wenn auch falsches – Argument dafür vorbringen, daß Handys eigentlich Krebs verhindern: Der Prozentsatz von Menschen mit Gehirntumoren ist bei Handy-Benutzern kleiner als in der Bevölkerung im allgemeinen.*

Selbst schlichte Vergnügungen wie Essen, Trinken und Atmen sind also inzwischen in Verruf geraten. Die Liebe birgt ja schon immer ihre Risiken, und seit AIDS sind intime Beziehungen gefährlicher denn je. Andererseits könnte es wiederum noch riskanter sein, gar keine Beziehung zu haben. Mehr als eine Studie hat nämlich inzwischen gezeigt, daß für den Durchschnittsmann das Risiko, wegen seiner Ehelosigkeit früher zu sterben, dreimal so hoch ist wie das Risiko eines Krebstodes.

Natürlich haben Risiken auch ihre guten Seiten. Ohne wissentlich Risiken einzugehen, würde man niemals auch nur einen Schritt vor die Tür machen, viel weniger noch in die Schule gehen, Auto fahren, ein Kind bekommen, einen Forschungsantrag stellen, sich verlieben oder im Meer schwimmen. Es ist ziemlich schwierig, sich zu amüsieren, irgend etwas zustande zu bringen oder Lebenserfahrung zu sammeln, ohne dabei Risiken einzugehen – manchmal sogar ziemlich hohe. Das Leben ist schließlich eine tödliche Krankheit, und die Sterblichkeitsrate für Menschen ist letzten Endes immer hundert Prozent.

Und doch sind wir Menschen notorisch schlecht im Einschätzen von Risiken. Ich konnte mich dieses Eindrucks nicht erwehren, als ich nach dem Absturz des TWA-Fluges 800 beobachtete, wie groß auf einmal unsere panische Flugangst wurde: An den Flughäfen bildeten sich lange Warteschlangen, die Sicherheitsmaßnahmen wurden verstärkt, tagtäglich waren Geschichten über die trauernden Familien in den Zeitungen zu lesen, und wir versuchten unablässig herauszufinden, warum solche Katastrophen geschehen, wer etwas und was man tun kann, um zu verhindern, daß sich eine solche Tragödie wiederholt.

* John Allen Paulos war der erste, der meines Wissens diese Rechnung aufgestellt hat. Sie hat wahrscheinlich mit der Tatsache zu tun, daß Handy-Benutzer im Schnitt wohlhabender– und daher gesünder – sind als Leute, die kein Mobiltelefon haben.

In der Zwischenzeit sterben auf der Welt jeden Tag Zehntausende von Kindern an ganz gewöhnlichen Ursachen wie Unterernährung und Krankheit. Das ist ungefähr so viel, als würden jeden Tag hundert Jumbojets voller Kinder explodieren. Die Menschen, denen die Opfer von Flug 800 mehr am Herzen liegen, sind nun aber nicht etwa skrupellos oder unwissend. Unser Hirn funktioniert einfach so. Bestimmte Arten von Tragödien machen ihm Eindruck, andere nicht. Unser Wahrnehmungsapparat ist auf Bedrohungen eingestellt, die exotisch, persönlich, unberechenbar und hochdramatisch sind. Das heißt nicht, daß wir Ignoranten sind. Wir sind einfach nur Menschen.

Unser schiefes Bild von Risiken hat jedoch ernste gesellschaftliche Konsequenzen. Wir konzentrieren unsere Energien und unser Geld auf Phantome und ignorieren die echten Gefahren. So meinen Eltern zum Beispiel im allgemeinen, Drogenmißbrauch und Kindesentführung durch Fremde stellten die größten Gefahren für ihre Sprößlinge dar. Tatsächlich sterben jedes Jahr aber weitaus mehr Kinder durch Ersticken, an Verbrennungen, durch Stürze und Ertrinken und bei anderen Unfällen, die in öffentlichen Sicherheitserwägungen kaum je auftauchen.

Wir geben Millionen für den Kampf gegen den internationalen Terrorismus aus und tragen bei jedem Waldspaziergang volle Kampfmontur zum Schutz gegen Zecken. Gleichzeitig »sind mehrere größere Probleme zu erkennen, die relativ wenig Beachtung finden«, schreiben Bernard Cohen und I-Sing Lee in *Health Physics*. Die Physiker schlagen vor – und nicht nur als Witz –, daß man das viele Geld lieber für regierungseigene, computergestützte Partnerschaftsbörsen ausgeben sollte: »Positive Berichte über die Vorteile der Ehe könnten gefördert werden.«

Es ist so, als würden wir mit Feuereifer jeden Kleinkriminellen einlochen und gleichzeitig die Massenmörder ins Schlafzimmer bitten. Wenn wir unser Geld für die echten Killer ausgeben wollten, dann würden wir uns mit Selbstmord beschäftigen und nicht mit Asbest.

Selbst wenn es schlicht ums Geld geht, sind unsere politischen Entscheidungen oft alles andere als sinnvoll. Es ist zum Beispiel wohlbekannt, daß die Vorsorgeuntersuchung schwangerer Frauen ungeheure Summen einsparen kann – nämlich bei der medizinischen Betreuung von Säuglingen im ersten Lebensjahr – und vergleichsweise Pfennigbeträge kostet. Und doch wird Millionen von Frauen mit geringen Einkommen in den USA diese Vorsorge vorenthalten.

Zahlen allein reichen nicht aus, wenn man Risiken sinnvoll einschätzen will. Die Zusammenhänge sind auch wichtig. Nehmen Sie zum Beispiel die Krebsstatistiken. Es ist immer furchterregend, wenn man hört, wie diese Krankheit auf dem Vormarsch ist. Aber zumindest ein Grund für diesen Anstieg ist die schlichte Tatsache, daß die Menschen heute länger leben – lang genug, um Krebs zu bekommen.

Bestimmte Folgerungen, die wir aus Statistiken ziehen, sind schlicht albern. Der Phyiker Hal Lewis schreibt in *Technological Risk*, daß man als Fußgänger pro zurückgelegtem Kilometer ein höheres Risiko eingeht, von einem Auto getötet zu werden, als wenn man als Beifahrer oder Fahrer im Auto sitzt. Sollten wir daraus schließen, daß Fahren sicherer ist als Laufen und daß man folglich alle Fußgänger zwangsweise in Autos packen müßte?

Charles Dickens lieferte ein schlagendes Argument dafür, wie absurd die aus Zahlen abgeleiteten Mißverständnisse sein können, als er sich einmal weigerte, mit dem Zug zu fahren. Eines Tages gegen Ende Dezember verkündete Dickens, er könne nun in diesem Jahr nicht mehr mit dem Zug reisen, »weil die durchschnittliche Anzahl für Eisenbahnunfälle in Großbritannien in diesem Jahr noch nicht erreicht ist und daher offensichtlich in allernächster Zukunft weitere Unglücke drohen«.

Reine Zahlenvergleiche sind manchmal auch gesellschaftlich nicht vertretbar. Als der Staat Oregon beschloß, in der Gesundheitsversorgung die Prioritäten nach Kosten-Nutzen-Erwägungen zu setzen, mußten einige Ergebnisse – trotz ihrer statistischen Gültigkeit – unbeachtet bleiben. So rangierte zum Beispiel in dieser Liste die Behandlung von Daumenlutschen, schiefen Zähnen und Kopfschmerz vor der Therapie von Mukoviszidose und AIDS.

Was man für riskant hält, hängt letzten Endes auch ein wenig von den eigenen Lebensumständen und vom Lebensstil ab. Menschen, die nicht genug zu essen haben, sorgen sich nicht darum, ob Äpfel mit Pestiziden verseucht sind. Leuten, die vor der eigenen Haustür jeden Tag mit nackter Gewalt konfrontiert werden, ist es egal, ob Flüge auf die Bahamas entführt werden. Unsere Einstellung zu Risiken entwickelt sich in kulturellen Zusammenhängen und wird von allen möglichen Faktoren beeinflußt: von der Psychologie über die Ethik bis hin zu unseren Ansichten, wenn es um persönliche Verantwortung geht.

Wenn man das Labyrinth widersprüchlicher Botschaften zum Thema Risiken durchforsten will, so spielt außer den Zusammenhängen auch die menschliche Psyche eine wichtige Rolle. So jagen uns unmittelbar bevorstehende Risiken weitaus mehr Angst und Schrecken ein als in ferner Zukunft liegende. Es ist viel schwieriger, einem Teenager die Langzeitrisiken des Rauchens zu verdeutlichen, als dies einem älteren Menschen klarzumachen.

Rauchen ist eine Angewohnheit, von der die Leute meinen, sie hätten sie im Griff. Das macht das Risiko anscheinend wesentlich akzeptabler. (Weitaus mehr scheinen sich die Leute über die Risiken des Passivrauchens aufzuregen – zumindest teilweise deswegen, weil Raucher die Wahl haben, Mitraucher jedoch nicht.)

Es ist ein allgemeines Prinzip: Menschen übertreiben die Risiken jeder Gefahr, von der sie meinen, sie nicht kontrollieren zu können, ins unermeßliche und tun Risiken, von denen sie glauben, sie handhaben zu können, mit einem Schulterzucken ab. Also gehen wir weiter Ski fahren und Drachen fliegen, aber fürchten uns vor Asbest. Der Gedanke, daß irgendwelche anonymen Chemieunternehmen Zusätze in unsere Lebensmittel mischen, erschreckt und erbost uns, und doch sind die Zusätze, die wir höchstpersönlich unserem Essen in erheblichen Mengen beimischen – Salz, Zucker, Butter – millionenfach gefährlicher.

Das ist auch der Grund dafür, daß uns Flugzeugabstürze so unakzeptabel scheinen – wir sitzen angeschnallt in der Maschine und haben keinerlei Kontrolle über das, was geschieht. Bei einer Meinungsumfrage kurz nach dem Absturz der TWA-Maschine erklärte eine überwältigende Mehrheit der Befragten, sie seien bereit, bis zu 50 Dollar pro Hin- und Rückflug mehr zu zahlen, wenn sich dadurch die Flugsicherheit erhöhen ließe. Und doch leisten die gleichen Menschen erbitterten Widerstand, wenn beispielsweise die Sicherheit von Autos verbessert werden soll, insbesondere wenn es Geld kostet.

Die Vorstellung, daß wir steuern können, was geschieht, wirkt sich auch darauf aus, wem wir die Schuld geben, wenn die Dinge schieflaufen. Die meisten Leute haben etwas dagegen, die Kosten für die Behandlung von Menschen mitzutragen, die durch die Folgen des Zigarettenrauchens oder Motorradfahrens geschädigt sind, weil sie meinen, diese Leute hätten sich die Konsequenzen selbst zuzuschreiben. Einige Leute vertreten diese Einstellung sogar bei AIDS-Kranken, weil sie glauben, die Krankheit sei das Ergebnis einer Charakterschwäche oder moralischen Verderbtheit.

Ein weiterer seltsamer Knoten in unserer Wahrnehmung ist, daß wir anscheinend in unserem Hirn die Risiken für einen Verlust und die Chancen für einen Gewinn nach völlig unterschiedlichen Maßstäben berechnen. In einer inzwischen klassischen Studienreihe sind der Psychologe Amos Tversky aus Stanford und sein Kollege Daniel Kahneman zu dem Schluß gelangt, daß sich die meisten Menschen allergrößte Mühe geben würden, selbst kleinen Risiken aus dem Weg zu gehen, auch wenn das bedeutet, daß sie dabei große mögliche Belohnungen aufgeben müßten. »Ein drohender Verlust wirkt sich auf eine Entscheidung immer weit mehr aus als die Möglichkeit eines entsprechend großen Gewinns«, schlossen sie.

In einem ihrer Tests baten Tversky und Kahneman Ärzte, zwischen zwei Strategien zur Bekämpfung einer seltenen Krankheit zu entscheiden, von der 600 Menschen lebensgefährlich bedroht sein sollten. Strategie A versprach, 200 Menschen zu retten (die anderen würden sterben), während Strategie B eine Wahrscheinlichkeit von einem Drittel bot, daß alle gerettet würden, gegen eine Wahrscheinlichkeit von zwei Dritteln, daß alle sterben würden. Die Ärzte setzten auf Nummer Sicher und entschieden sich für A. Als man ihnen jedoch die gleiche Frage anders formuliert vorlegte, wählten sie B. Der sprachliche Unterschied war einfach der: Nun hieß es nicht mehr, Strategie A würde garantieren, daß 200 von den 600 gerettet würden, sondern Strategie A würde 400 sichere Todesfälle bedeuten.

Anders ausgedrückt: Menschen sind bereit, viel zu riskieren, um einen Verlust zu vermeiden, riskieren aber nur sehr wenig für einen möglichen Gewinn. Immer wieder rennen Leute in ein brennendes Haus zurück, um ihren Hund zu retten, oder setzen sich gegen einen Räuber zur Wehr, der ihnen die Brieftasche wegnehmen will. Diese hohen Risiken gehen Menschen ein, um etwas zu behalten, das ihnen am Herzen liegt. Die gleichen Leute ignorieren aber etwa einen Sicherheitsgurt im Auto als bloße Unannehmlichkeit, obwohl der potentielle Gewinn unter Umständen viel höher wäre.

Der Spatz in der Hand scheint immer viel attraktiver als die Taube auf dem Dach. Selbst wenn man ein höheres Risiko eingehen muß, um den Spatz zu behalten, und die Taube vergoldet ist.

Die umgekehrte Situation tritt ein, wenn wir die Risiken einer begangenen Tat gegen die einer unterlassenen abwägen. Ein Risiko, das man eingeht, indem man etwas tut, scheint wesentlich größer als ein Risiko, das man eingeht, wenn man untätig bleibt, auch wenn das mit dem Nichtstun verknüpfte Risiko in Wirklichkeit fast immer höher ist.

Tod auf Grund natürlicher Ursachen wie zum Beispiel Krebs ist akzeptabler als Tod durch Unfall oder Mord. Deswegen ist es wahrscheinlich für uns einfacher, den Hungertod von Tausenden von Kindern hinzunehmen als den Tod eines einzigen Kindes durch den Schuß eines Amokläufers. Das erstere ist eine Unterlassung – wir schreiten nicht ein und helfen nicht, schicken kein Essen und keine Medikamente. Im letzteren Fall geht es um ein begangenes Verbrechen – jemand hat abgedrückt.

Nach der gleichen Logik ist es wahrscheinlicher, daß die Gesundheitsbehörden ein Medikament nicht zulassen, das zwar vielen Menschen helfen, aber möglicherweise einigen wenigen schaden könnte. Lieber durch Unterlassung viele Leute schädigen, als in dem klaren Wissen handeln, daß einige wenige Schaden nehmen werden. Oder wie es das Credo der medizinischen Zunft formuliert: Zunächst richte keinen Schaden an und tue niemandem weh.

Aus ersichtlichen Gründen erscheinen uns dramatische oder exotische Risiken wesentlich gefährlicher als wohlbekannte. Flugzeugabstürze und AIDS sind Risiken, die wir mit Krankenwagen, Blaulicht, Sex und Drogen in Verbindung bringen. Während uns die Lebensmittelfarbe E 104 in Angst und Schrecken versetzt, betrachten wir den dicken Klumpen Butter auf der Ofenkartoffel als guten alten Freund. »Eine Frau fährt in die Stadt, und ihr Kind ist nicht angeschnallt und hüpft munter auf dem Beifahrersitz auf und ab«, sagt John Allen Paulos, »und dann kommen die beiden im Einkaufszentrum an, und sie packt den Kleinen so fest an der Hand, daß es weh tut, weil sie Angst hat, daß er entführt wird.«

Kinder werden aber sehr viel öfter von Verwandten als von Wildfremden entführt, wie auch die meisten Menschen von Leuten umgebracht werden, die sie kennen.

Die wohlbekannten Risiken pirschen sich so leise, still und heimlich an uns heran wie das Altern. Oft sind sie schwer auszumachen, bis es zum Handeln schon beinahe zu spät ist. Der Mathematiker Sam C. Saunders von der Washington State University erinnert uns daran, daß ein Frosch, den man in heißes Wasser setzt, verzweifelte Fluchtversuche unternimmt. Der gleiche Frosch bleibt in zunächst kaltem Wasser, das langsam bis zum Siedepunkt erwärmt wird, friedlich sitzen, bis er gar ist. »Man kann nichts voraussehen, was man nicht wahrnimmt«, sagt Saunders. Deswegen übersehen wir so oft die allmähliche Anhäufung von Risiken, die sich durch die Wahl eines bestimmten Lebensstils (wie zum Beispiel Rauchen und Essen) ergibt. Wir sitzen im heißen Wasser, aber es ist so langsam wärmer geworden, daß es niemandem weiter aufgefallen ist.

Zum Beweis dieser These fordert uns Saunders auf, uns vorzustellen, daß Zigaretten nicht schädlich sind – mit Ausnahme der einen oder anderen, die anstatt mit Tabak mit Sprengstoff vollgepackt ist. Diese Dynamitstengel sollen genauso aussehen wie normale Zigaretten. Es findet sich in 18 250 Packungen nur jeweils eine davon – kein besonders hohes Risiko, werden Sie vielleicht sagen. Der einzige Haken: wenn Sie einen von diesen explosiven Glimmstengeln erwischen, könnte es Sie den Kopf kosten.

Der Mathematiker folgert daraus – meiner Meinung nach völlig korrekt –, daß unter diesen Bedingungen Zigaretten umgehend verboten würden. Denn schließlich würden bei einem täglichen Verkaufsvolumen von 30 Millionen Päckchen jeden Tag im Mittel 1 600 Menschen bei schrecklichen Explosionen umkommen. Und doch ist die Zahl der erwarteten Todesfälle durch »normales« Rauchen genau so hoch. »Die Gesamtzahl der Toten oder Verletzten/Schwerkranken bei Rauchern der dynamitgeladenen Zigaretten (die aber ansonsten harmlos wären) wäre im Laufe von vierzig Jahren immer noch kleiner als die bei Rauchern von gewöhnlichen Filterzigaretten«, sagt Saunders.

Wir können damit leben, daß wir wie der Frosch langsam gegart werden, aber nicht damit, daß wir wie Knallfrösche in die Luft gehen.

Es überrascht sicherlich niemanden, daß bei der Einschätzung von Risiken auch das Ego eine Rolle spielt. Psychologische Selbstschutzmechanismen führen uns dauernd in die Irre und verleiten uns zu falschen Schlüssen. Im allgemeinen überschätzen wir die Risiken, daß anderen etwas Schlimmes zustößt, während wir die Möglichkeit, daß uns das gleiche widerfährt, erheblich unterschätzen. Die Verrenkungen, die manche Menschen machen, um ihre eigenen Risiken als möglichst klein einschätzen zu können, grenzen ans »Geniale«, sagt der Psychologe Neil Weinstein von der Rutgers-Universität. So schätzen Leute, die man nach dem Risiko fragt, daß in ihrem Haus Radon gefunden wird, dieses immer als »niedrig« oder »durchschnittlich« ein, nie als »hoch«. »Wenn man sie nach dem Grund dafür fragt«, erzählt Weinstein, »dann nehmen sie irgendwelche Fakten und verdrehen sie so lange, bis sie ihnen Sicherheit versprechen. Manche meinen, das Risiko sei bei ihnen niedrig, weil ihr Haus neu sei, andere, weil es alt sei. Manche behaupten, das Risiko sei bei ihnen niedrig, weil das Haus auf einem Berg liege, die anderen, weil es am Fuß des Berges stehe.«

Was immer an Fakten auch dagegen spricht, wir sind felsenfest überzeugt: »*Mir* passiert so etwas nicht.« Weinstein und andere spekulieren, daß dies mit der Wahrung der Selbstachtung zu tun hat. Wir sehen uns nicht gern als verletzlich. Wir glauben viel lieber, daß wir irgendeinen magischen Vorsprung vor dem Rest der Welt haben. Das Ego kommt besonders dann ins Spiel, wenn die Anfälligkeit für bestimmte Risiken Rückschlüsse auf persönliches Versagen erlauben könnte – zum Beispiel bei Depressionen, Selbstmord, Alkoholismus oder Drogenabhängigkeit. »Wenn man zugibt, auf einem dieser Gebiete gefährdet zu sein,« meint Weinstein, »dann gibt man zu, daß man nicht mit Streß umgehen kann. Dann ist man nicht so stark wie die anderen.«

Verschiedene Studien zeigen, daß der Durchschnittsmensch erwartet, länger zu leben, gesünder und länger verheiratet zu bleiben als der »Durchschnitt«. Und das trotz der unumstrittenen Tatsache, daß er selbst auch nur, na ja, Durchschnitt ist. Eine neuere Umfrage hat ergeben, daß 3 von 4 Menschen aus den geburtenstarken Jahrgängen (zwischen 1946 und 1964) überzeugt sind, jünger auszusehen als ihre Altersgenossen, und 4 von 5 behaupten, weniger Falten zu haben als andere Menschen ihres Alters – was statistisch unmöglich ist.

Auch Kahneman und Tversky haben dieses Phänomen untersucht und herausgefunden, daß Menschen immer wieder glauben, daß alle Wahrscheinlichkeiten auf sie nicht zutreffen, weil sie etwas Besonderes sind. Das ist zweifellos ein notwendiger psychologischer Abwehrmechanismus. Sonst würde niemand je wieder heiraten, ohne sich ernsthafte Gedanken über die Möglichkeiten einer Scheidung zu machen. Wenn wir ein klares Bewußtsein unserer persönlichen Verletzlichkeit bekämen, könnten wir jedoch einige Grundübel ausrotten, zum Beispiel die Trunkenheit am Steuer. Aber andererseits halten sich natürlich die meisten Menschen für überdurchschnittlich gute Autofahrer – sogar im beschwipsten Zustand.

Wir scheinen auch sehr gerne zu glauben, daß uns etwas auch in Zukunft nicht zustößt, nur weil es uns bisher noch nie passiert ist. Das heißt, wir schließen von der Vergangenheit auf die Zukunft. »Ich fahre nun schon seit zehn Jahren auf dieser Autobahn 130, und ich hatte noch nie einen Unfall«, sagen wir uns. Das Argument ist etwa so, als würden wir behaupten, zehnmal Kopf hintereinander sei beim Münzenwerfen eine Garantie dafür, daß nun bis in alle Ewigkeit nur noch Kopf kommt. *

Interessanterweise war eine Werbekampagne gegen Trunkenheit am Steuer ziemlich erfolgreich, die uns die Gesichter von Kindern zeigte, die bei Unfällen mit betrunkenen Autofahrern ums Leben gekommen waren. Diese Kinder wurden für uns nämlich »wirklich«. Wir konnten uns mit ihnen identifizieren. Genauso wie mit den Menschen auf dem TWA-Flug 800. Es ist viel einfacher, mit jemandem Mitgefühl zu haben, der einen Namen und ein Gesicht hat, als mit einer Statistik.

Das erklärt zum Teil, warum wir nicht vor immensen Kosten zurückscheuen, um Kinder zu retten, die in einen Bergwerksschacht gefallen sind, aber kaum Geld ausgeben, um Kinder vor vermeidbaren Krankheiten zu schützen. Wirtschaftswissenschaftler nennen dies die »Rettungsregel«. Wenn man weiß, daß jemand in Gefahr ist und daß man Hilfe leisten kann, dann ist man moralisch dazu verpflichtet. Wenn man jedoch nichts davon weiß, dann besteht keine Verpflichtung. Der Kolumnist Roger Simon spekuliert, daß deswegen die Lobby der National Rifle Association Erfolg hatte, als sie vorschlug, in den Zentren für Krankheitsstatistik das Computerprogramm abzuschaffen, mit dem die Todesfälle durch Schußwunden registriert werden. Wenn wir dem, was geschieht, nicht ins Auge blicken müssen, dann sind wir auch nicht verpflichtet, etwas dagegen zu unternehmen.

* Siehe auch ›Mögliche Gründe‹ in Kapitel 12 »Warum Dinge wirklich geschehen«

Selbst ohne diese komplizierten psychologischen Faktoren hat die Berechnung von Risiken bereits ihre Tücken, denn wir kennen nicht in jeder Situation alle Fakten. »Wir müssen zugeben, daß ein einziges vernachlässigtes oder unerkanntes Risiko alle Berechnungen entkräften kann, die lediglich von den bekannten Risiken ausgehen«, schreibt Ivar Ekeland. Es gibt also, anders ausgedrückt, immer das Risiko, daß die Risikoeinschätzung selbst falsch sein könnte.

Genetische Untersuchungen haben genau wie HIV-Tests eine gewisse Fehlerwahrscheinlichkeit. Wenn Ihre Testergebnisse positiv sind, wie viele Sorgen sollten Sie sich machen? Wenn sie negativ sind, wie sicher dürfen Sie sich fühlen?

Je mehr Faktoren mitspielen, desto komplizierter wird die Risikoanalyse. Wenn man wirklich komplexe Systeme wie das nationale Telefon- und Stromversorgungsnetz, die weltweiten Computernetzwerke und hochkomplizierte Maschinen wie etwa Raumfähren betrachtet, dann läßt sich das Risiko für eine Katastrophe unendlich viel schwerer festlegen. Niemand weiß, wann ein kleiner Fehler eine Kettenreaktion von Ereignissen auslösen könnte, die schließlich in einer Katastrophe gipfelt. Auch das potentielle Risiko in komplexen Systemen unterliegt mit anderen Worten dem exponentiellen Wachstum, das im vorigen Kapitel erläutert wurde.

Es versteht sich beinahe von selbst, daß eine Gesellschaft Risiken völlig anders einschätzt als ein einzelner, der vor der gleichen Entscheidung steht. Ob Sie Motorrad fahren oder nicht, ist Ihre Sache. Ob die Gesellschaft jedoch bereit ist, die Kosten für Tausende von Menschen zu tragen, die bei Motorradunfällen verletzt werden, geht uns alle an. Jeder von uns hält wahrscheinlich das eigene Überleben bei einem Transatlantikflug für wichtiger als die Bedürfnisse der Kinder im Land. Man sollte allerdings hoffen, daß eine Regierung eine etwas andere Blickweise hat.

Aber wie weit will eine Gesellschaft im reinen Zahlenjonglieren gehen? Gerade auf dem überaus wichtigen Gebiet der Gesundheitsfürsorge hat diese Rechnerei ja nicht besonders geholfen. Dort hat sich immer wieder gezeigt, daß ein Gramm Vorsorge so viel wert sein kann wie viele Kilo Therapie. Die meisten Experten sind sich einig, daß wir mehr Geld für die Verhütung weit verbreiteter Krankheiten und Unfälle ausgeben sollten, besonders bei Kindern. Aber niemand will den Risiko-Frühgeburten oder den älteren Menschen die Gesundheitsdollars wegnehmen – und dorthin fließt augenblicklich das meiste Geld. Diese Entscheidungen werden letztendlich nicht nur nach Zahlen gefällt. Risiken zu kalkulieren, das hilft uns nur, klarer zu sehen, was genau vor sich geht.

Der Anthropologe Melvin Konner, der Autor des Buches *Why the Reckless Survive,* meint, unsere schlechte Einschätzung potentieller Risiken könnte sehr wohl ein Überbleibsel der Evolution sein. Die Menschen der Urzeit waren ständig durch Raubtiere, Krankheiten und Unfälle gefährdet. Sie starben früh. Und im Vokabular der Evolution bedeutet »gewinnen« nicht, daß man unendlich lange lebt, sondern daß man nur lange genug überlebt, bis man seine Gene an die nächste Generation weitergegeben hat. Risiken einzugehen war daher eine Gewinnstrategie, besonders wenn es die Wahrscheinlichkeit erhöhte, daß man sich noch paaren konnte, ehe man starb. Außerdem mußten Entscheidungen blitzschnell getroffen werden. Wenn man beim Beerenpflücken Gefahr lief, von einem Säbelzahntiger angegriffen zu werden, dann beeilte man sich eben. Für einen halbverhungerten Höhlenmenschen war das eine relativ einfache Entscheidung. Vielleicht, so spekuliert Konner, sind unsere Hirne einfach nicht so konstruiert, daß wir die sorgfältigen Berechnungen anstellen können, die die Risiken des modernen Lebens uns abverlangen.

Tatsächlich könnte unsere optimistische Neigung, immer wieder persönlich Risiken einzugehen, auch heute noch wichtige psychologische Zwecke erfüllen. In Zeiten von Streß und Gefahr hilft sie uns, weiterhin einen Fuß vor den anderen zu setzen. Sie hilft uns dabei, unser Leben weiterzuleben und überhaupt einen Schritt vor die Tür zu machen.

Schließlich grübelt Konner, der vorsichtige Professor, ein wenig wehmütig über seine waghalsigen Freunde – die rauchen, Motorrad fahren und die Sicherheitsgurte offenlassen. Im Vergleich mit ihnen fühlt er sich »sicher und tugendhaft«

... und doch irgendwie unwohl. »Manchmal meine ich«, sinniert er, »daß die Waghalsigeren unter uns vielleicht den Vorsichtigen einiges beibringen können, nämlich über die Art von Unsterblichkeit, die daraus entsteht, daß man jeden Tag voll auslebt.«

Teil II

Die Interpretation der stofflichen Welt

Berge sind keine Pyramiden und Bäume keine Kegel. Gott müßte ganz vernarrt in die Kunst der Artillerie und der Architektur sein, wenn Euklid sein einziger Geometer wäre.

Thomasina in Tom Stoppards Stück Arcadia

Wenn man in den Zahlen nach der Wahrheit sucht, stößt man schon bald auf Hindernisse, die weit über die besondere Natur des menschlichen Denkapparates hinausgehen, den wir im Kopf (und auch im Rest unseres Körpers) mit uns herumtragen. Es tun sich auch Schwierigkeiten auf, wenn wir aus dem, was manche Leute die wirkliche oder reale Welt nennen, wahre Informationen herausdestillieren wollen. Wir erhaschen hin und wieder einen Blick auf diese wirkliche Welt nur durch die Muster oder Signale, die wir in unserem Kopf sehen. Aber diese Muster und Signale entstehen zumindest teilweise außerhalb unserer Person. Wir können ihnen alle möglichen Namen geben: Informationen, Signale, Beziehungen oder Gedanken. Wie immer wir sie auch bezeichnen (wie wäre es übrigens mit dem modernen, computergerechten Begriff »Input«?): Wenn wir irgend etwas verstehen wollen, müssen wir das Zeug da draußen und die Art und Weise, wie es sich auf unseren internen Radarschirmen zeigt, irgendwie in den Griff bekommen.

Es versteht sich von selbst, daß sich die Beziehung zwischen den menschlichen Sinnen und der Außenwelt als atemberaubend weites Feld herausstellt – um das sich Religion, Wissenschaft, Philosophie und Kunst schon viele Jahrhunderte lang sehr bemühen. Die wenigen Aspekte des Problems, die im folgenden berührt werden, geben nur einen kleinen Vorgeschmack auf die Pannen, die einem unterlaufen können, wenn man – mathematisch gesprochen – all das, was da draußen geschieht, auf einen Nenner zu bringen versucht.

Wie messen wir zum Beispiel die Eigenschaften von Dingen? In welchem Verhältnis stehen die Quantitäten, die wir mit Waagen und Thermometern und IQ-Tests messen, zu den Eigenschaften, den Qualitäten? Die meisten von uns haben sich mit den Jahren angewöhnt, Quantität und Qualität für zwei völlig verschiedene Eigenschaften zu halten, die keinerlei Wechselwirkung miteinander haben. Doch ganz im Gegenteil: die Quantität bestimmt nicht nur häufig die Qualität, die Quantität (oder auch der Maßstab) kann sich sogar auf unser Konzept davon auswirken, was wahr oder möglich ist, ja sogar, was existiert.

Eine weitere Beschränkung, die uns die Wirklichkeit auferlegt, ist einfach durch ihre Komplexität gegeben. Dies macht es uns unmöglich, ganz gewöhnliche Dinge (zum Beispiel das Wetter) vorherzusagen, während wir gleichzeitig imstande sind, wirklich außergewöhnliche Dinge vorherzusehen und im voraus zu berechnen (zum Beispiel das Schicksal des Universums). Astronomen können den Abstand zwischen der Erde und der Sonne auf einen Zentimeter genau messen. Aber sie können die Zeit des nächsten Sonnenuntergangs nicht auf die Minute genau vorhersagen – weil in diese Berechnung mindestens neun verschiedene Faktoren eingehen. (Einige kritische Variable sind hierbei die Geschwindigkeit der Erde und die Neigung der Erdumlaufbahn und die Smogschichten, die die Strahlen der untergehenden Sonne wie eine Linse brechen können.)

Ein weiterer kurioser Aspekt der Informationen, die wir aus der Außenwelt beziehen, ist der: Was dem einen Daten sind, ist dem anderen Hintergrundrauschen. Und es ist keineswegs einfach, im Einzelfall das eine vom anderen zu unterscheiden. Mehr noch: Was heute Rauschen ist, kann uns morgen schon als wichtiges Signal erscheinen und umgekehrt. Wie so viele andere Aspekte der Information hängt der Unterschied zwischen Signal und Rauschen allzu oft nur vom Zusammenhang ab.

Kapitel 4

Das Maß des Menschen und aller Dinge

Sie stellen wellenhafte Fragen, um herauszufinden, ob es
eine Welle ist, und teilchenhafte Fragen, um herauszufinden, ob es ein Teilchen ist.

Ian Stewart und Jack Cohen, Chaos – Antichaos

Wie ich dich liebe? Laß mich die Weisen zählen. Der Vatikan
mißt Heiligkeit, das Militär Mut, das Rechtssystem Reue, der
Hundezüchter Temperament. Ärzte und Politiker gleichermaßen bemessen den Wert eines Menschen. Geschworene beziffern Schmerz und Leid in Dollar und Cent. Wenn Sie die
Wahrheit über etwas ergründen möchten, bemessen Sie es
zunächst einmal. Wenn Sie die Wirtschaftslage, die menschliche Natur, das Verhalten subatomarer Teilchen, die Geburt
von Sternen oder die Verfassung eines Patienten in den Griff
bekommen möchten, müssen Sie zunächst einmal mit Daten
anfangen – und Daten bekommen Sie aus sorgfältigen Messungen.

Messungen, das läßt sich nicht abstreiten, sind der Eckstein
allen Wissens. Sie erlauben uns, Dinge miteinander zu vergleichen und die Beziehungen zwischen ihnen mit Zahlen auszudrücken. »Meins ist größer als deins«, das ist eine mathematische Aussagen (M > D). Mein Land/Kind/Auto ist besser/
klüger/schneller als die der anderen. Als Gesellschaft nehmen
wir derlei Messungen außerordentlich ernst. Während der
Olympischen Sommerspiele von 1996 war doch verstörend,
daß die Grazie einer Gymnastikkür oder die Präzision eines
Sprungs vom Zehnmeterbrett in Ziffern bis auf drei Dezimal-
stellen genau angegeben werden konnte.

Wir beziffern alles von der öffentlichen Meinung bis zum
Fettgehalt von Käse, vom Reichtum bis zur Taille, von der
Kernreaktion bis zum Erfolg. Kann man denn diese so unter-
schiedlichen Dinge wirklich messen? Kann man Qualität auf
Quantität einkochen?

Schließlich und endlich läßt sich alles auf Quantitäten einkochen, und wenn es nur daran liegt, daß schließlich und endlich alles auf Elementarteilchen und Kräfte eindampft. Aber
mit solcher Zahlenbuchführung entgeht einem ein ungeheures Spektrum von Phänomenen, die nur in makroskopischen
Größenordnungen sichtbar werden – vom Weihnachtsmann
bis zur Liebe. Oder noch stichhaltiger: Es läßt sich alles, was
man definieren kann, auch messen, einfach deshalb, weil man,
wenn man etwas definiert, auch gleich die Qualitäten mitdefi-
niert, die es ausmachen.

Messungen haben jedoch nur dann eine Bedeutung, wenn
wir ihre verschiedenen Begrenzungen respektieren. Keine
Messung ist, wenn man sie einmal genauer betrachtet, einfach. Alle haben damit zu tun, daß man Dinge auseinander-
sortiert, die eigentlich nicht zu trennen sind, Dinge in Zahlen
faßt, die sich eigentlich nicht zählen lassen, oder Dinge definiert, die sich jeglichem Zugriff entziehen. Normalerweise
wird eine Sache, die man mißt, durch die Messung irgendwie
beeinflußt, manchmal sogar zerstört.

Und schließlich ist es immer irgendwie trügerisch, der
Natur Fragen zu stellen. Denn die Antworten, die man be-
kommt, hängen natürlich von der gestellten Frage ab – sogar
wenn es sich um die unschuldige Frage »wieviel?« handelt.
Auf der Waage bekommen Sie keine Informationen über Ihre
Körpertemperatur. Sie können mit einem Maßband nicht den
Reifendruck messen oder mit Hilfe einer Uhr die Musikalität
eines Menschen bestimmen.

Die Antworten hängen auch davon ab, wo Sie als Beobachter stehen. Ein veränderter Bezugsrahmen kann zum Beispiel
zu völlig verschiedenen Antworten führen, wenn es um Raum
und Zeit geht.*

Tatsächlich lassen sich Raum und Zeit nicht unabhängig
voneinander messen. Eines Nachts schauen Sie zum Beispiel
zum Himmel hinauf und sehen dort einen verschwommenen
Klecks, den Andromedanebel – den uns am nächsten gelege-
nen Spiralnebel, der über 2 Millionen Lichtjahre entfernt ist.

* Siehe Kapitel 14 »Emmy und Albert«

56

Das Licht, das Ihre Netzhaut erreicht, hat den Andromedanebel vor mehr als 2 Millionen Jahren verlassen, lange bevor der Homo sapiens auf Erden auftauchte. Die Andromeda, die wir heute sehen, ist also wirklich ein alter (man könnte beinahe sagen uralter) Hut, etwa 2 Millionen Jahre überholt. Was ist nun aber, wenn Sie wissen möchten, was im Andromedanebel *jetzt* augenblicklich vor sich geht?

Es stellt sich heraus, daß diese Frage unsinnig ist. Denn es gibt keine Methode, im Universum ein gleichzeitiges »Jetzt« zu messen. Wir können unsere Uhren nicht synchronisieren, weil nichts schneller ist als das Licht. Und das Licht, das uns vom Andromedanebel erreicht, hat sich so schnell bewegt, wie es nur irgend kann, nämlich mit der Lichtgeschwindigkeit des Universums. Die einzige sinnvolle Aussage ist also, daß wir die Andromeda *tatsächlich jetzt sehen.*

Anders ausgedrückt: Raum und Zeit sind unzertrennliche Partner. Man kann von »hier und jetzt« sprechen, von »damals und dort«. Aber es ist sinnlos, von »dort und jetzt« reden zu wollen. Selbst wenn Sie an einer bestimmten Stelle auf der Erde stehen und die Zeit jetzt und dann wieder zwei Sekunden später messen, haben Sie gleichzeitig auch eine Bewegung im Raum mitgemessen – einfach, weil sich die Erde bewegt hat. Wenn sie es nicht täte, hätten wir gar keinen Tag, den wir in Stunden, Minuten und Sekunden einteilen könnten. In gewisser Weise kann man es als Tautologie sehen, wenn man die Entfernung mißt, die ein bestimmter Punkt auf der Erde in einem gegebenen Zeitabschnitt zurücklegt, denn ein solcher Zeitabschnitt wird ja durch die Drehung der Erde im Raum definiert. Wenn im Universum nie irgend etwas geschähe, könnten wir keine Vorstellung von der Zeit, keinen Zeitbegriff haben.

Andere Quantitäten, die wir zu messen versuchen, sind genauso miteinander verstrickt. Materie und Energie zum Beispiel oder Gedanke und Gehirn oder der Einfluß der Genetik und der Umweltfaktoren auf die Intelligenz.

Aber selbst wenn man diese Faktoren entwirren kann, ist noch lange nicht gesagt, daß sie sich leicht messen lassen. Sogar präzise definierte und scheinbar isolierte Quantitäten haben die unangenehme Eigenschaft, sich unseren Versuchen, sie festzunageln, immer wieder zu entziehen wie schlüpfrige Aale.

So kann man zum Beispiel subatomare Teilchen nur dann genau messen, wenn man meßbare Opfer bringt. Wenn man genau mißt, was ein Teilchen gerade macht, kann man nicht gleichzeitig genau messen, wo es sich befindet. Wenn man genau mißt, wieviel Energie es hat, verliert man jegliche Information über die Zeit.

Die subatomare Physik mit ihrer eingebauten Ungewißheit treibt einige Leute schier zur Verzweiflung. Aber selbst bei den alltäglichen Messungen des ganz normalen Lebens gehen Informationen verloren. Sie können Ihr Abendessen nicht gleichzeitig chemisch analysieren und essen (zumindest nicht denselben Bissen). Sie können nicht die mathematischen Bildungsprinzipien in Mozarts Musik sezieren und gleichzeitig die tiefe Wirkung dieser Klänge verspüren. Ein Picasso, den man durch ein starkes Mikroskop betrachtet, löst sich in ein körniges Muster vieler Farbpünktchen auf. Sie können die Erde vom All aus als Kugel sehen, verlieren dabei aber die Informationen darüber, was gerade in Ihrem Garten passiert. Bei jeder Messung, die man macht, gibt man etwas auf. Wenn Sie einen Baum auf seine bootsartigen Eigenschaften testen, schreibt Ian Stewart, dann können Sie nicht gleichzeitig testen, wie gut er sich zum Abstützen von Überlandleitungen eignen würde.

Der Quantenmechanik zufolge beeinflußt Ihre bloße Entscheidung, irgend etwas zu messen, auch schon Ihre Messung. Ja, sie legt diese Messung sogar fest. Das berühmteste Beispiel für dieses Paradox ist ein Gedankenexperiment, das Erwin Schrödinger sich einmal ausdachte, um das darzulegen, was er als die »offensichtliche Absurdität der Quantenmechanik« empfand. Wenn man die Gedankengänge der Quantenmechanik bis zur äußersten logischen Konsequenz weiterdächte, meinte er, könne man sich eine Katze in einer geschlossenen Schachtel vorstellen, die gleichzeitig tot und lebendig sei. Die Katze wäre erst dann hundertprozentig tot oder lebendig, wenn man die Schachtel öffnete. Deswegen würde das bloße Öffnen zum Zweck der Beobachtung die Katze entweder umbringen oder ihr das Leben retten.

Das Experiment geht folgendermaßen: Man sperrt die Katze mit einem Glasröhrchen voller Gift in die Schachtel. Ein Hammer, der dieses Röhrchen zerschmettern (und daher die Katze umbringen) kann, ist mit einem ausgefeilten Mechanismus verbunden, der durch den radioaktiven Zerfall eines bestimmten Elementes ausgelöst werden kann. Die Wahrscheinlichkeit, daß dieses Atom zerfällt – also den Mechanismus auslöst und so die Katze umbringt –, ist genau fünfzig zu fünfzig. Man hat keinerlei Möglichkeit festzustellen, ob das Atom zerfallen ist, es sei denn, man öffnet die Kiste. Also rettet das Öffnen der Kiste der Katze entweder das Leben, oder es bringt sie um.*

Stewart schlägt eine einfachere Sichtweise auf diese Problematik vor: Man solle sich vorstellen, daß man eine Münze dreht. Während sie sich dreht, zeigt sie weder Kopf noch Zahl, sondern eine Kombination aus beiden. Wenn man aber messen will, ob Kopf oder Zahl herauskommt, muß man die Münze anhalten und auf eine Seite fallen lassen – und sie damit zur Wahl zwischen Kopf und Zahl zwingen.**

Anders ausgedrückt: Wenn man einen Aspekt mißt, zerstört man gleichzeitig die Möglichkeit, einen anderen zu messen. Diese Situation hat durchaus auch ihre Entsprechung im Alltag. Der Streß einer Prüfung kann zum Beispiel die Denkfähigkeit eines Prüflings so verändern, daß mit dem Test

---

* Katzenbesitzerinnen wie ich wundern sich vielleicht darüber, daß die Vorstellung von einer Katze, die gleichzeitig tot und lebendig ist, ein Paradox sein soll, da Katzen sich in diesem Schwebezustand eigentlich ganz wohl zu fühlen scheinen. Ein stichhaltigerer Einwand gegen das Paradox ist, daß Katzen keine schlichten quantenmechanischen Objekte sind und man von ihnen daher nicht erwarten sollte, daß sie sich nach schlichten quantenmechanischen Regeln verhalten. Siehe Kapitel 6 »Sichtbar werdende Eigenschaften«
** Dies ist ganz eindeutig ein bißchen zu sehr vereinfacht. Wenn die Quantentheorie so einfach wäre, würden sich die Physiker nicht immer noch über ihre Bedeutung die Köpfe heiß reden. Diese Analogie hilft jedoch den mit der Quantenmechanik nicht so vertrauten Lesern, das Konzept ein wenig besser in den Griff zu bekommen.

schließlich nur noch Streß gemessen wird und nicht Wissen oder Eignung. Reporter, denen man die Aufgabe übertragen hat, über Ereignisse genau und objektiv zu berichten, beeinflussen diese Ereignisse durch ihre bloße Anwesenheit und erdichten sie zuweilen von Anfang bis Ende (ob sie wollen oder nicht).

Die Antwort wird nicht nur durch die Art der Frage bestimmt, sondern auch durch die bloße Tatsache, daß überhaupt eine Frage gestellt wird.

Wie man auch immer an Messungen herangeht, irgendwann während dieses Vorgangs bekommt man eine Zahl, die etwas beschreibt – ob dieses Etwas nun mit Zahlen beschrieben werden kann oder nicht. Das mag ja bei menschlichen Eigenschaften ziemlich offensichtlich sein, aber in bestimmten Bereichen der sogenannten exakten Wissenschaften ist das Problem genauso relevant. Nehmen wir einmal die Zahlen, mit denen Physiker die subatomaren Teilchen beschreiben. Diese Quantenzahlen beziehen sich auf bestimmte Quantitäten, die zusammengenommen die Identität des Teilchens ausmachen. So kann zum Beispiel ein Teilchen eine elektrische Ladung von plus 1, minus 1 oder 0 haben (subatomare Teilchen namens Quarks können elektrische Ladungen tragen, die Vielfache von $1/3$ sind; Moleküle tragen Ladungen von plus oder minus 2 oder mehr). Teilchen können auch eine bestimmt Menge einer anderen Eigenschaft namens Spin besitzen – wiederum in ganzzahligen Vielfachen von 1 oder $1/2$.

Beschreiben diese Zahlen wirklich das Atom? In gewisser Weise ja. Die Wissenschaftler können mit ihrer Hilfe Atome auf verschiedene Art und Weise zusammensetzen und ihre Eigenschaften ziemlich genau vorhersagen. Sie können auf diese Weise sogar Stoffe ganz neu erfinden.

Aber anders gesehen ist dieses Verständnis nur eine Näherung. Atome sind keine Zahlen. Auch keine Mini-Sonnensysteme. Man kann sie nur mit ihren eigenen völlig »unweltlichen« Begriffen wahrhaft beschreiben. Oder, wie der Physiker Arthur Eddington es einmal formuliert hat: »Kurz gesagt, der Physiker zeichnet einen ausgefeilten Bauplan des Atoms und macht sich dann an die Arbeit, alle Details eins nach dem anderen auszuradieren. Was übrigbleibt, ist das Atom der modernen Physik.«

Trotzdem beschreiben Quantenzahlen immerhin die Atome noch wesentlich besser als IQ-Zahlen die Intelligenz. Das liegt teilweise daran, daß die Physiker ihre Definitionen der atomaren Eigenschaften so viel präziser formuliert haben als wir die Definition dessen, was es bedeutet, klug (oder gar weise) zu sein.

Andere nicht meßbare Größen sind jedoch nicht so offensichtlich. Wie mißt man zum Beispiel Erfolg? Um die Sache etwas zu erleichtern, reden wir einmal nur vom wirtschaftlichen Erfolg und beschränken unseren Vergleich auf Länder. Gibt es eine akkurate Methode, mit der man abschätzen kann, ob ein Land größeren wirtschaftlichen Erfolg hat als ein anderes?

Oberflächlich betrachtet ist das ein Kinderspiel. Man mißt einfach das Bruttosozialprodukt, die Summe aller Waren und Dienstleistungen, die von einer Wirtschaft erzeugt oder erbracht wurden. Aber wie Amartya Sen, eine Wirtschaftswissenschaftlerin von der Harvard University, deutlich gemacht hat, vernachlässigen traditionelle Maßzahlen wie das Bruttosozialprodukt kritische Faktoren wie etwa das Wohlbefinden. Hungersnöte existieren oft Seite an Seite mit Überfluß an Nahrungsmitteln, und auch in reichen Ländern verhungern viele Menschen. Sen schlägt Sterblichkeitsziffern als ein wesentlich besseres Maß vor, da sie den Grad des nationalen Wohlbefindens sehr viel besser widerspiegeln. An diesem Maßstab gemessen geht es den schwarzen Amerikanern schlechter als den Armen in vielen Ländern der Dritten Welt.

Der Mathematiker William Adams schlägt auch in diese Kerbe, wenn er das Wirtschaftswunder der achtziger Jahre als Beispiel heranzieht. Während der Reagan-Jahre produzierte die US-Wirtschaft Waren und Dienstleistungen im Wert von 30 Billionen Dollar; die Zahl der Arbeitsplätze stieg an; die Börse rastete aus. Aber, so argumentiert Adams, von einem anderen Standpunkt aus gesehen, war dieses Wirtschaftswunder eine Katastrophe. Es wurde nämlich alles mögliche vernachlässigt, ja beinahe zerstört, vom Netz der Bundesstraßen bis hin zum staatlichen Schulwesen. Also war Amerika am Ende der achtziger Jahre das Land mit dem größten Reichtum – aber gleichzeitig hatte das Land auch eine der am schlechtesten ausgebildeten Bevölkerungen der westlichen Welt, eine unterdurchschnittliche Gesundheitsversorgung und eine sich ständig verschlechternde Infrastruktur.

Wenn man eine Messung durchführen will, muß man auch genau wissen, wo der zu messende Gegenstand anfängt und wo er aufhört. Da sogar nur wenige materielle Objekte so klare Grenzen haben, kann sich dies als beinahe aussichtsloses Unterfangen herausstellen. So haben zum Beispiel Physiker, die Wolken untersuchen möchten, große Probleme, das Objekt ihrer Studien überhaupt in den Griff zu bekommen. Wo fängt eine Wolke an? Von der Erde aus gesehen mag sie uns ja wie ein flauschiges Kissen mit klaren Umrissen erscheinen, aber wenn man mit dem Flugzeug durchfliegt, dann verschwimmen die Ecken und Kanten zu einem unbestimmten Dunstschleier.

Als mich meine Familie einmal zu einer Runde »Trivial Pursuit« gezwungen hatte, wußte ich keine Antwort auf die Frage: »Wie viele Farben hat ein Regenbogen?« Da das Lichtspektrum ein kontinuierliches Spektrum aller Frequenzen ist, läßt sich diese Frage nicht beantworten, außer vielleicht mit: unendlich viele. Wie es Leslie White in *Newman's World of Mathematics* sagt: Man neigt zu der Annahme, daß gelb, blau und grün Eigenschaften der sichtbaren Welt sind, die jeder normale Mensch unterscheiden kann. Aber dann erfährt man, daß die Griechen und die Natchez-Indianer keinen Unterschied zwischen gelb und grün machen, sondern nur ein Wort für beide Farben haben.

Eines der ungeheuerlichsten Beispiele dafür, daß wir Grenzen ziehen, wo keine sind, taucht immer wieder auf, wenn es um Rassenfragen geht. Obwohl man uns auf Anmeldeformularen und bei Volkszählungen immer wieder auffordert, uns zu entscheiden, ob wir weiß, schwarz, asiatisch oder sonstwas sind, ist Rasse kein biologisches Konzept. Bei einer Umfrage in jüngster Zeit sagten 41% der befragten Anthropologen, daß es eine biologische Größe »Rasse« nicht gebe.

Im chemischen Sinne vermischen wir uns sogar wie verschüttete Farbe mit den Menschen unserer Umgebung. Meine und Ihre Moleküle schweben ständig wie ein feiner Nebel über unserer Haut, werden durch die Nase ausgeatmet, vom Haar und der Haut abgeschuppt. Einzelmenschen haben keine scharf definierten Kanten. Wir verschwimmen ineinander, driften in den Lebensraum des anderen wie Parfümmoleküle aus einem offenen Flakon.

Unser ewiger Wunsch, alles mit scharfen Kanten zu versehen und dann präzise und klar zu messen, hat sogar in der simpelsten Mathematik zu Problemen geführt. Zweifellos rührte die krankhafte Furcht der Pythagoräer vor den irrationalen Zahlen unter anderem daher, daß diese Zahlen so verschwommen sind. Brüche und ganze Zahlen haben klare Kanten: Eine Zahl ist entweder 2 oder $3/4$ oder $9/17$. Aber irrationale Zahlen wie Pi oder die Quadratwurzel aus 2 lassen sich in keine Grenzen verweisen. Wie das Häschen aus der »Energizer«-Reklame laufen sie immer weiter und weiter und weiter …

Das heimtückischste Hindernis für jede genaue Messung ist vielleicht die normalerweise unausgesprochene Tatsache, daß man nur Dinge messen kann, die man aktiv sucht, Dinge, von denen man weiß (oder vermutet), daß sie irgendwo da draußen tatsächlich existieren. In diesem Zusammenhang kann man sich angesichts der Astronomie oft ganz klein und häßlich fühlen: Es scheint nämlich, als würden die Astronomen jedesmal, wenn sie eine neue Methode zur Messung des Universums gefunden haben, beinahe sofort eine völlig neue und unerwartete Kategorie himmlischer Wesen aufstöbern. Ehe in den späten siebziger Jahren das Raumschiff *Voyager* zum Jupiter reiste, hatten alle angenommen, der Saturn sei der einzige von Ringen umgebene Planet. Beinahe aus Jux setzten sich einige Forscher dafür ein, in einem Experiment auch nach Jupiterringen zu suchen: Und schwuppdiwupp, da waren sie!

Bis zur Mitte unseres Jahrhunderts konnten Astronomen nur Dinge betrachten, die in sichtbarem Licht leuchteten, und selbst mit dieser ziemlich begrenzten Sichtweise entfesselten sie Revolutionen. Galileos erstes primitives Teleskop war immerhin scharf genug, um damit die radikale Entdeckung zu machen, daß auch andere Welten Monde hatten (der Jupiter) und daß himmlische Körper keine perfekten, makellosen Kugeln waren (sondern daß der Mond Krater und Gebirge hatte). In einem ähnlich drastischen Sprung entdeckte man Hunderte von Jahren später mit dem riesigen Hooker-Teleskop auf dem Mount Wilson, daß das, was man in früheren Teleskopen als verschwommene Flecken gesehen hatte, tatsächlich andere Insel-Universen waren, Galaxien wie unsere eigene. Und wie uns Carl Sagan in seiner populärwissenschaftlichen Fernsehsendung immer wieder einschärft: Es gibt Millionen und Milliarden davon!

Und das war nur der Anfang. Heute können Astronomen das Universum hören und sehen, das sich bei ihnen mit Funkwellen, Infrarot-, Röntgen- und Gammastrahlung meldet. Jedesmal, wenn sie einen neuen Sender einstellen, finden sie etwas Unerwartetes: Pulsare, Quasare und schwarze Löcher. Wer weiß, was wir mit der neuen Teleskopgeneration finden, die Gravitationswellen empfangen kann? Und wer weiß, worauf die Astronomen bisher noch nicht gekommen sind? Sobald ihre Sicht scharf genug war, um Planeten um andere Sterne kreisen zu sehen, haben sie auch welche gefunden.

Jedesmal, wenn sie eine neue Frage stellen, reißen sie der Natur einen weiteren Schleier herunter. Kein Wunder, daß Frank Oppenheimer meinte, die Wissenschaft sei die Suche nach immer pikanteren Geheimnissen.

Gelegentlich hört man jemanden sagen, daß die Astronomen nun alles gefunden hätten, was es gäbe. Daß keine weiteren großen Überraschungen mehr zu erwarten seien – zumindest keine, die wir registrieren und messen könnten. Wenn ich so etwas höre, muß ich immer an den französischen Philosophen Auguste Comte denken, der seinerzeit vollmundig behauptete, wenn eins sicher sei, dann die Tatsache, daß man nie in der Lage sein würde, die chemische Zusammensetzung der Sterne zu messen – eine Aussage, die 1825 gar nicht so gewagt zu sein schien.

Noch vor Ende seines Jahrhunderts hatten jedoch die Astronomen bereits gelernt, das Licht der Sterne wie ein offenes Buch zu lesen. Da jedes Atom nur Licht von bestimmten Frequenzen (d. h. Farben) absorbieren und abstrahlen kann, buchstabiert jeder Satz von Spektrallinien die Unterschrift eines bestimmten Atoms. Mehr noch: diese Unterschrift verändert sich mit der Energie dieses Atoms, mit der Form, in der es sich befindet, und mit der Art seiner Bewegung. Heute können wir die Chemie der Sterne weitaus besser messen als die Chemie, die sich im Inneren unserer eigenen Erde abspielt. Denn die Sterne sind zum größten Teil transparent, unsere Erde nicht.

Es gibt im subatomaren Bereich sogar ein Gegenstück zur Erfahrung der Astronomen: Wenn Physiker Experimente aufbauen, mit denen sie Wellen registrieren können, dann finden sie Wellen. Wenn sie Experimente aufbauen, mit denen sie Teilchen registrieren können, dann finden sie Teilchen. Meist müssen wir uns nicht mit den ausweichenden Antworten herumschlagen, die uns die subatomaren Teilchen geben, weil wir es mit großen Zusammenballungen von Teilchen zu tun haben – und die benehmen sich, nun ja, normal, das heißt entweder wie Wellen oder Teilchen, aber im allgemeinen nicht wie beides gleichzeitig. Die meisten Dinge, die wir messen, sind viel größer als Atome.

Oft kann jedoch die Zusammenfassung bestimmter Dinge zu Gruppen die Meßergebnisse noch trügerischer machen. Da es oft nicht möglich (oder machbar) ist, jeden einzelnen innerhalb einer Gruppe zu messen, könnten wir zum Beispiel statt dessen den Mittelwert der Gruppe nehmen. Aber Mittelwerte, die für jeden in einer Gruppe stehen sollen, beschreiben nicht notwendigerweise irgendein wirkliches Einzelwesen, wie eine oft zitierte Statistik beweist: Die durchschnittliche US-amerikanische Familie hat 2,5 Kinder. Wenn jemand Statistiken anbringt, die zum Beispiel besagen, daß Jungen im Durchschnitt in Mathematik besser abschneiden als Mädchen, dann sagt das rein gar nichts über die Fähigkeiten eines bestimmten Jungen oder Mädchens aus.

Noch schwieriger als der Vergleich zwischen Gruppen kann

es sein, die vielen verschiedenen Eigenschaften eines einzelnen zusammenzufassen. Es ist zwar ziemlich leicht festzustellen, wer größer ist oder schneller rennt als die anderen. Aber es gibt keine sinnvolle Art, die Größten und die Schnellsten zusammenzufassen, d. h. den Größten *und* Schnellsten in einer Gruppe zu finden. Noch schlimmer wird die Sache, wenn man einzelne Menschen, zum Beispiel Stellenbewerber, nach einer ganzen Reihe von Eigenschaften einstufen soll: Verantwortungsbewußtsein, Intelligenz, Rücksichtnahme, Wissen, Kreativität, Persönlichkeit und so weiter.

Es stellt sich bald heraus, daß es keine eindeutige Lösung gibt. Es ist mathematisch nicht möglich, gleichzeitig mehr als zwei Variable gut zu ordnen.

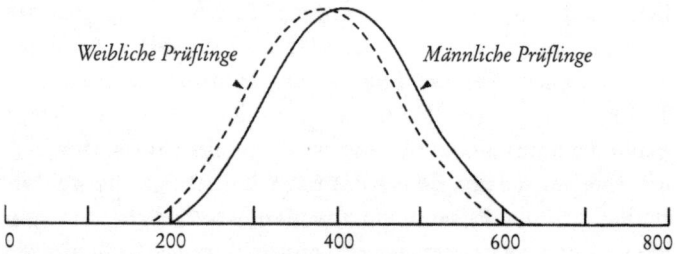

Verteilung der Ergebnisse in Mathematikprüfungen
Die beiden überlappenden Normalverteilungskurven zeigen, wie klein ein Unterschied sein kann. Obwohl die männlichen Prüflinge in dieser Darstellung im Mittel besser abschneiden als die weiblichen, ist doch klar, daß sehr viele weibliche Prüflinge sehr viel höhere Punktergebnisse haben als sehr viele männliche Prüflinge. Es ist also unmöglich, aus dieser Information auf einzelne männliche oder weibliche Prüflinge zu schließen.

Denken Sie sich eine Einstufung als Punkt auf einer Geraden. Dann können Sie sich sicher vorstellen, wie die entsprechende Kurve aussieht und wie einfach es wäre festzustellen, welcher Punkt einer höheren Einstufung entspräche. Fügen Sie nun eine weitere Variable hinzu – mit anderen Worten, machen Sie aus der Geraden ein Quadrat. Nun gibt es keine Möglichkeit mehr, zwei Punkte innerhalb dieses Quadrats zu ordnen, d. h. zu sagen welcher Punkt vor oder nach dem nächsten kommt.

Eine mögliche Lösung ist, alle Meßergebnisse in einer einzigen »Bewertungszahl« zusammenzufassen. UPS benutzt ein solches System, um Kisten mit unregelmäßigen Formen zu ordnen. (Diese Spedition addiert schlicht den Umfang zur Länge – etwa so, als addierten Sie Ihr Gewicht zur Ihrer Körpergröße, kein sonderlich sinnvolles Maß, aber vielleicht trotzdem nützlich.) Bei dieser Methode werden alle wichtigen Eigenschaften einer Sache aufaddiert und ergeben eine Zahl, die dann zum Vergleich mit anderen ähnlichen Dingen herangezogen werden kann.*

Wahrscheinlich könnte man eine Bewertungszahl für so gut wie alles von der sexuellen Anziehungskraft bis zum Schokoladenpudding finden. Ob derlei Zahlen Ihnen aber die Möglichkeit zu sinnvollen Vergleichen geben, hängt immer noch von den Beurteilungen ab, die hinter den einzelnen Zahlen stecken, die in diese Bewertungszahl eingeflossen sind.

Schließlich ist jedes Meßergebnis noch mit dem behaftet, was die Physiker einen Fehlerbalken nennen – eine besonders bildliche Darstellung, aus der Sie ersehen können, mit welchem möglichen Fehler Sie es zu tun haben. In einigen Fällen ist der Fehlerbalken größer als der Meßwert selbst, was darauf hindeutet, daß man das Ergebnis vielleicht nicht sonderlich ernst nehmen sollte. Überraschenderweise tauchen aber gerade in wissenschaftlichen Artikeln besonders oft Meßwerte mit riesigen Fehlerbalken auf – und bei ihren Schlußfolgerungen ignorieren so manche Autoren die eigentlich offensichtlichen logischen Konsequenzen.

Darrell Huff hat in seinem Klassiker *Wie lügt man mit Statistik* das leider sehr verbreitete Beispiel des Intelligenztests benutzt. Ein Intelligenztest, der ergibt, daß die eine Person

---

* Der Physiker und Schriftsteller Hans Christian Von Baeyer hat dieses Beispiel in einem Artikel in der Zeitschrift *Discover* dazu verwendet, zu beweisen, daß ein neuer Beschleuniger mit einem Durchmesser von 1,2 km, der gerade in Virginia in Betrieb genommen wird, tatsächlich leistungsstärker ist als der riesige europäische Elektron-Positron-Beschleuniger von 27,2 km Durchmesser – indem er eine neue »Bewertungszahl« eigens zu diesem Zweck erfand und anwendete.

einen IQ von 98 (plus minus einen Fehler von 3) und die andere einen IQ von 101 (plus minus 3) hat, sagt rein gar nichts aus. Was die Zahlen wirklich bedeuten: mit einer Wahrscheinlichkeit von fünfzig zu fünfzig hat die Person mit 98 einen IQ irgendwo zwischen 95 und 101. Und die Person mit 101 einen IQ irgendwo zwischen 98 und 104. Das heißt, die Person mit 98 könnte theoretisch einen um drei Punkte höheren IQ haben als die Person mit dem Ergebnis 101.

Huff erinnert uns: »Ein Unterschied ist nur dann ein Unterschied, wenn er einen Unterschied ausmacht.«

Oder wie der Physiker David Goodstein von Caltech hinzufügte, nachdem er den vorliegenden Abschnitt gelesen hatte: »Die besten Physiker machen diesen Fehler, wenn sie ihre Studenten Tests machen lassen und dann die Ergebnisse ernst nehmen, als gäbe es einen echten Unterschied zwischen 3+ und 2–.«

Kapitel 5

Eine Frage des Maßstabs

Wie würden Sie 500 000 Pfund Wasser ohne sichtbare
Stütze in der Luft aufhängen? (Antwort: Machen Sie
eine Wolke.)

Bob Miller, Künstler

Eine Einladung in eine Welt, in der alles sehr viel größer oder
sehr viel kleiner ist als wir selbst, hat immer etwas Magisches
und Verführerisches. Die unendliche Weite des Meeres oder
des Himmels zu betrachten, einen Tropfen Teichwasser unter
dem Mikroskop anzusehen, sich das intime Innenleben der
Atome vorzustellen, all das verzaubert und fasziniert uns und
trägt uns weit jenseits unseres Alltags in exotische Land-
schaften, in die wir nur mit Hilfe unserer Phantasie eindringen können. Wie wäre es, wenn ich so groß würde wie ein
Riese? So klein wie ein Käfer? Alice hat vom Zauberpilz ge-
gessen und blähte sich auf wie ein Kirmesballon, sprengte
dabei ihr kleines Häuschen; sie aß noch einmal davon und
schrumpfte rasend schnell zusammen, lebte ständig in Angst
und Schrecken, durch den Abfluß geschwemmt zu werden.
Von King Kong über *Liebling, ich habe die Kinder geschrumpft*
bis zum kleinen Däumling scheint die Vorstellung, daß wir
unsere Größe verändern könnten, unser Innerstes sehr stark
zu beschäftigen.

Aus gutem Grund glauben wir, daß eine Welt, die andere
Größenordnungen hat, auch völlig anders geartet wäre. Ob
man mehr oder weniger von irgend etwas besitzt, hat im End-
ergebnis oft wesentlich größere Auswirkungen als schlicht
mehr oder weniger. Änderungen in der Quantität können oft
riesige Veränderungen in der Qualität bewirken.

Wenn sich die Größe der Dinge radikal verändert, gelten
andere Naturgesetze, verrinnt die Zeit nach anderen Uhren,
tauchen neue Welten scheinbar aus dem Nichts auf, während
die alten unsichtbar werden. Versetzen Sie sich zum Beispiel

einmal in die merkwürdige Lage eines Riesen. Klar, er ist groß und stark, aber die Größe hat auch ihre Nachteile. Nach J. B. S. Haldane in seinem klassischen Artikel »On Being the Right Size« [Über die richtige Größe] würde sich ein zwanzig Meter großer Riese bei jedem Schritt den Oberschenkel brechen. Der Grund dafür liegt einfach in der Geometrie. Die Größe nimmt nur in einer Dimension zu, die Fläche in zwei, das Volumen in drei. Wenn man nur die Größe eines Menschen verdoppelte, würde sich der Querschnitt oder die Dicke der Muskeln, die ihn gegen die Erdanziehung stützen, vervierfachen (zwei mal zwei) und sein Volumen und daher auch sein Gewicht sich um einen Faktor acht erhöhen. Wenn man diesen Menschen zehnmal so groß machte, wäre sein Gewicht tausendmal größer, aber der Querschnitt der Knochen und Muskeln, die ihn stützen, wäre nur um einen Faktor hundert angewachsen. Ergebnis: Knochenbrüche.

Um ein solches Gewicht tragen zu können, bräuchte man gedrungene, dicke Beine – siehe Elefant und Rhinozeros. Große Sprünge kämen nicht in Frage. Superman muß ein Floh gewesen sein.

Flöhe leisten da natürlich routinemäßig Übermenschliches (ein Teil des Geheimnisses hinter der inzwischen beinahe völlig ausgestorbenen Kunst des Flohzirkus). Diese Winzlinge können 160 000mal ihr eigenes Gewicht ziehen und hundertmal so hoch springen, wie sie selbst sind. Kleine Wesen haben im Vergleich zu ihrer Muskeloberfläche so wenig Masse, daß sie uns unendlich stark erscheinen. Während ihre Muskeln um ein Vielfaches schwächer sind als die unseren, ist doch die Masse, die sie durch die Gegend schieben müssen, so viel kleiner, daß jede Ameise und jeder Floh dadurch zum Superwesen wird. Sprünge über Hochhäuser? Kein Problem.*

Genausowenig wie Fallen auch nicht. Das alte Sprichwort stimmt: Je größer sie sind, desto schwerer ist der Fall. Und je

* Laut einer Aussage des Physikers Tom Humphrey vom Exploratorium in San Francisco springen alle Tiere ungefähr gleich hoch. Sowohl Flöhe als auch Menschen können etwa einen Meter vom Boden hochspringen – eine interessante invariable Größe. Siehe ›Das Wahre und das Schöne‹ in Kapitel 14 »Emmy und Albert«

kleiner, desto weicher ist die Landung. Wieder ist der Grund die Geometrie. Wenn ein Elefant von einem Gebäude herunterfällt, zerrt die Erdanziehung sehr stark an dieser Riesenmasse, während die relativ kleine Oberfläche nur wenig Luftwiderstand bietet. Eine Maus dagegen hat ein derart kleines Volumen (und daher eine so kleine Masse), daß die Erdanziehung nur sehr wenig ausrichten kann; gleichzeitig ist die relative Oberfläche der Maus so riesig, daß sie beinahe wie ein eingebauter Fallschirm wirkt.

Eine Maus könnte man, so schreibt Haldane, von einem tausend Meter hohen Felsen herunterstürzen, und sie würde trotzdem unten unversehrt weiterspazieren. Eine Ratte würde bei diesem Fall wahrscheinlich so viele Verletzungen erleiden, daß sie daran stürbe. Ein Mensch ganz sicherlich. Und ein Pferd, erklärt Haldane uns, würde schlicht »zerplatzen«.

Die gleichen Relationen gelten natürlich auch für unbelebte Gegenstände, zum Beispiel Wassertropfen. Die Atmosphäre ist mit Wasserdampf getränkt, auch wenn wir das nicht in der Form von Wolken sehen können. Sobald jedoch ein winziges Teilchen anfängt, Wassermoleküle anzuziehen, ändert sich die Lage rapide. Während sich der Durchmesser des wachsenden Tropfens um das Hundertfache vergrößert, wächst die Oberfläche um den Faktor zehntausend, sein Volumen um das Millionenfache. Die größere Oberfläche reflektiert weitaus mehr Licht – und die Wolke wird sichtbar. Auf das ungeheuer angewachsene Volumen wirkt die Erdanziehung sehr viel stärker, so daß Tropfen zur Erde fallen können.

Wolkenexperten sagen, daß auf die Wassertropfen in der Luft gleichzeitig elektrische Anziehungskräfte wirken – die sie in der Wolke zusammenhalten – sowie die Erdanziehung, die sie nach unten zieht. Wenn die Tropfen klein sind, ist die Oberfläche riesig groß im Verhältnis zum Volumen; dann behalten die elektrischen (molekularen) Kräfte die Oberhand, und die Tropfen schweben in der Luft. Wenn sie jedoch groß genug geworden sind, gewinnt immer die Erdanziehung.

Winzige Gegenstände spüren kaum je den Zug der Erdanziehung – einer Kraft, die sich nur im großen Maßstab bemerkbar macht. Die elektrischen Kräfte, die die Moleküle zusammenhalten, sind billionenfach stärker. Deswegen kann auch das kleinste bißchen statische Elektrizität Ihnen die Haare zu Berge stehen lassen.

Diese elektrischen Kräfte würden einen flohgroßen Superman vor ziemliche Probleme stellen. Zunächst einmal würde es ihm recht schwer fallen, schneller als eine Revolverkugel zu fliegen, denn die Luft wäre für ihn eine dicke Suppe voller klebriger Moleküle, die von allen Seiten nach ihm greifen. Es wäre so, als schwämme er durch Sirup.

Fliegen haben kein Problem damit, an der Zimmerdecke entlangzuspazieren, denn der molekulare Kleber, der ihre Füße an der Tapete haften läßt, ist stärker als das winzige Gewicht, das sie nach unten zieht. Der elektrische Sog von Wasser zieht jedoch Insekten an wie ein Magnet. Haldane erklärt, daß die elektrische Anziehung des Wassers für ein Insekt den Gang zur Tränke zu einem lebensgefährlichen Unterfangen macht. Ein Käfer, der sich über eine Pfütze beugt, um einen Schluck Wasser zu trinken, entspräche etwa einem Menschen, der sich weit über eine Klippe neigt, um von einem Busch eine Beere abzupflücken.

Wasser ist eine der klebrigsten Substanzen, die es gibt. Jemand, der gerade aus der Dusche steigt, trägt ein Extragewicht von einem Pfund mit sich herum, kaum eine große Last. Aber eine Maus, die aus der Dusche kommt, müßte nach Haldane ihr Körpergewicht in Wasser herumtragen. Für eine Fliege ist Wasser genauso gefährlich wie Fliegenleim: wenn sie einmal naß wird, bleibt sie ihr Leben lang kleben. Das ist einer der Gründe dafür, daß Insekten so lange Rüssel haben, schreibt Haldane.

Wenn man einmal auf Käfergröße geschrumpft ist, ist beinahe alles anders. Eine ameisengroße Person könnte niemals ein Buch schreiben. Die Tasten einer ameisengroßen Schreibmaschine würden aneinanderkleben, ebenso die Seiten eines Ameisenmanuskriptes. Eine Ameise könnte sich auch kein Lagerfeuer machen, denn die kleinstmögliche Flamme ist immer noch größer als ihr ganzer Körper.

Wenn man weiter auf Atomgröße schrumpft, verändert sich die Realität zur Unkenntlichkeit. Es öffnen sich Türen auf neue und völlig unerwartete Aussichten. Dinge von Atomgröße verhalten sich ganz anders als molekülgroße oder menschengroße Dinge. Für atomare Teilchen gelten die Wahrscheinlichkeitsgesetze der Quantenmechanik. Physiker müssen es schon sehr schlau anstellen, um diese quantenmechanischen Eigenschaften ans Licht zu locken, denn in der Größenordnung des menschlichen Gebrauchs existieren diese einfach nicht. Es entzieht sich unserer Wahrnehmung, daß die Energie nur in genau definierten kleinen Brocken existiert oder daß Elektronenwolken in einem ständigen Zustand wahrscheinlichkeitsbedingter Unschärfe um die Atome herumsurren. Diese Verhaltensweisen werden nur in exotischen Situationen makroskopisch sichtbar – zum Beispiel bei der Supraleitung, einem supergeordneten Zustand, in dem sich in einem Material Elektronenpaare wie eine Reihe von Revuegirls aufstellen. Wenn dann die Elektronen gewissermaßen im Gleichschritt marschieren, kann die Elektrizität ohne Widerstand durch den Supraleiter fließen.

Wenn man von atomaren auf molekulare Größenordnungen vergrößert, gewinnen die elektrischen Kräfte die Oberhand; nach weiterer Vergrößerung regiert dann die Schwerkraft. Philip und Phylis Morrison erklären in ihrem Klassiker *Zehn hoch*, daß einem, nachdem man die Hand in die Zuckerdose gesteckt hat, winzige Zuckerkristalle an den Fingern kleben, die wegen der elektrischen Kräfte dort hängenbleiben. Wenn Sie aber Ihre Hand in eine Zuckerdose mit Würfelzucker steckten, würden Sie sich sehr wundern, wenn einer der Würfel an Ihren Fingern hängenbliebe – es sei denn, Sie haben absichtlich einen herausgegriffen.

Wir wissen, daß die Schwerkraft in den höheren Größenordnungen die Überhand hat, weil alles, was im Universum größer als ein Asteroid ist, rund oder zumindest annähernd rund ist – das Ergebnis der Schwerkraft, die die Materie zu einem gemeinsamen Zentrum hinzieht. Alltägliche Gegenstände wie Häuser und Berge gibt es in allen möglichen und unmöglichen Formen, aber Berge können nur eine gewisse Höhe erreichen, dann zerrt die Erdanziehung sie zu Boden. Auf dem Mars können sie höher werden, weil dort die

Schwerkraft geringer ist. Große Gegenstände verlieren im Kampf gegen die Schwerkraft ihre rauhen Kanten. »In unserer Welt ist eine Teetasse vom Durchmesser des Jupiters einfach nicht möglich«, erklären die Morrisons. Wenn eine Teetasse auf die Größe des Jupiters anwachsen könnte, dann würden ihr Henkel und die Seiten von der gewaltigen Schwerkraft dieses Planeten so lange zum Zentrum gezogen, bis die Tasse kugelförmig aussähe.

Wenn man noch mehr Materie hinzufügt, entzündet das durch die Schwerkraft verursachte Materiegedrängel das nukleare Feuer. Sterne leben in einem ständigen Tauziehen zwischen dem Kollaps unter dem Einfluß der Schwerkraft und dem nach außen gerichteten Druck des nuklearen Feuers. Mit der Zeit gewinnt die Schwerkraft wieder die Oberhand. Ein Riesenstern bricht zusammen und wird ein schwarzes Loch. Es spielt keine Rolle, ob um diesen Stern herum Planeten kreisen oder aus welchen Brocken Gas und Staub er sich ursprünglich zusammengesetzt hat. Die Schwerkraft ist sehr demokratisch. Jeder Stern kann so lange wachsen, bis er zum schwarzen Loch wird.

Sogar die Zeit tickt im Universum der ganz Kleinen schneller. Kleine Tiere bewegen sich schneller, haben einen schnelleren Stoffwechsel (und essen mehr); ihre Herzen schlagen schneller; ihr Leben ist kürzer. In seinem Buch *About Time* stellt Paul Davis die interessante Frage, ob einer Maus ihr Mäuseleben wohl kürzer erscheint als uns unser Menschenleben.

Der Biologe Stephen Jay Gould hat diese Frage mit Nein beantwortet. »Kleine Säugetiere ticken schneller, verbrennen ihren Treibstoff schneller und haben ein kurzes Leben. Große Säugetiere leben langsam und lange. Wenn man es mit ihrer eigenen inneren Uhr mißt, leben Säugetiere verschiedener Größe ungefähr gleich lang.«

Wir marschieren alle nach unserem eigenen inneren Metronom. Und doch deutet Davis an, daß alle Lebewesen einen gemeinsamen Pulsschlag haben, weil das Leben auf der Erde von chemischen Reaktionen abhängt – und diese chemischen Reaktionen finden in einem scharf abgegrenzten Zeitrahmen statt. In der Science-Fiction-Saga *Dragon's Egg* des Physikers Robert Forward liefern bei den Lebewesen auf einem Neutronenstern Kernreaktionen den elementaren Brennstoff. In dieser Welt geht alles millionenfach schneller. Viele Generationen würden dort geboren und sterben, ehe auf der Erde nur eine einzige Minute verstrichen ist.

Und stellen Sie sich vor, wie es auf der Erde aussähe, wenn sich unser Stoffwechsel verlangsamte. Wenn unsere Uhren langsam genug tickten, könnten wir zusehen, wie die Berge wachsen, wie Kontinentalschollen sich verschieben und gegeneinanderprallen. Der Himmel würde vor Supernovas nur so sprühen, und Kometen kämen mit der Regelmäßigkeit von Sternschnuppen auf uns herabgeregnet. Jeden Tag gäbe es ein Feuerwerk wie zu Silvester.

Ein befreundeter Künstler meinte einmal, wenn man nur weit genug von der Erde weg wäre, aber immer noch die Menschen klar sähe, müßte man jeden Morgen eine ungeheure Welle über die Erdkugel schwappen sehen, wenn die Leute aufstehen, eine weitere Welle, wenn sich die Leute vor dem Schlafengehen die Zähne putzen – eine Zeitzone nach der anderen, eine Flut von Zähneputzen, die an- und abschwillt und dem Schatten der Sonne über das Land folgt.

Wir verpassen eine ganze Menge, weil wir nur Dinge wahrnehmen, die sich in unserer eigenen Größenordnung abspielen. Es kann eine furchterregende Erfahrung sein, die unsichtbaren Welten unter der eigenen Haut zu erforschen. Ich weiß das, weil ich es einmal im Exploratorium in San Francisco mit einem beweglichen Mikroskop probiert habe, das an eine Videokamera angeschlossen war. Die Haut auf dem Arm erweist sich bei dieser Erkundung als eine schwindelerregende Landschaft mit Einbuchtungen, tiefen Schluchten, Faltungen und durchsichtigen Haaren von der Größe kalifornischer Redwood-Bäume – alles noch eingebettet in ein Geröllfeld von Dreckbrocken. Besonders eklig sind Barthaare und Wimpern – von denen die Wimperntusche bröckelt wie angetrockneter Schlamm von einem Hundeschwanz. Es ist ein ziemlich überwältigendes Erlebnis, durch die eigene Haut auf Blutzellen zu schauen, die durch die Kapillargefäße sausen. Es ist, als sähe man sich ohne Kleider. Wir vergessen nur zu leicht, wie sehr unsere Weltsicht geglättet ist, welcher Schleier uns vor den Augen hängt, wie segensreich verschwommen unsere Sichtweise ist.

Ein noch leistungsstärkeres Mikroskop würde dann all die winzig kleinen Wesen zeigen, die auf unserem Gesicht leben, von winzigen Härchen herabhängen oder sich in unseren Wimpern verstecken. Ganz zu schweigen von den Milliarden, die jede Nacht mit uns das Bett teilen und sich in unseren Geschirrtüchern eingenistet haben. Wie viele Bakterien können auf einer Stecknadelspitze balancieren? Ich glaube, das wollen Sie vielleicht lieber nicht wissen.*

Wir sind so auf unsere eigene Größenordnung fixiert, daß wir den größten Teil der Lebensvielfalt verpassen, sagt der Mikrobiologe Norman Pace aus Berkeley. »Was schwimmt im Meer? Die meisten Leute denken an Wale und Seehunde, aber 90 % der Organismen im Meer haben einen Durchmesser von weniger als zwei Mikrometern.«

Auf ihrer zauberhaften Reise *Microcosmos* entlarven die Mikrobiologin Lynn Margulis und Dorion Sagan, wie falsch die Annahme ist, daß größere Wesen irgendwie überlegen sind. Milliarden von Jahren, ehe Lebewesen, die sich aus Zellen mit Zellkernen zusammensetzen (wir zum Beispiel), auf der Erde auftauchten, veränderten einfache Bakterien die Oberfläche der Erde und erfanden viele High-Tech-Verfahren, die wir Menschen bis jetzt trotz aller Bemühungen noch nicht alle verstanden haben – unter anderem die Verwandlung von Sonnenlicht in chemische Energie mit einem Wirkungsgrad knapp unter 100 % (Grünpflanzen machen das ständig). Die beiden weisen uns auch darauf hin, daß volle 10 % unseres Körpergewichts (minus das Wasser) sich aus Bakterien zusammensetzen und daß wir ohne die meisten dieser Bakterien gar nicht leben könnten.

Wenn man den Zoom auf eine Größenordnung einstellt, die kleiner ist als alle Lebewesen, dann werden aus massiven Tischen luftige Räume, in denen sich hier und da in der Mitte

---

* Oder doch? Dann lesen Sie *The Secret House* von David Bodanis.

ein Atomkern verliert, der von wilden Elektronenwolken umschwirrt wird. Wenn man so zoomt (egal in welche Richtung), sieht die Welt erst einfach aus, dann kompliziert, dann wieder einfach. Aus genügend großer Entfernung wäre die Erde nur ein kleiner blauer Punkt. Wenn man dann näher kommt, erkennt man Wettermuster und Meere; noch näher, und die Menschheit kommt ins Blickfeld; noch näher, und alles verschwindet wieder, und Sie befinden sich wieder in der Landschaft der Materie – die sich hauptsächlich aus leerem Raum zusammensetzt.

Auch die komplizierten Dinge ändern sich also mit der Größe. Ist ein Ei kompliziert? Von außen gesehen ist es ein schlichtes Oval. Bei näherer Betrachtung enthält es Eiweiß und Dotter und Blutgefäße und DNS und Gackern und Hackordnungen und potentielle Mousse au chocolat oder Crème caramel.

Das Universum des außerordentlich Kleinen ist so seltsam und vielfältig, daß wir es nicht einmal annähernd begreifen können. Niemand hat das besser formuliert als Erwin Schrödinger selbst:

Während unser geistiges Auge zu immer kleineren Entfernungen und immer kürzeren Zeitintervallen vordringt, müssen wir feststellen, daß sich die Natur so völlig anders verhält als in den sichtbaren und begreifbaren Körpern unserer Umgebung, daß kein Modell, das nach unseren makroskopischen Erfahrungen gebildet wurde, je »wahr« sein kann. Ein völlig zufriedenstellendes Modell dieser Art ist nicht nur praktisch unerreichbar, es nicht einmal denkbar. Genauer gesagt, wir können es uns natürlich denken, aber wie immer wir es uns denken, ist es verkehrt: nicht so bedeutungslos vielleicht wie ein »dreieckiger Kreis«, eher so wie ein »geflügelter Löwe«.

Wie wir im nächsten Abschnitt sehen werden, ist die Alchimie, zu der es manchmal kommt, wenn wir von weniger zu mehr oder vom Großen zum Kleinen übergehen, unerwartet und beunruhigend. Zugleich wird uns aber so auch einiges plötzlich klar, so daß wir ehrfürchtig staunen.

Kapitel 6

Sichtbar werdende Eigenschaften:
Mehr ist anders

> Heute können wir nicht sehen, ob die Schrödingerglei-
> chung auch Frösche oder Komponisten oder Moral be-
> schreibt – oder eben nicht.

Richard Feynman, Physiker

Der Satz »Mehr ist anders« wurde (behaupten jedenfalls einige) von dem Physiker Philip Anderson als Antwort darauf
geprägt, daß seiner Meinung nach das Augenmerk– insbesondere in seinem eigenen Fachgebiet – fälschlicherweise darauf
gerichtet werde, alles in der Natur auf seine grundlegenden
Elemente einzudampfen. Sicherlich, irgendwann läßt sich
alles auf Erden einmal auf Protonen, Neutronen, Elektronen,
Licht und Schwerkraft reduzieren. Aber was sagt uns das über
die Eigenschaften des Wetters, eines Kaugummis oder des Re-
genwaldes? Nicht sonderlich viel, meinen Anderson und andere. Um an die Wahrheit über eine Sache heranzukommen,
muß man sehr viel mehr machen, als das Ganze nur in seine
einfachsten Bestandteile zu zerlegen.

Klar, die Elementarteilchenphysik hat sich bis zur Mitte unseres Jahrhunderts mit Riesensprüngen entwickelt. Zuerst
entdeckte man das Elektron, dann das Proton, dann das Neu-
tron. In den siebziger Jahren stellte sich heraus, daß Protonen
und Neutronen pralle Säcke voll mit noch elementareren Teilchen, den Quarks, waren. Man fand heraus, daß die elektromagnetischen Kräfte und die sogenannte schwache Wechselwirkung, die für den radioaktiven Zerfall verantwortlich ist,
sehr eng miteinander verbunden sind. Es schien nur noch eine
Frage der Zeit zu sein, bis die Physiker die gesamte Existenz
mit einigen wenigen einfachen Formeln erklären würden.

Theoretisch zumindest war es sogar möglich, die Wellen-
gleichung, die Erwin Schrödinger formuliert hatte, zu benutzen, um jedes beliebige Atom – und daher auch alle aus vielen
Atomen zusammengesetzten Dinge – vollständig und voll-

kommen zu beschreiben. In Wirklichkeit sind diese Gleichungen viel zu schwer, um sie zu lösen (selbst wenn einige Forscher, die ausgeklügelte mathematische Tricks und schnelle Computer benutzen, damit schon neue Materialien »entworfen« haben). Und doch ist der Gedanke, daß man alles verstehen könne, wenn man es nur in seine einfachsten Bestandteile zerlegt, für viele zu verlockend gewesen, als daß sie ihm hätten widerstehen können.

Für Anderson und andere liegt das Problem bei diesem Ansatz darin, daß man so einfach nicht von hier nach da gelangen kann – vom Quark zum Kosmos. Wie Feynman angemerkt hat, kann uns nichts, was wir über Elementarteilchen und Wechselwirkungen wissen, auch nur die geringste Information über grüne Reptilien liefern, die nachts quaken, oder über die Musik Mozarts oder die zehn Gebote.

»Wenn und falls wir die wirklich elementaren Gesetze der Physik gefunden haben«, schreibt der Physiker Frank Wilczek, »dann haben wir damit sicherlich nicht die Gedanken Gottes erforscht (Hawking zum Trotz). Es wird uns nicht einmal sehr dabei helfen, das Hirn einer Nacktschnecke zu enträtseln. Dort dürfte im Augenblick wohl die Grenze der Neurowissenschaften liegen.«

Das Universum ist voller Dinge, die man nicht – und prinzipiell nie – verstehen kann, indem man einfach immer kleinere Elementarteilchen begreift. Jedesmal, wenn man den Sprung vom Quark zum Atom zum Kaugummi zum Leben zur Galaxie macht, tauchen wieder neue Dinge auf, die man durch die Geschehnisse auf niedrigeren Ebenen nicht erklären oder vorhersagen kann. »Psychologie ist keine angewandte Biologie«, schrieb Anderson 1997 in einem Aufsatz in der Zeitschrift *Science*. »Genausowenig wie Biologie angewandte Chemie ist.«

Unsere Gehirne sind aus Materie aufgebaut, sind aber eindeutig auch noch viel mehr. Selbst das vollständigste Wissen über Wassermoleküle wird es Ihnen nicht ermöglichen, ein Gewitter vorherzusagen. Alles, angefangen von den Wolken über das Leben bis hin zur Supraleitung und zur Musik, ist das Ergebnis einer tiefgreifenden qualitativen Verschiebung, die sich abspielt, wenn sich Dinge in geordneten Formen gruppieren. In der Größenordnung der Vielen entsteht etwas, das auf der Ebene der Wenigen nicht existiert. Anders ausgedrückt: Mehr ist wirklich anders.

Die physische Welt ist voller Beispiele hierfür. Die Verteilung von Elektronen in den Atomen ist letztlich für solche Eigenschaften der Materie wie Farbe, elektrische Leitfähigkeit, Struktur, Festigkeit und so weiter verantwortlich. Aber ein einziges Atom für sich allein kann nicht rauh oder brüchig oder süß sein. Eine Veränderung der Quantität hat wirklich qualitative Konsequenzen. Das muß man sich so ähnlich vorstellen wie die Verschiebung von einer Phase zur anderen, wenn die Wassertemperatur unter den Gefrierpunkt sinkt und Wasser zu Eis wird. Ein einzelnes Wassermolekül kann genausowenig Eis werden, wie ein einzelnes Kohlenstoffatom die Härte oder das sprühende Feuer eines Diamanten haben kann.

Die Vorstellung, daß mehr wirklich anders ist, bietet uns eine Möglichkeit, das Schrödingersche Katzenparadox zu lösen (und viele andere quantenmechanische Rätsel dazu). Wie Stewart und Cohen aufzeigen, enthält die typische Katze etwa 10^{26} Atome – eine 10 mit fünfundzwanzig Nullen dahinter. Die Katze ist eine sichtbar werdende Eigenschaft, die einfach in der Größenordnung der Einzelatome nicht existiert. Sie können alles mögliche über die Atome herausfinden, aus denen sich eine Katze zusammensetzt, und doch sagt Ihnen all dieses Wissen nichts darüber, ob die Katze Ihnen die Möbel zerkratzt oder auf Ihrem Kopfkissen schläft.

Analog verhalten sich Einzelwesen anders als Menschenmengen. Eine Person kann keine Massenhysterie haben, wie auch eine einzelne Erkrankung keine Epidemie ist. Tatsächlich ist das Verhalten von Menschenmengen sehr viel leichter vorherzusagen als das eines einzelnen. Diese Tatsache gilt auch für leblose Gegenstände. Werfen Sie eine Münze hoch, und Sie können nicht vorhersagen, ob Kopf oder Zahl dabei herauskommt. Ganz gleich, wie oft Sie die Münze werfen, die Wahrscheinlichkeit für Kopf oder Zahl bleibt fünfzig zu fünfzig. Wenn Sie jedoch die Münze eine Million Mal werfen, dann können Sie sicher sein, daß ungefähr 500 000 mal Kopf erscheint. Während kein Spielkasino vorhersagen kann, welche Zahl bei einem einzigen Würfelvorgang oben liegt, kann man doch mit einiger Sicherheit das Ergebnis vieler Würfelgänge vorhersagen – so verdienen die Kasinos ihr vieles Geld.

In gewisser Weise sind alle Muster der Natur, von blühenden Bäumen bis zu Wellen im Meer, von Gebirgen bis zu Koalabären, die sichtbar werdenden Eigenschaften einfacher Wechselwirkungen zwischen subatomaren Teilchen, die sich mit der Zeit zu sehr viel mehr als der Summe ihrer Bestandteile aufaddieren.

Die Zeit ist vielleicht die wichtigste sichtbar werdende Eigenschaft. Ein einziges Teilchen kann sich in Raum und Zeit vorwärts oder rückwärts bewegen – das ist völlig einerlei –, und es gibt keine Möglichkeit, die eine von der anderen Richtung zu unterscheiden. Die einzige Zeit, die existiert, ist die innere Uhr des Atoms – die Frequenz, mit der es schwingt. Aber nehmen Sie einen Haufen Atome zusammen, und dann hat niemand mehr Probleme, die Zeitrichtung festzustellen: immer in Richtung auf den Zustand der Unordnung zu. Wenn man alles sich selbst überläßt, dann vergammeln Lebensmittel, überzieht sich Haut mit Fältchen, blättert Farbe ab, werden Berge von der Witterung abgetragen, bekommen Strümpfe Laufmaschen. Und doch läßt nichts in dem einzelnen Atom diesen rasanten Abstieg in die Unordnung ahnen, der in höheren Größenordnungen stattfindet.

Irgendwie ist der Satz »mehr ist anders« eine mathematische Fassung der alten Spruchweisheit von dem Tropfen, der das Faß zum Überlaufen brachte. An irgendeinem Punkt verändert ein bißchen mehr eben alles.

Auch in der Gesellschaftspolitik gibt es eine aufschlußreiche Analogie zu »mehr ist anders«. Das Modell wurde zunächst vom Wirtschaftswissenschaftler Thomas Schelling in Harvard für eine Untersuchung über Rassentrennung im Wohnungsbau entwickelt und besagt, daß kleine quantitative Veränderungen im Verhalten zu enormen qualitativen Unterschieden führen können. Nehmen wir an, eine schwarze Familie zieht in eine Wohngegend, dann noch eine und noch eine. Wann fangen die weißen Familien an, über einen Wegzug aus dieser Gegend nachzudenken (oder umgekehrt)?

Schelling stellte fest, daß dieser »Umschlagpunkt«, wie er es nannte, außerordentlich empfindlich war: Eine kleine Zunahme (in diesem Fall in der Zahl der schwarzen Familien) kann sehr große Auswirkungen haben, so große, daß sich eine gemischte Wohngegend in kürzester Zeit in eine schwarze Wohngegend verwandelt.

Der Mathematiker John Casti meinte, daß in seinen an der Physik geschulten Augen der Umschlagpunkt wie das soziologische Äquivalent des Phasenübergangs aussah, der stattfindet, wenn sich Wasser in Eis verwandelt. Es ist nur eine Temperaturabnahme von einem einzigen Grad notwendig, dann verhärtet sich eine Flüssigkeit zu einem Festkörper, der seine Form beibehält und an einem bestimmten Ort liegenbleibt.

Derlei Umschlagpunkte scheinen in vielen anderen Situationen eine Rolle zu spielen, wo es um sehr kleine Minderheiten geht. So haben zum Beispiel einige Studien gezeigt, daß sich Frauen in Physikvorlesungen isoliert und unwillkommen fühlen, bis die Zahl der Frauen in der Vorlesung (oder Abteilung) etwa 15 % erreicht. An diesem Punkt wandelt sich die Atmosphäre schlagartig, und die Physik, die vorher ein unerträglich eisiges Territorium war, wird nun als bewohnbare (wenn auch nicht immer warme) Umgebung empfunden.

In anderen Zusammenhängen sind Umschlagpunkte die Erklärung für scheinbar unerklärliche plötzliche Veränderungen im Sozialverhalten. Der wundersame rapide Rückgang der Kriminalität in New York wurde in einem Artikel von Malcolm Gladwell im *New Yorker* als blendendes Beispiel für die Kraft des Umschlagpunktes bezeichnet. Die Zahl der in New York verübten Gewaltverbrechen – die in der Welt unter den höchsten rangierte – fiel plötzlich so steil ab, daß New York nun nur noch an 136. Stelle in den Vereinigten Staaten steht, etwa Kopf an Kopf mit der kleinen Provinzstadt Boise in Idaho. »Es gibt wahrscheinlich keine andere Stadt in unserem Land, wo sich die Zahl der Gewaltverbrechen so schnell so stark verringert hat«, schreibt Gladwell. Aber wie ist das passiert? Viele Jahre lang hatte man in der Stadt an besseren Polizeimethoden, Entfernung von Graffiti und derlei Dingen gearbeitet, mit kaum sichtbaren Ergebnissen. Aber nichts war passiert, was das ungeheure Ausmaß dieser Veränderung erklären konnte. Es gab scheinbar eine enorme Diskrepanz zwischen einer kleinen Verstärkung der Bemühungen und einer plötzlichen riesigen Auswirkung.

Gladwell verglich die Kriminalität mit einer Epidemie und analysierte dieses Problem mit den gleichen Rechenmethoden, die für Epidemien benutzt werden. Genau wie hier kleine Veränderungen zu einer gigantischen Abnahme in der Kriminalitätsrate zu führen schienen, braucht es nur sehr wenig, um eine Grippewelle in eine Epidemie zu verwandeln. Plötzlich ist eine kritische Masse erreicht, und die Dinge beschleunigen sich scheinbar unkontrolliert. Auch die Epidemiologen sprechen hier von einem »Umschlagpunkt«.

Die Lektion, die wir daraus lernen können: Die Beziehung zwischen Ursache und Wirkung ist keine einfache Sache.* Man kann stetig weiter Tropfen in das Faß plätschern lassen, und nichts passiert, bis Sie den kritischen Tropfen hinzufügen. Dann, am kritischen Punkt, kann auf einmal eine kleine Ursache eine ungeheure Auswirkung haben. Vor Erreichen dieser Schwelle können sogar ziemlich große Veränderungen scheinbar nur deprimierend wenig Wirkung zeigen.

Das gilt auch, wenn die Auswirkungen negativ sind. So haben zum Beispiel viele Untersuchungen gezeigt, daß Frauen, die während der Schwangerschaft Alkohol trinken, Kinder mit Alkoholembryopathie zur Welt bringen. Die Zahlen zeigen jedoch, daß die Schädigung des ungeborenen Kindes erst eintritt, wenn eine gewisse Schwelle überschritten wurde – ein paar Drinks pro Tag.

Das bedeutet laut Gladwell für die Politik, daß wir keine voreiligen Schlüsse über die Wirksamkeit oder Wirkungslosigkeit bestimmter gesellschaftlicher Maßnahmen ziehen sollten, ohne uns auch über den Umschlagpunkt Gedanken zu machen. Wir sollten nicht schließen, daß der Wohlfahrts-

---

* Siehe Kapitel 7 »Die Mathematik der Vorhersage«

staat den Menschen nicht hilft, aus der Armut herauszukommen, nur weil es ihm bisher nicht gelungen ist. Wir sollten nicht schließen, daß Geld, das für Schulen in innerstädtischen Problemgebieten ausgegeben wird, herausgeworfenes Geld ist, nur weil bisher im Vergleich zu den aufgewendeten Finanzmitteln der Erfolg verhältnismäßig gering war. Es könnte sein, daß wir einfach den Umschlagpunkt noch nicht erreicht haben.

Kapitel 7

Die Mathematik der Vorhersage

> Es ist unmöglich, die moderne Physik dazu zu zwingen,
> irgend etwas mit vollkommener Gewißheit vorherzu-
> sagen, denn sie beschäftigt sich von Anfang an mit Wahr-
> scheinlichkeiten.
>
> *Sir Arthur Stanley Eddington*

Das Raumschiff *Galileo* durchquerte sechs lange Jahre unser
Sonnensystem, ehe es im Dezember 1995 auf dem riesigen
Planeten Jupiter eintraf – am Ziel einer Reise von 4 Milliarden
Kilometern, die zwei riesige Schleifen um die Erde und eine
um die Venus umfaßte.

Wenige Monate vor ihrem Ankunftsdatum setzte die *Galileo* eine kleine Sonde aus, die während der ersten sechs Jahre
der Reise per Anhalter mitgefahren war. Diese zwei Meter
hohe, kegelförmige Sonde sollte genau in dem Augenblick
durch ein Loch in der Wolkenschicht des Jupiters fallen, wenn
das Mutterschiff darüber hinwegzog. So würde sie die Daten
hinaufsenden können, die sie auf dem ersten Abstieg ins Innere eines gasförmigen Planeten gesammelt hatte.

Es war ein sehr heikles Manöver. Der Eintritt der Sonde
mußte so präzise erfolgen wie der Einstich einer Spritze unter
die Haut. Wenn der Eintrittswinkel zu flach war, würde die
Sonde an der Atmosphäre des Planeten abprallen wie ein
Stein, den man über einen Teich schnellen läßt. Bei einem zu
steilen Eintrittswinkel würde die Sonde zerstört werden, ehe
sie irgendwelche Informationen nach Hause senden könnte.

Wie alle Welt weiß, tauchte die Sonde am 7. Dezember um
genau 17.06 Uhr pazifischer Zeit, exakt wie berechnet, sauber genug in die pastellfarbenen Wolken des Jupiters ein, um
olympisches Gold zu holen. Trotz der langen Zeit und der ungeheuren Entfernungen vollführte sie nach ihrer Reise eine
Bilderbuchlandung.

Derlei spektakuläre Erfolge verleiten die Menschen zu dem

Irrglauben, daß die Wissenschaft beinahe alles vorhersagen kann: das nächste Erdbeben, das nächste Krebsopfer, den nächsten Börsenkrach, das Klima auf der Erde in zwanzig oder zweihundert Jahren.

Und doch war 1994 während des Erdbebens in Los Angeles kaum etwas frustrierender als die Versuche der bedauernswerten Reporter, den Geologen eine Voraussage darüber zu entlocken, was wohl als nächstes geschehen werde. Beinahe so frustrierend waren die Versuche der Geologen, zu erklären, daß Vorhersagen nicht zu ihrem Aufgabenbereich gehören.

Die irrige Vorstellung, die Naturwissenschaft besäße gewissermaßen eine Kristallkugel, in der sie die Zukunft haargenau sehen kann, ist so alt wie die Naturwissenschaft selbst. Pierre-Simon de Laplace, der als Mathematiker für Napoleon arbeitete, behauptete kategorisch, ein intelligentes Wesen, das zu einem gegebenen Zeitpunkt die genaue Beschreibung eines jeden Teilchens besitzt, könne die Zukunft genau vorhersagen. »Für einen solchen Intellekt«, schrieb er, »wäre nichts ungewiß; und die Zukunft genau wie die Gegenwart wäre vor seinen Augen gegenwärtig.«

Vorhersage hieße dann mit anderen Worten nur, daß man genügend Informationen zusammentragen müßte. Theoretisch wäre die Zukunft bereits in den Ereignissen der Vergangenheit eingeschlossen. Alles, was man bräuchte, um sie herauszubringen, wäre genügend Wissen.

Sicher konnten die Astronomen die Bewegungen am Himmel mit unglaublicher Weitsicht vorhersagen. Sonnen- und Mondfinsternisse, Konjunktionen der Planeten, die Bewegungen der Sterne und Sternbilder (ganz zu schweigen von künstlichen Satelliten wie *Galileo*) kann man über Hunderte, sogar Hunderttausende von Jahren vorhersagen.

Aber Voraussage ist weder das Ziel noch die Stärke der Naturwissenschaften. Um der Wahrheit die Ehre zu geben: Die Physiker können nicht einmal vollkommen voraussagen, wo ein Pingpongball auf der anderen Seite des Netzes den Tisch trifft. (Das Paradox, daß die Wissenschaft gleichzeitig sehr, sehr gut und furchtbar schlecht sein kann, wenn es um Voraussagen geht, wurde neulich bei einer Versammlung nur zu deutlich, bei der man die letzte Mondfinsternis vor dem Jahr 2000 feiern wollte. Die Astronomen hatten zwar haargenau vorhergesagt, wann der Schatten der Erde anfangen würde, am Mond zu knabbern, aber dennoch verpaßten Tausende von Feiernden am Griffith Park Observatory in Los Angeles den größten Teil der Show. Das Problem: von Süden her zogen Wolken auf und verdeckten den Mond. Wissenschaftler können Mondfinsternisse Jahrhunderte im voraus berechnen, aber das Wetter nicht von einem Augenblick zum anderen vorhersagen.)

Ein großer Teil des Mißverständnisses über die Rolle der Vorhersage in den Naturwissenschaften ist sicher auf einen scheinbar unschuldigen Satz zurückzuführen: »Die Theorie sagt voraus ...« Es ist nur zu verständlich, daß viele dies so interpretieren, als könne man also die Zukunft vorhersagen. Dabei geht es eigentlich in diesem Satz um die Vorhersage der Gegenwart.

Einsteins Theorie der Schwerkraft zum Beispiel sagt voraus, daß Licht von einem fernen Stern abgelenkt werden sollte, sobald es ins Schwerefeld eines massiven Objektes wie unserer Sonne gerät. Er hat damit nicht ein Ereignis vorhergesagt, das vielleicht nächste Woche eintritt. Seit Urbeginn wird das von den Sternen kommende Licht bis zur Unkenntlichkeit verbogen, wenn es an massiven Sternen vorbeiflitzt. Vor Einsteins Voraussage war jedoch nie jemand darauf gekommen, nach diesem Effekt zu suchen. Einstein dachte sich eine Untersuchungsmethode aus. Sobald die Nachwehen des Ersten Weltkriegs soweit abgeklungen waren, daß man wieder internationale Forschungsexpeditionen unternehmen konnte, reiste Sir Arthur Eddington ans Kap der Guten Hoffnung, um während einer Sonnenfinsternis Einsteins Vorhersage zu testen. Zu diesem Zeitpunkt sollte ein Stern, der unmittelbar hinter der Sonne lag, sichtbar werden. Eddington stellte fest, daß das von diesem Stern ausgestrahlte Licht genauso abgelenkt wurde, wie Einstein es vermutet hatte, und bestätigte damit dessen Voraussage (und verlieh der zugrundeliegenden Theorie mehr Gewicht).

Einsteins Theorie sagte auch voraus, daß der Raum sich so

weit krümmen könne, daß er sich zu schwarzen Löchern zusammenfaltet. Damit meinte er wiederum nicht, daß irgendwann in der Zukunft plötzlich schwarze Löcher auftauchen würden. Vielmehr meinte er, daß sie vorhanden und zu sehen sein müßten, wenn wir nur herausfinden könnten, wo und wie wir suchen müßten. Obwohl die Beweise für die Existenz schwarzer Löcher nicht so felsenfest sind wie die für die Ablenkung des Lichtes, sind sich doch alle einig, daß man auch die verräterischen Spuren der schwarzen Löcher gefunden hat – genau wie Einstein sie vorhergesagt hatte.

Die gleiche Geschichte wiederholt sich in der Wissenschaft mit kleinen Veränderungen immer wieder. Als Heinrich Hertz von James Clerk Maxwells Theorie gehört hatte, daß Licht eine elektromagnetische Raumwelle sei, sagte er »voraus«, daß es auch Wellen mit sehr viel längeren Wellenlängen geben müsse, die das Auge nicht mehr wahrnehmen kann. Wenn durch das Auf und Ab magnetischer und elektrischer Schwingungen sichtbares Licht entstehen konnte, dann gab es doch sicher keinen Grund, nicht auch sehr viel langsamere Schwingungen zu vermuten? Oder sehr viel schnellere? Die langsamen Schwingungen stellten sich als Funkwellen heraus, die schnellen als Röntgenstrahlen.

In ähnlicher Weise können Chemiker auf der Grundlage ihrer Kenntnis des Periodensystems und der Quantenmechanik die Ergebnisse von Reaktionen »vorhersagen«. Sie sagen voraus, was geschieht, wenn man bestimmte Elemente unter bestimmten Bedingungen zusammenbringt, aber nicht, was nächste Woche geschieht.

Ganz klar, es besteht ein großer Unterschied zwischen dieser Art von Vorhersage und der Weissagung von Ereignissen, die noch nicht stattgefunden haben. Eine wissenschaftliche Voraussage ähnelt weniger einer Wettervorhersage als einem logischen Gedankengang. Aus x folgt y. Aus Wolken folgt Regen. Aus gekrümmtem Raum folgen schwarze Löcher. Je besser die Theorie, desto genauer weist sie darauf hin, wo und wie man suchen kann, um den Verdacht zu bestätigen.

Aber die Vorhersage ist kaum je das wichtigste Element. Sie wird lediglich dazu benutzt, um zu überprüfen, ob die Theorien auf der richtigen Fährte sind, ob sie in die richtige Richtung laufen. Wenn die Vorhersagen der Theorie falsch sind, dann wird daraus klar, daß die Gedanken in eine andere Richtung gehen müssen. Die Vorhersagen sind nur die Wegweiser auf dem Pfad zum Verständnis, nicht das Band an der Ziellinie.

So untersuchen zum Beispiel Geologen die Struktur der Erde und der Planeten und die Felsen und Mineralien, aus denen sie sich zusammensetzen. Ab und zu denken sie sich dabei eine Theorie aus, die an einer konkreten Vorhersage getestet werden muß. Wenn sich zum Beispiel die Kontinentalschollen auf der Erdoberfläche verschieben und dabei Landmassen und Meeresboden mit sich ziehen, dann sollten sie Spuren aufweisen, die verraten, wo sie vorher waren (machen sie). Wenn Erdbeben dadurch entstehen, daß große Schollen aufeinanderprallen, dann sollten diese Erdbeben vor allem entlang der Verwerfungen auftreten (so ist es).

Nichts von alledem hilft jedoch den Seismologen bei der Voraussage, wann in der nächsten Woche in Los Angeles Fensterscheiben zersplittern und Autobahnen aufgeworfen werden. Denn darum geht es letztlich in der Naturwissenschaft: um das Wie und Warum, nicht um das Wo und Wann.

Manchmal scheint dies sogar bei Naturwissenschaftlern in Vergessenheit zu geraten – oder genauer gesagt bei den Aussagen von Naturwissenschaftlern, wie sie in der Presse wiedergegeben werden.* Im letzten Jahrzehnt tobte zum Beispiel eine heftige Debatte darüber, wie das Ende des Universums aussehen würde. Wird das Universum sich weiter ausdehnen, wie es das schon seit dem Urknall macht, bis in alle Ewigkeit? Oder wird es schließlich irgendwann einmal die Richtung ändern und zusammenschnurren, und wird dann die gesammelte Gravitation aller Materie das Universum in sich selbst zusammenziehen, es schließlich auf unendlich kleinem Raum zusammenquetschen, bis es dann in einem zweiten Urknall wieder explodiert?

Im ersten Fall würde das Universum einen kläglichen Tod sterben, würde zerfallen wie ein altbackenes Sandwich, das zu

---

* Wobei sich die Autorin nicht ausnimmt.

lange in der Sonne gelegen hat. Im zweiten Fall bekämen wir eine zweite Chance zur Schöpfung. Was die Zukunft wohl bringt?

Die Antwort hängt von der Menge und der Art der Materie im Universum ab. Viele Kosmologen glauben, daß bis zu 99 Prozent der Materie im Universum eine ganz exotische Art von Materie ist, die man noch gar nicht nachgewiesen hat, vielleicht weil sie nicht nachweisbar ist. Mir persönlich erscheint die Frage, warum ausgerechnet wir Menschen und die Erde, die wir bewohnen, aus einer Art Materie gebaut sind, die im Universum eine Riesenausnahme zu sein scheint, wesentlich interessanter als die Frage, wie das alles einmal enden wird. Aber jedenfalls hängt die Genauigkeit der Voraussage von der Genauigkeit unseres Wissens über die Gegenwart ab, und letzendlich geht es um Verständnis.

Die Art von Voraussage, in der die Naturwissenschaften so brillieren, könnte man besser als Mustererkennung bezeichnen.* *Galileo* erreichte sein Ziel nicht durch Vorhersage der Zukunft, sondern, weil man bestimmte wohlbekannte Muster logisch weiterdachte. Bewegte Objekte folgen bestimmten, gut verstandenen Bahnen, wenn sie sich im Weltraum um andere Körper bewegen, fallen und Schleifen ziehen. Wenn man diese Muster kennt, dann ist es nur noch eine Rechenaufgabe, *Galileo* punktgenau auf dem Jupiter landen zu lassen.

Genauso wurde von einem Astronomen, der eine Unregelmäßigkeit in der Umlaufbahn des Uranus bemerkte, die Existenz des Planeten Neptun vorhergesagt. Irgend etwas zog Uranus von der erwarteten Bahn weg: Eine Abweichung vom Muster deutete darauf hin, daß von außen die Schwerkraft eines anderen Himmelskörpers wirken mußte. 1846 fand man dann den Planeten Neptun genau dort, wo man seine Umlaufbahn vorhergesagt hatte.

Die Tatsache, daß sich Muster wiederholen, erlaubt es uns, Naturgesetze zu formulieren – die eigentlich in Gleichungen verschlüsselte Rezepte sind und Beziehungen beschreiben, die sich immer und immer wiederholen. Kraft gleich Masse

---

* Wenn man die Gesetze der Physik als Muster für Wechselwirkungen versteht, die in Gleichungen verschlüsselt sind.

mal Beschleunigung. Je größer sie sind, desto schwerer fallen sie. Jede Aktion erzeugt eine gleich große, ihr entgegengerichtete Reaktion. Das funktioniert immer. Die Gleichung ist ein Kürzel für eine Beziehung, die von Dauer ist.

Viele Naturwissenschaftler akzeptieren aus genau diesem Grund die Wahrscheinlichkeit, daß es auch Leben in anderen Welten geben könnte. Kohlenstoffatome sind immer gleich, ganz egal, wo im Universum sie herumschwirren. Wenn sie die richtigen Bedingungen vorfinden (Druck und Temperatur und so weiter), dann schließen sie sich mit anderen Atomen in sehr ähnlichen Mustern zusammen. Genau wie Wasserstoff und Sauerstoff sich auf der Erde zu Eis zusammenschließen, tun sie das auch auf einem Jupitermond namens Europa.

Die Materie ordnet sich zu bestimmten Gebilden, die von den Kräften bestimmt werden, die unser Universum regieren. Und Kohlenstoff – und jedes andere Element – ordnet sich in bestimmten, festgelegten Mustern. Bei sehr großer Hitze und hohem Druck bilden Kohlenstoffatome starke, dicht gepackte Tetraeder, die das Licht beugen und in die sprühenden Farben des Diamanten aufspalten. Wenn sich Kohlenstoffatome in flachen wabenförmigen Sechsecken aus je sechs Atomen zusammensetzen, ist Kohlenstoff der glatte Graphit, der so gut für Bleistifte und als Schmiermittel geeignet ist.

Je nach Umgebung bildet Kohlenstoff immer wieder die gleichen Muster. Ein Diamant ist immer gleich, ob man ihn nun tief im Inneren der Erde oder in einem der Saturnringe findet.

Es überrascht also eigentlich nicht weiter, daß viele Naturwissenschaftler bereitwillig vorhersagen, daß Leben auf der Basis von Kohlenstoff ziemlich weit verbreitet sein könnte – unter den richtigen Umgebungsbedingungen, versteht sich, zu denen Wasser, gemäßigte Temperaturen, eine stabile Umgebung, Schutz vor Strahlung und genügend Energie gehören. Solche Bedingungen könnten sehr wohl vor Urzeiten auf dem Mars geherrscht haben – und könnten auch heute noch in den verborgenen wäßrigen Welten existieren, die vielleicht unter der Eiskruste des Jupitermondes Europa versteckt liegen.

Vorhersagen, die sich aus Mustererkennung ableiten, können auf einem tiefen Verständnis der Natur beruhen, müssen es aber nicht. Schließlich konnten die Menschen die Bewegungen der Planeten bereits vorhersagen, ehe sie die Bewegungsgesetze verstanden. Im Alltag machen wir eigentlich das gleiche, wenn wir Regen vorhersagen, weil uns die Gelenke weh tun oder weil die Schwalben tief fliegen. Man muß kein Naturwissenschaftler sein, um das Auf und Ab der Gezeiten vorhersagen zu können. Und auch kein Arzt, um vorherzusagen, ob ein quengeliges Baby vielleicht krank werden könnte. Das Periodensystem der Elemente erlaubte es Mendelejew, die Existenz verschiedener »fehlender« Elemente vorherzusagen, obwohl es zu seiner Zeit noch keine schlüssige Theorie der Atome gab.

Vorhersage, meinte der Physiker Frank Oppenheimer*, »hängt nur von der Grundvoraussetzung ab, daß sich beobachtete Muster wiederholen. Kaufleute, Politiker, Eltern, Künstler und Ärzte müssen die subtilen Künste der Mustererkennung beherrschen, wenn sie erfolgreich sein wollen … Physiker, Psychologen oder Wirtschaftswissenschaftler unterscheiden sich da in ihren Vorhersagen in keinster Weise vom Rest der Menschheit.«

Manchmal jedoch können selbst Naturwissenschaftler ziemlich in die Irre gehen, wenn sie Mustern folgen. Das liegt daran, daß nicht alle Dinge sich geradlinig von A nach B bewegen. Sie könnten mir zum Beispiel vorhersagen, daß ich, wenn ich meine Straße entlanggehe und mich mit gleichmäßiger Geschwindigkeit weiterbewege, das Geschäft an der Ecke in einer halben Stunde erreichen kann. Aber wenn sich zwischen mir und der Ecke eine Straßensperre (oder ein wütend bellender Hund) befindet, dann könnte dieser Spaziergang sehr viel länger dauern.

---

* Dieses gesamte Kapitel ist sehr stark von Oppenheimers Ansichten zum Thema beeinflußt. Frank Oppenheimer, der Begründer des Exploratoriums von San Francisco, war der jüngere Bruder von J. Robert Oppenheimer, dem »Vater der Atombombe«. Seine pazifistische politische Einstellung führte dazu, daß man ihm während der McCarthy-Ära ein Berufsverbot als Physiker auferlegte.

Auf einer viel grundlegenderen Ebene betrachtet, ändern sich die meisten Dinge nicht in geradlinigen Mustern. So wachsen zum Beispiel Kinder nicht unendlich weiter; irgendwann in der Pubertät machen sie langsamer damit. Ein eingebauter Bremsmechanismus bewirkt, daß sie nicht so groß werden, daß ihre Knochen sie nicht mehr stützen können. Viele andere Dinge bewegen sich in regelmäßig (oder auch nicht so regelmäßig) wiederkehrenden Zyklen: das Klima erwärmt sich und kühlt dann wieder ab, Epidemien kommen und gehen, die Börse bewegt sich nach oben und unten.

In diesen Fällen verlassen sich Forscher, die Zukunftstrends voraussagen möchten, auf eine Technik, die man Kurvenanpassung nennt. Hierbei sucht man nach einer mathematischen Funktion, mit der sich ein bestehendes Muster beschreiben läßt. Dieses Muster wird dann mit der gleichen Formel auch auf die Zukunft ausgeweitet. Nehmen wir einmal an, Sie stellen das Auf und Ab in der Popularität eines bestimmten Filmstars oder die Häufigkeitsverteilung einer Krebsart oder den Verlauf der Zinsentwicklung graphisch dar. Dann suchen Sie eine Gleichung, mit der sich diese Kurve beschreiben läßt. Nun setzen Sie die Kurve in der gleichen Richtung ein Stückchen weiter fort. Theoretisch sollte eine korrekte Beschreibung der Dynamik, auf der die bestehende Kurve beruht, es Ihnen erlauben, zuversichtlich in die Zukunft zu extrapolieren.

Das Problem hierbei ist, daß man oft die gleiche Kurve mit sehr unterschiedlichen Gleichungen beschreiben kann. Der Physiologe und Schriftsteller Robert Root-Bernstein hat beschrieben, wie gefährlich es ist, sich zu sehr auf diese Technik der Kurvenanpassung zu verlassen, wenn man in die Zukunft extrapoliert. Er weist auf einige berühmte Fehler hin – zum Beispiel bei der Vorhersage der Verbreitung von AIDS oder der globalen Erwärmung. Vor nur zwanzig Jahren, erklärt er, warnten uns Artikel in wissenschaftlichen Zeitschriften, es stünde eine neue Eiszeit bevor und Gletscher würden sich möglicherweise rasend schnell vorwärts schieben. (Es geht hier nicht darum, daß die globale Erwärmung etwa nicht wirklich wäre, sondern darum, daß es ziemlich knifflig sein kann, die Zukunft aus den Trends der Vergangenheit abzuleiten.)

Statt dessen argumentiert Root-Bernstein, daß wir zunächst noch viel mehr über die grundlegenden Phänomene des Klimas, der Krankheit und der Bevölkerung herausfinden müssen, ehe wir uns an eine sinnvolle Vorhersage der Zukunft machen können. Die Vorhersagen durch Extrapolation können nicht genauer sein als die Erklärungsmodelle, von denen wir ausgehen. Das Raumschiff *Galileo* landete so punktgenau auf dem Jupiter, weil wir die Himmelsdynamik so gut verstehen. Das kann man von vielen anderen Wissenschaften eben nicht behaupten. Tatsächlich ist der Umschlagpunkt ein gutes Beispiel dafür, daß sich nicht jede Wachstumskurve in vorhersehbarer Weise verhält.*

Leider erlaubt uns allerdings nicht einmal vollkommenes Verständnis einer Sache, die Zukunft vorherzusagen. Die Natur scheint es geschafft zu haben, die Wahrnehmung sogar der einfachsten Muster unter vielen – gar nicht außergewöhnlichen – Umständen ziemlich unzuverlässig zu machen. Zum Beispiel erlaubt uns keine noch so genaue Kenntnis der Verhaltensmuster von Atomen, genau vorherzusagen, wo sich ein atomares Teilchen zu einer ganz bestimmten Zeit befindet. Das beste, was man herausbekommen kann, ist eine Wahrscheinlichkeit. Oder, wenn man die Position des Teilchens genau festlegt, kann man keine besonders präzise Aussage mehr über seine Geschwindigkeit machen. Das eine kann man nur genau kennen, wenn man das andere dafür aufgibt.

Diese seltsam verschwommene Sichtweise der subatomaren Welt ist in der Physik als Heisenbergsche Unschärferelation verankert und scheint eine natürliche Grenze für unsere Erkenntnis darzustellen. Laplaces großartiger Plan, die Position und Bewegung eines jeden Teilchens im Universum zu bestimmen, wird damit theoretisch unmöglich. Diese Informationen über das Atom lassen sich einfach nicht ans Licht zerren. Ja, schlimmer noch: der Physiker Stephen Hawking

---

* Siehe Kapitel 6 »Sichtbar werdende Eigenschaften«

hat sogar die These aufgestellt, daß Information aus dem Universum für immer verlorengehen kann, im bodenlosen Abgrund der verdampfenden schwarzen Löcher versinkt – und dabei keinerlei Spur einer Information über ihre vorherige Form hinterläßt. »Man könnte sich vorstellen, daß Teilchen und Informationen in diese schwarzen Löcher fallen und einfach verlorengehen«, schreibt er. »Dort sind vielleicht auch all die einzelnen Socken verschwunden.«

Selbst ohne Heisenberg ist Voraussage jedoch außerhalb der Märchenwelt der Physiker mit ihren idealen Billardkugeln eine beinahe unmögliche Aufgabe. Eine einfache Voraussage, wo zum Beispiel ein bestimmter Wassertropfen landen wird, während er durch die Niagarafälle tobt, liegt weit außerhalb unserer Möglichkeiten. Dazu bräuchten wir einfach zu viele Informationen.

Oder überlegen Sie sich, wie viele Informationen man benötigen würde, um die Flugbahn eines Balls zu berechnen, den der Schlagmann beim Baseball in die rechte Spielfeldhälfte geschlagen hat. Zunächst einmal müßte man präzise Informationen über die Geschwindigkeit und den Drall des Balles, die Elastizität der Materialien, die Wechselwirkung zwischen den Oberflächen, das Gewicht und die Struktur der Hände des Schlagmanns haben, einmal ganz zu schweigen von Windrichtung und -stärke, Temperatur, Luftfeuchtigkeit und so weiter. Die Newtonschen Gesetze sind einfach, aber die Zutaten, die uns die Wirklichkeit dazugibt, machen das Problem überwältigend komplex. Und dann könnte immer noch jemand mit einem Popkorneimer nach dem Ball werfen, oder ein Vogel könnte ihm in den Weg flattern.

»Ein Ballspieler kann derlei Ereignisse wesentlich zuverlässiger vorhersagen als ein Physiker«, schrieb Oppenheimer dazu. »Und doch ist diese Situation geradezu lächerlich einfach. Und es ist eine von denen, die in der Physik mit einer der vollkommensten mathematischen Ideen beschrieben werden.«

Wenn man alles zusammennimmt, dann machen es uns die Heisenbergsche Beschränkung der Messungen und die allgemeine Komplexität des wirklichen Lebens beinahe unmöglich, bestimmte Arten von Ereignissen genau vorherzusagen. »Die steile Karriere der statistischen Vorhersage, der Wahrscheinlichkeit«, schreibt der Physiker Philip Morrison, »ist wohl die typischste Entwicklung in den Naturwissenschaften des zwanzigsten Jahrhunderts. Sie steht für die Erkenntnis, daß wir nicht behaupten können, alle Ursachen der Dinge zu kennen, weil diese Ursachen bei weitem zu zahlreich sind.«

Deswegen ist es wahrscheinlich auch angemessen, daß eines der brandaktuellen Gebiete der heutigen Mathematik die »Komplexitätstheorie« ist. Dies ist im wesentlichen eine Theorie der Unvorhersagbarkeit, eine Art modernes Gegenstück zur Heisenbergschen Unschärferelation.

Es ist ein seltsames Gebiet, denn es umfaßt alles von Wirtschaftssystemen bis zum menschlichen Bewußtsein, von der Geburt von Galaxien bis zum Verhalten von Wolken, von der Erforschung des Erdinneren bis zur Entstehung der Sterne. Der zentrale Gedanke ist jedoch ganz einfach: Man nehme irgendeine schlichte Sache – einen Wassertropfen, einen Stern, die Stimulation einer einzelnen Nervenzelle. Jedes für sich gesehen könnte ja vollkommen vorhersehbar sein. Aber wenn man ein paar von ihnen zusammenfaßt, bekommt man Wolken, Galaxien, ein Gehirn – lauter völlig unvorhersagbare Dinge.

Nehmen wir zum Beispiel einmal ein Pendel. Es könnte kaum vorhersehbarer sein – deswegen haben wir ja unsere Uhren auf seiner Bewegung aufgebaut, in dem sicheren Wissen, daß jedes Tick und jedes Tack sich in atemberaubend berechenbaren Mustern ständig wiederholt. Wenn man nun aber verschiedene Pendel so zusammenkoppelt, daß die Bewegung von einem jeweils die eines anderen beeinflußt, dann beginnen diese Pendel völlig unberechenbar zu zucken und zu hüpfen, wie Wirbel und Strömungen in einem schnell fließenden Bach.

Das liegt daran, daß in komplexen Systemen jedes Teil das Verhalten aller anderen Teile beeinflußt. Dadurch ergibt sich ein enges Geflecht von Ursachen und Wirkungen, das viel zu verworren ist, als daß man es je auseinanderdröseln könnte.

Es ist eine Lawine von Einflüssen, in der jedes Kieselsteinchen an allen anderen zerrt und so plötzliche und unvorhersehbare Wirkungen hervorbringt.

Derlei unvorhersehbare Systeme lagen bis vor kurzem noch außerhalb der »strengen« Physik, wo man sich bevorzugt mit idealisierten Billardbällen beschäftigte, die sich gesittet verhielten. Auf so ungebärdige Dinge wie das Wetter und die turbulenten Strudel fließenden Wassers schienen sich Naturgesetze nicht zu erstrecken.

Klar, jeder Mitspieler in einem solchen System befolgt natürlich die bestens verstandenen Newtonschen Gesetze. Jedes Sauerstoffatom, jedes Wasserstoffatom, alle Wassermoleküle, alle Windböen folgen den gleichen Gesetzmäßigkeiten wie die erhabene Prozession der Planeten um die Sonne. Aber manche Systeme sind vorhersehbar, andere eben nicht.[*]

Der Komplexitätsexperte James Crutchfield erklärt den Unterschied teilweise dadurch, daß es so viele bewegliche Teile gibt. »Die Verflechtung kausaler Einflüsse zwischen den verschiedenen Untereinheiten kann so verworren werden, daß die resultierenden Bewegungsmuster ziemlich zufällig wirken«, sagt er. Die meisten Systeme können dem Chaos nur in völliger Isolation entkommen.

In komplexen Systemen verbinden Rückkoppelungsschleifen die Teile so miteinander, daß ein Teil das nächste beeinflußt, das wiederum alle anderen beeinflußt und so weiter. Die Klimatologen, die sich allergrößte Mühe geben, planetare Wettersysteme zu verstehen, stecken auch in einer solchen unendlichen Rückkoppelungsschleife. Das von unseren Autos und Fabriken ausgestoßene Kohlendioxid staut die Wärme und könnte zu einer globalen Erwärmung führen. Aber Grünpflanzen atmen dieses CO_2 ein und könnten unter Umständen in einer Umgebung mit hohem CO_2-Gehalt bestens gedeihen. Wenn globale Erwärmung zu größerer Verbreitung von Grünpflanzen führt, dann könnte daraus sogar

[*] Auf lange Sicht können sogar die Newtonschen Gesetze ins Chaos führen. Das liegt an den unvermeidlichen Unregelmäßigkeiten, die sich selbst in die vorhersehbarsten Systeme einschleichen und dann exponentiell vermehren.

eine globale Abkühlung werden, da dann die Pflanzen das meiste CO_2 absorbieren würden. Die Rolle von Wolken bei der Klimasteuerung ist sogar noch verworrener und vielschichtiger.

Das gleiche wirre Geflecht verschleiert völlig den genauen Grund für unzählige Gesundheitsprobleme. Warum bekommt zum Beispiel eine Person Krebs und eine andere nicht? Die Wechselwirkung von Genetik, Umwelt und dem Verhalten des einzelnen ist – zumindest heute noch – viel zu kompliziert, als daß man sie auseinanderdividieren könnte (mit wenigen dramatischen Ausnahmen wie zum Beispiel den Zusammenhang zwischen Rauchen und Lungenkrebs). Deswegen waren die meisten Menschen auch ziemlich skeptisch, als jemand verkündete, man könne lediglich mit Hilfe der Genetik genau erklären, wie sich der Mann, den man beschuldigt, der Unabomber zu sein, von einem ruhigen Mathematiker in einen Killer (eben den Unabomber) verwandelt habe. So einfach sind die Einflüsse, die eine Persönlichkeit bestimmen, sicherlich nicht.

Die Rückkoppelungsschleifen werden wiederum vom Vorgang der exponentiellen Verstärkung angetrieben – jede noch so kleine Veränderung wird dabei in Windeseile zu einer ungeheuren Folgeerscheinung multipliziert. Sogar ein Billardspiel, meinte Crutchfield, würde im wirklichen Leben sehr bald völlig unvorhersehbar. In seinem sehr stark vereinfachten Beispiel macht ein Spieler einen Stoß, der die Kugel mit allen anderen Kugeln zusammenstoßen läßt. Wie lange könnte ein Spieler den weiteren Verlauf vorhersagen? »Falls der Spieler auch nur einen so winzigen Effekt wie die Schwerkraft eines Elektrons am Rand unserer Galaxie vernachlässigte, würde seine Vorhersage bereits nach einer Minute ungenau.«

In seinem Buch *The Broken Dice* nennt Ivar Ekeland diesen Vorgang »exponentielle Instabilität«. Dieser Effekt steckt unter anderem hinter dem wohlbekannten launischen Verhalten des Wetters. »Wir wissen zum Beispiel, daß sich in der Meteorologie die Größe einer Störung alle drei Tage verdoppelt, wenn nichts ihre Entwicklung beeinflußt«, schreibt er.

98

Wenn die Bedingungen geringfügig anders sind – wenn zum Beispiel »jemand irgendwo eine Kerze anzündet« –, dann könnte das keinerlei Auswirkungen haben. Andererseits, meint er, »könnte sich die Wirkung auch mit der Zeit exponentiell verstärken. Wenn sie sich alle drei Tage verdoppelt, dann wird sie jeden Monat mit dem Faktor 1000 multipliziert, alle zwei Monate mit dem Faktor 1000000000 und in einem Jahr mit 10^{36}.«

Was das bedeutet? »Wenn wir wissen wollen, wie das Wetter heute in einem Jahr ist, dann müssen wir alles berücksichtigen, von den Schmetterlingen, die im Amazonasgebiet herumflattern, bis zu den Kerzen in den Kirchen.«

Komplexität und Chaostheorie sind heute der letzte Schrei.[*] Es ist allerdings interessant, daß Frank Oppenheimer schon vor mehr als 30 Jahren, lange bevor diese Ideen modern wurden, über die Gefahren der Voraussage bei einem so komplexen System wie dem Wetter geschrieben hat:

Es ist viel zu schwierig, auch nur einen einzigen Datensatz zu gewinnen – auch nur ein einziges Experiment durchzuführen. Es wäre zum Beispiel schon schwer genug, Änderungen der Luftfeuchtigkeit vorherzusagen, ohne sich durch Fremdeffekte verwirren zu lassen oder die Messung durch das Eindringen unserer Meßsonden zu verfälschen. Wenn man dann noch alle anderen Faktoren addiert, die das Wetter beeinflussen, dann wird die Aufgabe völlig unmöglich. Zunächst einmal gibt es da noch zu viele Dinge, die wir in der Natur nicht verstehen. Und zweitens können zu viele Dinge geschehen, die unsere Vorhersagen Lügen strafen könnten.

Seltsamerweise basieren einige der genauesten Vorhersagen auf dem Zufall – auf der Wahrscheinlichkeit, daß etwas geschieht. Das erklärt in gewisser Weise, warum in bestimmten Bereichen der Physik die Vorhersage so gut funktioniert,

---

[*] Diese Themen sind zwar die große Mode, aber einige Wissenschaftler haben auch darauf hingewiesen, daß sie sich bisher nicht als sonderlich nützlich erwiesen und kaum Vorhersagen geliefert haben, die man überprüfen kann.

trotz aller eingebauten prinzipiellen Ungewißheit. Obwohl die Voraussagen, wie zum Beispiel radioaktive Atome zerfallen oder wie Teilchen miteinander wechselwirken, nur auf Wahrscheinlichkeiten beruhen, sind sie auch sehr genau. Das liegt daran, daß im Durchschnitt die Wahrscheinlichkeiten sehr vorhersehbar werden. Wenn wir auch nicht vorhersagen können, wer bei Autounfällen im nächsten Jahr ums Leben kommen wird, können wir doch leicht voraussagen, wie viele Verkehrstote es geben wird.

In einigen Fällen sind wir gezwungen, uns auf Voraussagen zu verlassen, um von der Gegenwart in die Zukunft zu extrapolieren, weil es keine andere Methode gibt, dorthin zu gelangen. Wir können nicht das Ende des Universums abwarten, um herauszufinden, wie die Sache schließlich ausgeht, oder durch das Innere eines Sternes reisen, um alles über die Kernfusion zu lernen. Wir können nicht abwarten, bis Entwicklungen wie die globale Erwärmung völlig außer Kontrolle geraten sind, ehe wir Schritte unternehmen, um sie einzudämmen. Trotz aller Vorsicht und Warnungen haben Vorhersagen doch eine kritische – wenn auch begrenzte – Rolle in der Wissenschaft zu spielen. Manchmal sind sie alles, was wir haben.

Als Frank Oppenheimer während der Konstruktion der ersten Atombombe in Los Alamos arbeitete, fungierte er auch als eine Art »Sicherheitsinspektor«. (Weil er gegen den Einsatz der Bombe war und weil er dazu aufgerufen hatte, der ganzen Welt Atomkraft zur Verfügung zu stellen, wurde ihm nach dem Zweiten Weltkrieg in der McCarthy-Ära ein Berufsverbot auferlegt.) Er erinnert sich an eine spezielle kritische Voraussage:

Ich weiß noch genau, daß ich vor dem Test der ersten Atombombe eine Berechnung angestellt hatte, daß die durch die freigewordene Radioaktivität erzeugte Hitze die radioaktive Wolke, selbst dann, wenn sie stark mit kühler Luft durchmischt war, so weit hochtreiben würde, daß sie durch alle atmosphärischen Inversionen hindurchkommen würde. Die Radioaktivität würde sich also nach meiner Berechnung nicht

wie ein Nebel in niedrigen Schichten der Atmosphäre aus-
breiten. Meine Schlußfolgerungen stellten sich als richtig heraus: die atomare Pilzwolke hat immer einen langen Stengel.
Aber daß ich zu diesem Schluß gekommen war, hinderte mich
nicht daran, trotzdem an der Ausarbeitung eines Fluchtweges
über die verschlungenen Wüstenstraßen zum südlichen Teil
des Testgeländes mitzumachen. Und meine Berechnungen
vertrieben auch nicht den Schrecken, mit dem uns die bös-
artig glühende radioaktive Wolke erfüllte, als sie nach der Explosion einen Augenblick über unseren Köpfen zu hängen
schien. Noch weniger sagte die Rechnung über den anschlie-
ßenden radioaktiven Fallout aus.

Physiker, glaubte Oppenheimer, sind im allgemeinen gut über
den Nutzen und die Gefahren von Voraussagen informiert. Er
machte sich weitaus mehr Sorgen darüber, wie das naturwis-
senschaftliche Konzept der Voraussage in die Sozialwissenschaften übernommen wurde. Zum Beispiel sind Voraussagen, in denen es um Menschen geht, nur allzu oft irreführend. Das liegt daran, daß man für eine präzise Voraussage
so ungeheuer große Zahlen braucht. Das Ergebnis: die Voraussagen werden bedeutungslos – weil sie sich eben nicht auf
den einzelnen Menschen beziehen.[*]
Vermutlich, so argumentiert Oppenheimer, hat die Voraussage in den Naturwissenschaften dazu geführt, daß die Öffentlichkeit ihnen so mißtrauisch gegenübersteht. »Die Menschen möchten nicht, daß man ihr Verhalten überwacht oder
vorhersagt. Also lehnen sie die Sozialwissenschaften wie auch
die Naturwissenschaften rundweg ab … Wenn die Naturwissenschaften der Gesellschaft Nutzen bringen sollen, dann
müssen sie verständlicher werden als die Klarheit der Kristallkugel.«

[*] Siehe Kapitel 5 »Eine Frage des Maßstabs«

Kapitel 8

Das Signal im Heuhaufen

> Die meiste Zeit verbringen wir damit, nach Verunreinigungen zu suchen. Das ist ja der Ärger. Man muß sicher sein, daß es nicht von einem selbst oder von einem Auspuff auf der Straße stammt oder einfach eine Luftverunreinigung ist oder irgend etwas, das er [der Meteorit] sich in der Antarktis eingefangen hat.
>
> *Richard Zare, Chemiker aus Stanford, über ein Experiment, das in dem inzwischen weltberühmten Meteoriten vom Mars nach organischen Verbindungen suchte*

Im Jahre 1996 verkündeten Wissenschaftler aus Stanford und von der NASA, sie hätten Beweise dafür gefunden, daß es vor Urzeiten Leben auf dem Mars gegeben hat. Sie begründeten ihre Behauptung mit Spuren, die sie auf einem Felsbrocken gefunden hatten, von dem man annahm, daß ihn ein Meteor, der vor Millionen von Jahren in den roten Planeten eingeschlagen war, herausgeschleudert hatte, der auch Millionen von Tonnen Felsbrocken und Staub in den Weltraum geschleudert hatte. Dieser besondere Felsbrocken, so nehmen die Wissenschaftler an, ist etwa 16 Millionen Jahre lang als Weltraumschutt um die Sonne gekreist, ehe er auf einem Eisfeld am Südpol landete. Dort entdeckte ihn eine aufmerksame Antarktisforscherin, die gerade eine Spazierfahrt mit ihrem Schneemobil machte, und nahm ihn mit nach Hause.

Woher wollen die Forscher aber wissen, daß die seltsamen röhrenförmigen Gebilde, die in ihrem Labor gelandet sind, wirklich Fossilien aus grauer Vorzeit waren und nicht eingetrocknete Risse im Schlamm, wie es ein Forscher formulierte? Die einfache Antwort ist: Sie wissen es nicht, jedenfalls *noch* nicht. Aber sie arbeiten daran (wie auch Dutzende anderer Forschungsteams, die ihnen nur zu gern einen Irrtum nachweisen würden).

Die kompliziertere, aber eher der Wahrheit entsprechende Antwort ist, daß die Fakten kaum je in sauberer und isolierter

Form, ordentlich aufbereitet vorliegen, damit sie dann von aller Welt bewundert und gehörig bestaunt werden können. Statt dessen präsentiert uns die Natur ihre Segnungen nur in einer Verpackung aus Tonnen von Müll, und die Wissenschaftler wissen kaum je, was sie da vor sich haben, ehe sie nicht den ganzen unordentlichen Haufen durchgesiebt haben, in mühsamer Kleinarbeit, mit Engelsgeduld, Stück für Stück.

Als die Astronomen die ersten Planeten fanden, die um andere Sterne als die Sonne kreisen, hatten sie es mit einem ähnlichen Problem zu tun. Wenn in den letzten Jahren die Entdeckung neuer Planeten verkündet wurde, so hieß das nicht, daß irgend jemand tatsächlich einen neuen Planeten gesehen hatte. Vielmehr bedeutete es nur, daß Astronomen ein ungewöhnliches Wackeln und Zittern in der Position eines Sternes gesehen hatten, aus dem sich ableiten ließ, daß der Stern von irgendeinem unsichtbaren Kollegen aus der Bahn gezerrt wurde. Als dieses Wackeln zum ersten Mal auftauchte, haben die Forscher allerdings wohl nicht ausgerufen: »Heureka! Ein neuer Planet!« Wahrscheinlich war die Reaktion eher: »Hoppla, da ist wohl was mit dem Experiment nicht in Ordnung.«

So ist es mit beinahe jeder großen Entdeckung gewesen. Vor ein paar Jahren verkündete ein Astronom, er habe das Antlitz Gottes gesehen – oder die ersten kleinen Fältchen der Raum-Zeit, die seit der Schöpfung unseres Universums zu uns unterwegs waren. Eine andere Forschergruppe behauptete, das sogenannte Top-Quark gefunden zu haben – das letzte bekannte Mitglied der Familie der Elementarteilchen, das man ausmachen konnte.

Die Daten, die diese Wissenschaftler betrachteten, vermittelten kaum je eine klare Botschaft: Die meiste Zeit starrten die Forscher nur auf lange Zahlenkolonnen (auf was denn sonst, könnten Sie fragen). Aus einer Gruppe digitaler Signale lasen sie wie aus dem Kaffeesatz und erklärten uns, daß es im Universum mehr schwarze Löcher gebe, als wir gedacht hätten, oder daß ein bestimmtes Gen an einem bestimmten Platz auf einem Chromosom sitzt oder daß sich ein Asteroid mit rasender Geschwindigkeit auf die Erde zubewegt. Was sie wirklich »sehen« ist ein großes statisches Rauschen, in dem irgendwo ein Signal vergraben ist. Vielleicht.

Das Wegfiltern des statischen Rauschens ist ein zentraler Vorgang in den Naturwissenschaften und auch in der menschlichen Wahrnehmung (die beide ja schließlich als Partner in so ziemlich der gleichen Unternehmung zusammenarbeiten). Man kann nichts wahrnehmen, wenn man nicht gleichzeitig den größten Teil der restlichen Information, die einem über den Weg läuft, ausblendet. Man kann die Stimme am Telefon nicht hören, wenn im Hintergrund Leute herumschreien. Man könnte überhaupt nichts sehen, wenn die Iris des Auges nicht das meiste Licht ausblenden und lediglich einen winzigen Bruchteil durch die Pupille hindurchlassen würde.

Wissenschaftler müssen ihrerseits ihre Experimente gegen äußere Einflüsse abschirmen. Stücke des Marsfelsens werden im Vakuum untersucht, damit keine irdischen Wesen eindringen und die Resultate verfälschen können. Elementarteilchenphysiker verbuddeln ihre Detektoren tief in der Erde und decken sie mit Tonnen von Abschirmmaterial ab, damit ihnen die Höhenstrahlung keine seltsamen Spuren hinterläßt, die man versehentlich als neue Teilchen interpretieren könnte.

Die Astronomen haben wahrscheinlich den schlimmsten Job. Zum einen blockiert Rauschen den größten Teil ihrer möglichen Beobachtungszeit. Nachts glitzert der sternenübersäte Himmel wie ein mit schwarzem Samt ausgeschlagener Schaukasten für farbensprühende Diamanten – zumindest in einer klaren Nacht und möglichst weit weg vom Smog und den Lichtern der Städte. Aber am Tag ist keinerlei Anzeichen von diesen glitzernden Juwelen zu sehen.

Wo gehen die Sterne am Tag hin? Klar, sie sind irgendwo da oben, zieren den Himmel wie immer, aber man kann sie im grellen Licht der Sonne nicht sehen. Man kann aus dem gleichen Grund bei Tag die Sterne nicht sehen, aus dem man in einem lauten Restaurant ein Flüstern nicht hören kann – die alles überstrahlende Sonne übertönt sie alle.

Sogar nachts ist noch so viel Rauschen am Himmel, daß es die Astronomen manchmal schwer haben, die Sterne zu sehen: Da wäre zunächst Licht vom Mond und aus den Städten; dann hätten wir die Hitze des Teleskops selbst (viele werden deswegen gekühlt); und dazu kommt noch der Wind, der die Bilder »umrührt« und so verschwommen aussehen läßt wie ein Pfennigstück am Boden eines Schwimmbeckens. Die Kunst der Astronomie (und anderer Wissenschaften) besteht zum größten Teil darin, einen Weg zu finden, wie man das Rauschen umgeht, ohne dabei nicht auch noch gleich das Signal zu verlieren.

In gewisser Weise entsteht das Problem des Rauschens nur durch Auswahl und Umstände. Sehen Sie sich in diesem Zusammenhang einmal den Dreck und Staub an, der sich unter einem Kühlschrank ansammelt. Die Krümel haben vor nicht allzu langer Zeit noch zu dem Kuchen gehört, den es zum Frühstück gab; das Katzenhaar wuchs noch im Fell des Tieres; das Blatt hing an einem Baum; und die Büroklammer stammt aus irgendeinem Briefumschlag, den Sie geöffnet haben. Keiner dieser Gegenstände wäre ein offensichtlicher Kandidat für den Müll, ehe er nicht am »falschen« Ort landet.

Eine alte Denksportaufgabe zeigt deutlich, wie sehr Rauschen auch unser Denken beeinträchtigen kann, selbst wenn dieses Rauschen aus Informationen besteht. Stellen Sie sich vor, Sie sind ein Busfahrer. An der ersten Haltestelle steigen neun Fahrgäste in den Bus. An der zweiten Haltestelle steigen zwei aus. An der dritten steigen vier aus, aber drei neue ein. Welche Augenfarbe hat der Busfahrer?*

Anders ausgedrückt: Rauschen ist immer das, was Sie da, wo es ist, nicht haben wollen – ob es nun das laute Gespräch im Hintergrund ist oder das Unkraut im Garten. Rauschen ist das, was Sie loswerden müssen, damit Sie das sehen können, was Sie sehen wollen; damit Sie das herausfinden können, was Sie wissen wollen.

Aus diesen Dingen, die wir als Rauschen abtun, könnten wir oft eine Menge lernen. Wissenschaftler und Künstler lernen schon früh, den Krümeln, die andere Leute unter den Teppich kehren, Aufmerksamkeit zu widmen. Sie lernen, gut

---

* Da Sie der Busfahrer sind, hat der Fahrer Ihre Augenfarbe. Der Rest der Information ist – in diesem Zusammenhang – nur Rauschen.

zu beobachten und vieles zu beachten. Das gleiche könnte man von guten Lehrern, guten Eltern und guten Politikern sagen.

Und ganz gewiß von Erfindern. Vor mehr als hundert Jahren entdeckte ein Wissenschaftler das Saccharin. Er führte gerade ein chemisches Experiment durch und hatte eine kleine Pause für das Mittagessen eingelegt. Da bemerkte er, daß sein Essen ungewöhnlich süß schmeckte und daß ein seltsamer weißer Puder an seinen Händen haftete. Dieses Pulver bewirkte, daß sein Essen – und auch seine Finger – süß schmeckten. Der Mann hatte gut aufgepaßt und schenkte der Welt eine kalorienfreie Substanz, die hundertmal mehr Süßkraft als Zucker hat.

Die gelben Haftnotizzettel wurden auf ganz ähnliche Weise erfunden. Ein Chemiker untersuchte Methoden, um einen besseren Kleber herzustellen. Dabei erfand er einen Kleber, der so schwach war, daß nichts dauerhaft damit klebenblieb. Anstatt seine Erfindung in den Mülleimer zu werfen, erkannte der Chemiker, daß sie in einem anderen Zusammenhang die perfekte Lösung abgeben würde – für selbsthaftende Notizzettel, die man leicht wieder entfernen kann, ohne Spuren zu hinterlassen.

Jedes Signal bekommt seine Bedeutung nur durch den Zusammenhang. In einem anderen Zusammenhang hat es unter Umständen überhaupt keine Bedeutung mehr. Wenn Sie jemandem eine chiffrierte Botschaft schicken, dieser Jemand aber keine Möglichkeit hat, den Inhalt zu entschlüsseln, dann hat Ihre Botschaft nicht mehr Informationsgehalt als völliger Nonsens. Ein Baum, der im Wald umfällt, macht wahrscheinlich auch dann ein Geräusch, wenn niemand da ist, der es hört, aber er übermittelt damit keine Botschaft. Umgekehrt könnte eine Situation, die für eine Person überhaupt keine Signale enthält, einem anderen Menschen eine Menge Informationen übermitteln. Man denke nur an Sherlock Holmes und Dr. Watson.

In ihrem Buch *Chaos – Antichaos* weisen Stewart und Cohen darauf hin, daß kein Signal eine Bedeutung an sich hat – außerhalb des Zusammenhangs, den die Person herstellt, die es hört, sieht oder entschlüsselt. Eine CD zum Beispiel mag wohl die gesamte Information enthalten, die für das Abspielen eines Musikstücks erforderlich ist. Aber ohne einen CD-Player ist sie nur eine hübsche silbrige Scheibe – vielleicht gerade noch zum Frisbee zu gebrauchen, aber nicht für viel mehr. Gleichermaßen enthält eine DNS-Kette keine Botschaft, wenn nicht auch Moleküle vorhanden sind, die den genetischen Code lesen können. »Die Zahl 911 hat keine Bedeutung an sich«, schreiben die beiden Autoren. »Im Zusammenhang mit dem amerikanischen Telefonsystem bedeutet sie ›Notfall‹; im Zusammenhang mit einer Lotterie könnte sie ›Niete‹ bedeuten; und im Zusammenhang mit einem Wohngebiet weist sie darauf hin, daß Sie wohl in einer ziemlich langen Straße wohnen.«

Sogar die DNS kann in verschiedenen Zusammenhängen verschiedene Signale geben und damit völlig verschiedene Resultate hervorbringen. »Eine Raupe hat die gleiche DNS wie ein Schmetterling«, erinnern uns die Autoren, »eine Made hat die gleiche DNS wie eine Fliege, ein menschlicher Embryo die gleiche DNS wie der Großvater, der er später wird …«

Wie die Naturwissenschaftler nur zu gut wissen, ist es ziemlich leicht, ein Signal fälschlich für Rauschen zu halten und umgekehrt. Es passiert andauernd. Der neu entdeckte Planet von gestern wird als kleiner Wackler in dem Meßinstrument entlarvt, mit dem man sein Bild aufgenommen hatte. Das neu entdeckte Teilchen stellt sich als Höhenstrahlung heraus. Aber andersherum geht es auch: Wenn sich herausstellt, daß das Hintergrundrauschen ein neues Teilchen war oder die Verwischung, die man als Meßfehler abgetan hat, ein Hinweis auf einen neuen Planet.

Der Wissenschaftshistoriker Gerald Holton aus Harvard stellt die Frage so:

Wie sollen wir herausfinden, welches von allen nachweisbaren Ereignissen ein Zeichen für ein wissenschaftlich nutzbares Phänomen ist, welches wirklich mit den unverrückbaren Regelmäßigkeiten der Natur zu tun hat und welches nur ein vorübergehendes Phantom ist, eine Wolke, deren ständig veränderte Form nie zweimal hintereinander gleich ist und die somit nur flüchtige Verkettungen der Natur widerspiegelt? Wir könnten dies als das Problem der Unterscheidung zwischen Signal und Rauschen bezeichnen.

Kürzlich beobachtete ich mit den beiden Astronomen Sallie Baliunas und Chris Shelton oben auf dem Mount Wilson in den San Gabriel Mountains eine Nacht lang die Sterne. Das im Durchschnitt 100 Zoll messende Hooker-Teleskop, das hier die Landschaft beherrscht, ist praktisch ein heiliger Schrein der Astronomie. Mit ihm hat Edwin Hubble zum erstenmal gesehen, daß unsere Galaxie, die Milchstraße, im Universum nicht allein ist, sondern sich in Gesellschaft von Milliarden ähnlicher »Inseluniversen« befindet. Mit dem Hooker-Teleskop sah man auch die verräterischen Verschiebungen im Sternenlicht, die uns zeigen, daß unser Universum sich noch immer ausdehnt – von einem zentralen Punkt in Raum und Zeit, von einem explosiven Ursprung, dem sogenannten Urknall, aus.

In den 1980er Jahren mottete man dann das Hooker-Teleskop ein. Es stand da als historisches Kuriosum, ein Teleskop aus der Zeit des Ersten Weltkrieges, dessen Spiegel aus französischem Weinflaschenglas hergestellt wurde, und zwar in der gleichen Manufaktur, die auch schon die Spiegel für den Spiegelsaal Ludwigs XIV. in Versailles hervorgebracht hatte. 1995 bekam es jedoch einen neuen Satz Linsen und produziert nun einige der schärfsten Bilder auf der gesamten nördlichen Halbkugel. Wegen der klaren Luft ist es überraschenderweise einer der besten Beobachtungsorte der Welt. (Die Ironie ist, daß die gleiche Inversionsschicht, die den Smog festhält und das Stadtzentrum von Los Angeles erstickt, es dem Mount Wilson erlaubt, sich über all das zu erheben und uns einen außerordentlich klaren Blick auf die Sterne zu bieten.)

Die Astronomin Baliunas aus Harvard benutzt das Hooker-Teleskop (unter anderem), um nach erdähnlichen Planeten zu suchen, die um andere Sterne kreisen. Als ich bei ihr war, machten sie und Shelton – der das optische System gebaut hat – gerade einen Probelauf damit. Der erste Posten auf ihrer Beobachtungsliste war ein besonderer Stern, den sie untersuchen wollten, weil er eine zentrale Rolle in einer möglicherweise bedeutenden Entdeckung spielte. Baliunas hatte an jenem Morgen gerade erfahren, daß ein anderer Astronom der Meinung war, dieser Stern könnte möglicherweise einen unsichtbaren Planeten besitzen.

Das Problem war, daß ein Stern, um den ein Planet kreist, beinahe genau das gleiche Signal aussendet wie ein Doppelstern, das heißt: ein Stern, der einen kleinen Nebenstern hat. Planeten lassen sich nachweisen, weil sie an den Sternen zerren, die sie umkreisen. Sie lenken nämlich bei ihrem Kreisen die Zentralsterne ein wenig von ihrem normalen Weg ab. Anders ausgedrückt: das Signal, das der andere Astronom, der Entdecker des neuen Planeten, gesehen hatte, hätte genausogut auch von einem Doppelstern kommen können. Doppelsterne sind ziemlich häufig und deswegen nicht annähernd so wichtig wie Planeten, die selten sind (zumindest soweit wir bisher wissen). Wenn der Stern mit dem Planeten in Wirklichkeit ein Doppelstern war, dann wäre der »Planet« eine optische Täuschung. Und nur mit dem Hooker-Teleskop konnte man scharf genug hinsehen, um das herauszufinden.

Shelton entlüftete das Teleskop und stellte es dann auf den Stern scharf ein. Zur großen Freude und Überraschung aller stellte er sich als Doppelstern heraus! Zwei Sterne übereinander wie bei einer Verkehrsampel. Das bedeutete, daß man keinen neuen Planeten entdeckt hatte. Das Signal kam von einem Doppelstern: schlechte Nachrichten für den anderen Astronomen, ein erfolgreicher Abend für Baliunas und Shelton.

Um ganz sicher zu sein, mußten die beiden aber noch einen anderen Stern anvisieren, von dem sie bereits wußten, daß es ein Einzelstern war. Nur so konnten sie einen Einfluß des optischen Systems selbst ausschließen. »Man weiß überhaupt nichts, ehe man nicht verglichen und gegeneinander abgewogen hat«, sagt Shelton. Wenn der andere Stern auch als Doppelstern erschien, dann würde das bedeuten, daß sich ein »Rauschen« in das System eingeschlichen hatte. Wenn er dagegen wie ein einzelner Lichtpunkt, also wie ein Einzelstern aussah, dann war der erste wirklich ein Doppelstern, und sie hatten eine wichtige Entdeckung gemacht.

Der langen Rede kurzer Sinn: An jenem Abend wurde unter der Kuppel des Teleskops viel gejubelt. Der zweite Stern war punktförmig, und ringsum gab es Beifall und Gratulationen. Dann allerdings verdoppelte sich dieser Punkt genauso plötzlich. Das optische System war instabil. Sie hatten doch keine neue Entdeckung gemacht – außer der wichtigen Erkenntnis, daß das System nicht ganz richtig funktionierte.

Der Teilchenphysiker Leon Lederman mußte mit einem Elementarteilchen ähnliche Erfahrungen machen. Es wurde »Ypsilon« genannt und war schon bald als »Oops, Leon« bekannt. Wieder einmal hatte sich Rauschen als Signal verkleidet. Später konnte allerdings das Ypsilon mit besseren Daten doch noch dingfest gemacht werden.*

Die Entdeckung von Antimaterie ist ein gutes Beispiel für den umgekehrten Vorgang – daß man ein echtes Signal findet, wo zunächst nur Rauschen zu sein scheint. Ein Theoretiker »entdeckte« die Antimaterie als negatives Vorzeichen in einer Gleichung, ein Experimentalphysiker als Spur einer Höhenstrahlung, die sich in die falsche Richtung krümmte. Das eigentlich Bemerkenswerte an der Sache ist, daß keiner von beiden der Versuchung erlag, eine derartige unerwartete Entdeckung nur auf einen bloßen Rechen- oder Meßfehler zurückzuführen.

Was die Problematik des Rauschens noch komplizierter macht: Das, was dem einen Rauschen ist, ist dem anderen Signal. Dieser Gedanke kam mir, als ich einmal in Kitt Peak in Arizona einen Besuch machte. Dort gibt die National Science Foundation finanzielle Unterstützung für eine Reihe von Teleskopen auf dem allerneuesten technischen Stand. Während wir vom einen zum anderen gingen, wurde mir ziemlich klar, daß die Signale, nach denen der eine Astronom suchte, in den Augen vieler anderer nichts als Rauschen waren. Beim Sonnentele-

* Siehe ›Wahrscheinliche wahr‹ in Kapitel 13 »Die Beweislast«

skop versuchte zum Beispiel eine Gruppe von Forschern, die sich mit der Erdatmosphäre beschäftigte, die charakteristischen Linien des Sonnenspektrums loszuwerden, die von den verschiedenen Elementen an der Sonnenoberfläche Zeugnis ablegen. Da sie sich für irdische Elemente interessierten, mußten sie »dieses Rauschen« der Sonne eliminieren. Astronomen, die dagegen die Sonne untersuchen, haben genau das entgegengesetzte Problem: Hier stören die Signale aus der Erdatmosphäre die Suche. Oder wie der Astronom Richard Green aus Kitt Peak zu mir sagte: »Was dem einen sin Uhl ist, ist dem andern sin Nachtigall.«

Zum Glück gibt es eine ganze Reihe von Hilfsmitteln, mit denen man das Problem des Rauschens angehen kann. Einige sind mathematischer, andere technischer Natur, und einige sind in das menschliche Wahrnehmungssystem sozusagen fest eingebaut. Tatsächlich kann zum Beispiel die Fähigkeit, Rauschen auszuschalten, ein wichtiger Hinweis darauf sein, daß sich ein Neugeborenes richtig entwickelt. Vor einigen Jahren hatte ich das Vergnügen, den Kinderarzt Berry Brazelton aus Harvard bei der Routineuntersuchung eines sehr kleinen Babys zu beobachten. Er leuchtete dem Kind in ein Auge. Es wimmerte. Er leuchtete ihm erneut ins Auge, und das Baby reagierte überhaupt nicht. Danach läutete er eine Glocke gleich neben dem Ohr des Säuglings. Der zuckte zusammen. Noch einmal, keine Reaktion.

All dies zeige an, daß das Baby sich völlig normal entwickelte, erklärte er. Dazu gehört auch, daß das Kind lernen muß, wie man »Rauschen« ausschaltet. Im täglichen Leben ignoriert unser Gehirn routinemäßig alle möglichen Informationen: die Nase, die immer ins Gesichtsfeld hereinragt, das Gefühl der Kleider auf dem Rücken oder der Ringe an der Hand, das Surren des Kühlschranks oder der Klimaanlage.

Man kann das Rauschen auch dadurch ausschalten, daß man Scheuklappen trägt, buchstäblich oder im übertragenen Sinn. Wenn Sie über sonnengrelle Straßen oder Wasserflächen hinweg noch klar sehen wollen, setzen Sie eine Polaroid-Sonnenbrille auf, die effektiv nur die Lichtwellen herausfiltert, die von der horizontalen Ebene reflektiert werden (d. h. die grelle Spiegelung). Sie können übrigens mit eine Polaroid-Sonnenbrille schöne Spielchen mit Signal und Rauschen machen: Wenn Sie die Brille um 90° drehen, erscheinen horizontale Flächen (z. B. die Straße) heller, und die vertikalen Flächen (z. B. Fenster an Fassaden) werden dunkler.

Einige Detektoren, die man für die Suche nach den schwer zu fassenden subatomaren Teilchen entworfen hat, bestehen beinahe *nur* aus Filtern. Mit hochkomplizierten Triggersystemen, die von Computern automatisch geschaltet werden, verwirft man über 99 % der gemessenen Daten, weil Teilchenbeschleuniger einfach viel mehr Zeug produzieren, als man je ansehen könnte. Die Triggersysteme untersuchen jedes »Ereignis« darauf, ob es zum Rauschen gehört, und verwerfen dann die meisten.

Damit sie nun aber nicht das Kind mit dem Bade ausschütten, müssen die Forscher soviel wie möglich darüber wissen, welche Arten von Rauschen bei ihren Experimenten auftreten könnten. Das bedeutet, sie müssen Experten für das Irrelevante, intime Kenner aller Ablenkungsmanöver der Natur werden.

Überlegen Sie einmal, vor welch einer Riesenaufgabe die Forschungsgruppe stand, die schließlich die ersten Fältchen der Raum-Zeit sah, Informationen, die uns aus der Zeit vor 10 (oder so) Milliarden Jahren erreichten, die fossilen »Fingerabdrücke« der Zustände zu Beginn des Universums.

Daß es überhaupt möglich war, so etwas zu sehen, hat sich aus einer berühmten Verwechslung von Signal und Rauschen ergeben. Etwa zu der Zeit, als theoretische Physiker sich überlegt hatten, daß unser Universum in einer gewaltigen Explosion entstanden sein könnte, hatten sich verschiedene Astronomen über ein unerwartetes »Zischen« im Weltraum Gedanken gemacht. Sie hielten es zunächst für Rauschen und meinten, es sei auf irgendein klapperiges Meßinstrument oder eine andere Störquelle zurückzuführen – womöglich Vogelkot auf der Antenne.

Mittlerweile hatten die Theoretiker ausgerechnet, daß es eigentlich möglich sein müßte, noch Spuren der Reststrahlung von der Explosion nachzuweisen, falls das Universum wirklich mit einem Urknall begonnen hatte. Diese Strahlung sollte noch überall im Himmel vorhanden sein, vom Ursprung des Universums bis in unsere Zeit übriggeblieben, inzwischen gewaltig ausgedehnt und im Laufe der 10 Milliarden Jahre abgekühlt.

Der Witz ist natürlich, daß das »Zischen«, das den Astronomen so viel Kopfzerbrechen bereitete, sich als genau diese Reststrahlung vom Urknall herausstellte. Aber das war nur der Anfang. Sobald man merkte, daß man es mit Botschaften vom Anfang des Universums zu tun hatte, versuchte man natürlich, diese Nachrichten zu entziffern. Insbesondere wollte man die Samenkörner für die Struktur des Universums finden, jene winzigen Körnchen der Raum-Zeit, die sich schließlich zu großen Reihen und Ansammlungen von Galaxien auswachsen würden, die sich wie Girlanden durch die Finsternis ziehen. Von irgendwoher mußte diese Struktur doch kommen. Also machten sich die Forscher auf und suchten sie in der Reststrahlung.

Der Astronom George Smoot aus Berkeley, der das Team anführte, formuliert die Aufgabe so: »Wir suchten nach winzigen Abweichungen ... nach irgend etwas, das weniger als ein Teil in Hunderttausend ausmachte – das ist so etwa, als versuche man ein Staubkörnchen auf einer riesigen glatten Oberfläche von der Größe einer Eisbahn zu finden. Und genau wie auf der Eisbahn würde diese Oberfläche viele Unregelmäßigkeiten haben, die nichts mit dem Phänomen zu tun hatten, nach dem wir suchten.«

Der Forschungssatellit *Cosmic Background Explorer* oder *COBE* war auch tatsächlich in der Lage, die Signale einzufangen. Aber er sammelte dabei natürlich auch ungeheure Mengen statisches Rauschen ein. Dieses Rauschen konnte aus allen möglichen Wärmequellen stammen oder von Magnetstrahlung oder Störfaktoren in der Softwareanalyse oder einer Unzahl anderer Quellen herrühren.

»Man kann den Leuten heute kaum klarmachen, wie besessen wir davon waren, dieses Rauschen, all diese Irrtümer, loszuwerden«, schreibt Smoot. »Ich hatte bereits im Jahre 1974 damit begonnen, eine Liste aller möglichen Dinge zusammenzustellen, die uns möglicherweise in die Irre führen könnten. Seither hatte ich diese Liste ständig aktualisiert und viele neue Kandidaten hinzugefügt ...«

Ein neuer und verbesserter *COBE*-Satellit ist inzwischen in Arbeit. Wenn die Astronomen einen zweiten Blick in den Raum werfen, müssen sie sich gegen eine große Vielzahl von »Ablenkungsmanövern« wappnen. Das Wichtigste und nicht unbedingt Selbstverständlichste ist, daß man, wenn man einen guten Blick auf die kosmische Hintergrundstrahlung werfen will, zunächst einmal all das loswerden muß, was im Vordergrund geschieht. Dazu gehören die Signale, die von den Meßinstrumenten selbst, von der Erde und vom Mond, von unserer eigenen und anderen Galaxien stammen. Dieses »Rauschen« schließt auch den Staub mit ein, der in unserer Galaxie und jenseits davon Signale absorbiert. Und es gehören auch die Bewegungen unzähliger Dinge dazu, die im Weltraum in kleinen Wirbeln und großen Strömungen aneinander vorbeisausen.

»Es gibt so viele Quellen für Verwirrung«, meinte der Astronom Ned Wright von der University of California, Los Angeles (UCLA), der ebenfalls an diesem Projekt mitwirkte. Die Bewegung der Erde durch das Sonnensystem, die Bewegung des Sonnensystems durch die Galaxie, die Bewegung der Galaxie durch unseren »lokalen« Galaxienhaufen. »Wir kennen die Geschwindigkeit unseres Sonnensystems in der Milchstraße nicht«, sagt er. »Wir kennen die Geschwindigkeit unserer Milchstraße durch das regionale Galaxien-Cluster nicht.«

Diese Erforscher der kosmischen Hintergrundstrahlung versuchen praktisch, mitten in einer brüllenden Menschenmenge ein Flüstern zu hören. Die Teilchenphysiker stehen vor einem ziemlich ähnlichen Problem. »Es ist nicht klar, ob wir überhaupt wissen, wie wir mit dem Hintergrund umgehen sollen«, meinte Lederman vom Fermilab, der einen Nobelpreis für die Entdeckung eines Teilchens bekommen hat, das so schwer zu fassen war, daß man es (ziemlich zutreffend) als »rotierendes Nichts« bezeichnet hat. »Wenn man mit komplizierten Hintergrundphänomenen zu tun hat, dann ist es keine Frage der Zahlen. Dann geht es um Ahnungen. Was für ein Gefühl hat man im Bauch, was diese Hintergrundphänomene betrifft? Wie gut versteht man sie?«

Es gibt auch andere Methoden, wie man mit unerwünschten Informationen fertig werden kann. Man muß sich auf das konzentrieren, was man wirklich herausfinden will. Mikroskope erledigen das durch Vergrößerung, indem sie praktisch alle überflüssigen Dinge aus dem Gesichtsfeld verdrängen. Teleskope fokussieren auf einzelne Ziele und schließen dabei andere aus. Immer wenn man sich bewußt auf eine einzige Sache konzentriert, geht ein Stück des Gesamtzusammenhangs verloren. Dieser Kuhhandel ist unvermeidlich. Es ist ein bißchen so, als träumte man vor sich hin, so auf einen einzigen wunderbaren Gedanken fixiert, daß der Rest der Welt einfach verblaßt.

Die Astronomin Vera Rubin sah kürzlich etwas, was niemand anderes je gesehen hatte. Und das nur, weil sie mehrere Jahre damit verbrachte, eine bestimmte Galaxie außerordentlich gründlich zu beobachten, die andere nur flüchtig untersucht hatten. Sie fand etwas völlig Unerwartetes: Sterne, die sich innerhalb derselben Galaxie in gegenläufige Richtungen drehten. Sie verglich ihre Art, Galaxien zu betrachten, mit Georgia O'Keefes Art, Blumen anzusehen: »Niemand sieht eine Blume«, schrieb O'Keefe. »Wir haben nicht die Zeit, uns etwas anzusehen. Das braucht Zeit, so wie es Zeit braucht, sich jemanden zum Freund zu machen.«

Astronomen, die die Position von Millionen von Galaxien kartieren müssen, um einen Überblick über den ganzen Himmel zu bekommen, hätten Rubins ungewöhnliche Galaxie niemals entdecken können. »Wenn man sich eine Million Galaxien ansieht, dann übersieht man eben die außergewöhnlichen«, meint der Astronom Richard Green.

Eine weitere Taktik zum Ausschalten des Rauschens ist, das Signal selbst lauter und klarer zu machen, damit es sich vom Getümmel abheben kann. Astronomen und Teilchenphysiker benutzen dazu Photovervielfacher, Politiker setzen

Megaphone ein, und wir Normalsterblichen tragen Hörgeräte oder Brillen. Das neue optische System des Hooker-Teleskops funktioniert wie eine sehr starke Brille, die das Licht eines Sterns so hell fokussieren kann, daß es sich klar vom unruhigen Himmel der Stadt Los Angeles abhebt.

Smoot wußte, daß die Signale aus der kosmischen Hintergrundstrahlung nicht sofort deutlich ins Auge springen würden, sondern daß sie erst langsam auftauchen und immer stärker werden würden. Das schwache Signal, erklärte er, würde sich durch Wiederholung verstärken, »so wie ein Bleistiftstrich auf Papier immer dunkler wird, wenn man mit dem Bleistift immer wieder darüber fährt«.

Eine andere Taktik zur Reduzierung des Rauschens ist, die Suche sehr stark einzuschränken und ganz konzentriert nur nach genau dem zu fahnden, was man finden möchte – das Äquivalent von Scheuklappen. Wenn man einen Radiosender einstellt, schaltet man gleichzeitig alle anderen aus. *COBE* hat sich aktiv auf die Jagd nach einem ganz bestimmten Signal gemacht. Unsere Augen und Ohren machen das ganz ähnlich, wenn wir uns entschließen, aktiv nur eine Sache zu hören oder zu sehen und alles andere zu ignorieren. »Wahrnehmungsorgane akzeptieren nicht einfach passiv alle eintreffenden Daten, sie angeln aktiv danach«, erklären Cohen und Stewart – und weisen darauf hin, daß mehr neurale Verbindungen vom Gehirn zum Ohr als in die umgekehrte Richtung und auch 10% aller optischen Fasern in die »falsche« Richtung, also zum Auge hin, verlaufen.

Es gibt auch rein mathematische Methoden zur Eliminierung von Rauschen und zum Fokussieren auf das echte Signal. So kann man zum Beispiel von der Annahme ausgehen, daß alle Zufallsereignisse »Rauschen« sind, und sie dann eliminieren. Dazu muß man allerdings natürlich erst einmal wissen, was »Zufallsereignisse« sind. Eine andere Methode ist, nur das zu registrieren, was sich verändert, und alle Konstanten zu vernachlässigen, so wie unser Gehirn die Bewegung ignoriert, die durch eine Kopfbewegung entsteht, oder das Bild der Nase aus dem Gesichtsfeld ausblendet. Computer können derlei relativ problemlos bewerkstelligen.

Eine ganz »heiße« Neuentwicklung auf diesem Gebiet ist die Wavelet-Analyse. Ingrid Daubechies aus Princeton – eine der führenden Wissenschaftlerinnen in diesem Ansatz zur Signalverarbeitung – nennt die Wavelets »mathematische Mikroskope«. Es sind Schlangenlinien, die man auf verwirrenden Signalen überlagern kann und die dort wie Zoomlinsen funktionieren und zum Beispiel genau auf den interessanten Teil eines Bildes fokussieren, während aber die restliche Landschaft trotzdem noch im Blickfeld verbleibt.

Im Grund sind Wavelets Informationsatome. Es gibt einen ganzen »Wortschatz« verschiedener Wavelet-Arten, ganz wie beim Periodensystem der Elemente. Jedes Wavelet steht für eine leicht unterschiedliche Wellenform. Aus diesem Grundwortschatz kann man so gut wie alles aufbauen – so wie man aus den an die hundert Elementen alles aufbauen kann, was es im Universum gibt. Und genau, wie man alles, was es im Universum gibt, in an die hundert Elemente zerlegen könnte, ist es auch möglich, (beinahe) jedes Signal in Wavelets zu zerlegen.

Die Marine macht sich die Wavelet-Analyse bei der Entdeckung von feindlichen U-Booten im Meer, einer Umgebung mit viel »Rauschen«, zunutze. Astronomen verwenden sie, um einen untergeordneten Haufen von Galaxien aus einer Gruppe von Galaxien auszusondern. Das FBI benutzt sie, um auf effektivere Weise Fingerabdrücke zu speichern und wieder abzurufen. Elektronik-Ingenieure benutzen sie, um Fernsehsignale zu erzeugen, die sowohl auf den hochauflösenden neuen Bildschirmen als auch auf älteren Geräten funktionieren.

Ein wesentlicher Vorteil der Wavelet-Analyse ist, daß sie einem erlaubt, entweder den großen Zusammenhang oder das eher eingeschränkte Bild zu betrachten, ohne die Informationen über die jeweils andere Sichtweise zu verlieren. (Es ist etwa so, als würden Sie eine Segelregatta durch das Fernglas betrachten, dabei auf die Startnummer auf einem bestimmten Segel scharf einstellen, ohne aber die anderen Boote im Rennen aus den Augen zu verlieren.)

Man kann sogar das Rauschen selbst dazu verwenden, das Signal zu verstärken. Diese Methode heißt »stochastische Resonanz« und macht sich die Tatsache zunutze, daß manchmal zufällige Fluktuationen im Hintergrund schwache Signale so sehr verstärken können, daß sie hörbar werden. Eine ziemlich grobe Analogie ist eine Murmel, die in einer der Vertiefungen eines Eierkartons liegt. Angenommen, Sie empfangen ein »Signal« nur dann, wenn diese Murmel von einer Vertiefung in die andere springt. In einer ruhigen Umgebung bekommt die Murmel nie genug Energie, um diesen Sprung zu schaffen. Wenn Sie nun aber den Eierkarton in Ihr Auto laden und über eine holperige Straße fahren, dann wird es viel einfacher, die Murmel von der einen in die andere Vertiefung springen zu lassen. Das zufällige Rütteln der Autofahrt reicht aus, um der Murmel über die Barriere zu verhelfen – Ihr »Signal« wird sichtbar.

All diese Techniken zur Signalverarbeitung dienen dazu, ansonsten uneindeutige Signale schärfer zu stellen. Das gilt in vielen verschiedenen Zusammenhängen, vom Computertomographischen Scan des menschlichen Körpers über die Analyse sozialer oder politischer Trends bis hin zur Entdeckung neuer Planeten. Und alle Methoden bringen uns wieder die Gewalt der unveränderlichen Größen in Erinnerung – jener Dinge, die sich nicht ändern, was auch immer geschehen mag. Nur indem man das Rauschen ausschaltet, die Ablenkung durch eindringende Fremdsignale oder verzerrte Bezugssysteme* los wird, kann man herausbekommen, wie die natürliche Welt wirklich aussieht.

Als Shelton und Baliunas überprüfen wollten, ob ihr Doppelstern wirklich ein Doppelstern und nicht ein kleiner Wackler im System war, richteten sie ihr Teleskop auf einen anderen Stern, um zu sehen, ob sich etwas ändern würde. Als Smoot überprüfen wollte, ob er wirklich die kleinen Fältchen aus den Anfängen des Raum-Zeit-Kontinuums gefunden hatte, war einer der überzeugendsten Hinweise die Tatsache, daß diese Wackler und Verwischungen nicht vom Maßstab abhingen – das heißt, daß in jedem Stück Himmel das gleiche

* Siehe Kapitel 14 »Emmy und Albert«

Spektrum von kleinen Fältchen auftauchte, vom kleinsten bis zum allergrößten.

Genauso funktioniert auch die Suche nach der Wahrheit. Man sieht etwas, und dann versucht man alles, was einem nur einfällt, um dieses Etwas wieder verschwinden zu lassen. Man dreht es auf den Kopf und krempelt es von innen nach außen um, schiebt und zieht und zerrt von jedem möglichen Winkel daran herum. Wenn es dann immer noch da ist, dann hat man vielleicht wirklich etwas gefunden.

»Man muß die Messungen in alle möglichen Richtungen treten und schütteln, damit man sehen kann, wo noch was klappert und lose ist«, meint Baliunas – übrigens ein außerordentlich angemessenes Bild für eine Astronomin, die in ihrer Freizeit alte Klapperkisten frisiert. Anders ausgedrückt: man muß alles tun, um alle möglichen Fehlerquellen und jegliche Verwirrung auszuschalten, die das, was man sehen will, verschleiern könnten. Dann erst ist man in der Lage, nach den Wahrheiten zu suchen, die man mit Hilfe der mathematischen Kunst der Mustererkennung finden kann.

Teil III

Die Interpretation der Gesellschaft

Fair Play bedeutet für mich, daß die Regeln alle zum Mitspielen ermutigen sollten. Sie müssen die Gewinner belohnen, aber auch für die Verlierer akzeptabel sein.

Lani Guinier

Menschen, die in einer Demokratie leben, verbringen viel Zeit damit, zu entscheiden, was fair ist und was nicht. Es ist ein Grundprinzip unserer Regierungsform, daß wir versuchen sollten, allen die gleiche Chance zu geben. Das bedeutet, daß wir Methoden finden müssen, alles gerecht aufzuteilen, von der politischen Macht bis hin zum Eigentum, von der unberührten Natur bis hin zur Sendezeit im Radio.

Meistens fällen wir diese Entscheidungen durch eine Abstimmung oder Wahl. Das Wählen gilt als eine faire Sache, weil alle etwas zu sagen haben. Wenn sie nicht bekommen, was sie wollen, nun, dann müssen sie sich eben ein bißchen mehr anstrengen, um den Rest der Bevölkerung vom Wert ihrer speziellen Meinung zu überzeugen.

Aber es gibt noch viele andere Methoden, eine faire Verteilung zu erreichen – zum Beispiel durch Rotation, wobei verschiedene Mitspieler der Reihe nach auswählen dürfen. Oder indem man die Dinge so aufteilt, daß jeder ein Stück vom Kuchen (oder wovon sonst auch immer) bekommt, das ungefähr gleich groß ist wie die Stücke, die die anderen kriegen.

Wir benutzen diese Methoden, um alles mögliche zu ermitteln: wer Präsident oder Ballkönigin wird, wie hoch die Unterhaltszahlungen für die Kinder oder der Staatshaushalt sein soll, welche Fächer in den Schulen unterrichtet werden sollen und wie die Familie ihre Sommerferien verbringt.

Wie nicht anders zu erwarten, haben auch die Mathematiker einiges zum Thema Fairneß beizutragen – und wie auch nicht anders zu erwarten, ist das, was sie zu sagen haben, oft überraschend. Die schlechte Nachricht dabei ist, daß erwiesenermaßen unsere beliebtesten Systeme zum Aufteilen aller möglichen Dinge oft ungeheuer ungerecht sind. Die gute Nachricht lautet: In den letzten Jahren haben sich die Mathematiker eine ganze Reihe nützlicher (Teil-)Lösungen für dieses Problem einfallen lassen.

Kapitel 9

Wahlen: Lani Guinier hatte recht oder warum das Mehrheitswahlrecht nicht fair sein kann

Was aussieht wie ein völlig vernünftiges, gerecht ausge-
dachtes Regelsystem zur Aufteilung einer Ressource,
kann zu Ergebnissen führen, die jeglicher Intuition und
jeglichem gesunden Menschenverstand zuwiderlaufen.

John Casti, Complexification

Im Jahr 1993 schlug Bill Clinton, der gerade zum Präsidenten
der Vereinigten Staaten gewählt worden war, eine kaum bekannte Juraprofessorin namens Lani Guinier für den Posten
der Leiterin der Abteilung Bürgerrechte im Justizministerium
vor. Diese stille Juristin und Universitätsgelehrte war in Bür-
gerrechtlerkreisen für ihre innovativen, wenn auch sehr komplexen Ansichten zum Thema Wahlrecht bekannt. Ihre Auf-
sätze wurden von ihren akademischen Kollegen gut aufgenommen, die sich einstimmig dafür aussprachen, sie auf einen
Lehrstuhl an der Rechtsfakultät der University of Pennsylva-
nia zu berufen.

Seltsam, daß Guinier dann innerhalb weniger Wochen nach
ihrer Ernennung zur Zielscheibe derart hartnäckiger und
wortgewaltiger Angriffe wurde, daß ihr alter Freund, der Präsident, sie fallenließ. Man bezeichnete sie als »Radikale«,
»Verrückte«, »Quotenkönigin«, »Rassistin« und sogar »loony
Lani«, »die wahnsinnige Lani«.

Mindestens eine Gruppe stand jedoch unerschütterlich auf
ihrer Seite – wenn auch zugegebenermaßen keine Gruppe, die
politisch groß ins Gewicht fällt, nämlich eine Reihe anerkannter Mathematiker. Guiniers Kritiker, so meinten sie,
hätten einen bestürzenden Mangel an mathematischen
Grundkenntnissen an den Tag gelegt.*

Natürlich erklärt Unwissenheit allein nicht die tief emp-
fundene Wut, die sich gegen Guinier richtete. Die Schriften

---

* Der Mathematiker John Allen Paulos von der Temple University war
einer der ersten, die darauf hinwiesen.

der Juraprofessorin schienen für manche eine sehr persönliche Bedrohung darzustellen. Die Leute hatten das Gefühl, diese Frau laufe Sturm gegen die demokratischen Ideale der Nation. Oder wie Clinton es formulierte: Er könne ihre Nominierung nicht mehr unterstützen, weil sie sich – so sagte er leicht pikiert – »für Prinzipien einzusetzen scheint, die unter anderem das Verhältniswahlrecht und die Vetomöglichkeit von Minderheiten einschließen«.

Kurz gesagt: Man beschuldigte Guinier, das Kernstück der amerikanischen Demokratie in Frage zu stellen – das geheiligte Ideal der Mehrheitsherrschaft. Sie sagte den Leuten etwas, das sie gar nicht hören wollten – daß unser Wahlverfahren weder gerecht noch demokratisch ist. Daß es nicht zur Demokratie führt, sondern zu einer Tyrannei der Mehrheit. Dieser Satz von der »Tyranny of the Majority« (auch der Titel des Buches, das Guinier dann geschrieben hat) stammt von keinem Geringeren als dem Gründervater der amerikanischen Demokratie James Madison. Er hatte seinerzeit argumentiert, daß die Tyrannei einer Mehrheit von 51 % der Bevölkerung für eine Demokratie genauso bedrohlich sei wie die Tyrannei eines Königs, die man ja zuvor nach Kräften bekämpft hatte. Viele Ideen, für die sich Guinier einsetzte, waren buchstäblich schon seit Hunderten von Jahren im Umlauf und respektiert worden.

Am überzeugendsten war Guinier selbst. Sogar in ihren juristischen Fachaufsätzen bewies sie ihr großes Geschick, das Problem der Fairneß als persönliches Problem aufzuzeigen. Aus der Perspektive ihrer fünfjährigen Tochter, argumentierte sie, war es ganz leicht zu sehen, daß die Herrschaft der Mehrheit in vielen Situationen nicht fair ist. Wenn zwei Kinder Verstecken spielen möchten und drei Fangen, ist es dann fair, immer Fangen zu spielen?

Wenn man bedenkt, welche zentrale Rolle Wahlen im Leben der Amerikaner spielen, dann ist es bemerkenswert, daß man der Art und Weise, wie das Wahlsystem funktioniert, so wenig Aufmerksamkeit schenkt. Wie Guiniers Kritiker halten die meisten Amerikaner es für selbstverständlich, daß das bei den meisten Wahlen benutzte Verfahren vom Typ

»Der Gewinner bekommt alles« fair ist, um nicht zu sagen: eine heilige Kuh. Den meisten Menschen hat man beigebracht, ein Wahlvorgang müsse nur offen und unvoreingenommen sein, dann würde das Ergebnis schon in den meisten Fällen die Wünsche der meisten Menschen widerspiegeln.

Es läßt sich jedoch leicht zeigen, daß die Wahlergebnisse direkt von der Auswahl des Wahlverfahrens abhängen. Sogar wenn sich die Vorlieben und Abneigungen der Wähler nicht ändern, könnten sie völlig andere Gewinner bestimmen, wenn sie nur die Art ihrer Abstimmung in einigen Details änderten.

Da ein Beispiel mehr wert ist als tausend Worte, hier nun der Fall einer typischen Familie in Los Angeles, die sich zu einigen versucht, welchen Film man am Samstagabend ansehen soll. Bombardo und Zanzibar, die beiden achtjährigen Zwillinge, möchten *Pocahontas* anschauen. Liz-Bet, die Dreizehnjährige, ist ganz wild auf *Clueless*, während der achtzehnjährige Thug unbedingt in *Waterworld* gehen möchte. Papa, Mama und Stiefmutter, alle um die Vierzig, würden gern der Nostalgie frönen und sich *Apollo 13* ansehen, aber Oma Agnes würde lieber in *Species* ihren neuen Herzschrittmacher testen. Opa Bidley und seine neueste Flamme schlagen sich auf die Seite der Zwillinge und entscheiden sich für *Pocahontas*.

Oberflächlich gesehen gewinnt *Pocahontas* mit vier Stimmen. Wenn man das Mehrheitswahlrecht benutzt, das bei den meisten US-Wahlen angewendet wird, darf der Kandidat mit den meisten Stimmen für alle anderen entscheiden – selbst wenn, wie in diesem Fall, *Pocahontas* ein Minderheitskandidat ist.

Papa, Mama und Stiefmutter protestieren, daß das Mehrheitssystem nicht fair ist, denn mehr Leute würden lieber *Apollo 13* als *Pocahontas* ansehen, wenn sie nur diese Wahl hätten (Liz-Bet und Thug müßte man jedenfalls erst betäuben, ehe man sie in einen Disneyfilm bekäme!). Also stimmt die Familie noch einmal ab, diesmal zwischen *Pocahontas* und *Apollo 13. Apollo 13* gewinnt.

Aber Moment mal, sagt Liz-Bet, die langsam begreift, wie diese Abstimmerei funktioniert, und die den Verdacht hegt, daß Oma Agnes und Thug lieber *Clueless* als *Apollo 13* sehen würden. Diesmal stimmt die Familie im Stil eines Tennisturniers ab: Im Kampf zwischen *Waterworld* und *Pocahontas* fliegt *Waterworld* aus dem Rennen. *Pocahontas* gegen *Apollo 13* sondert *Pocahontas* aus. Aber schließlich verliert *Apollo 13* gegen *Clueless*.

Jetzt kommt Agnes eine Idee. Was wäre, wenn sie es so schiebt, daß in der letzten Abstimmung nur *Pocahontas* gegen *Species* antritt? Sie wäre sich ziemlich sicher, daß dann *Species* gewinnen würde. Also wird noch einmal abgestimmt. In der ersten Runde stimmt Agnes strategisch geschickt für *Pocahontas*, obwohl sie diesen Film überhaupt nicht sehen möchte. Jetzt hat *Pocahontas* genügend Stimmen, um *Apollo 13* aus dem Rennen zu werfen. Und Oma Agnes stimmt auch noch im Kampf gegen *Clueless* für *Pocahontas* – womit sie wirkungsvoll alle ernsthaften Konkurrenten aus dem Feld geschlagen hat. Als sich der Staub auf dem Schlachtfeld wieder legt, hat *Species* gewonnen.

Dieses Beispiel ist frei erfunden, aber derlei Wahlparadoxe sind in der Wirklichkeit nur allzu leicht zu finden. »Das Mehrheitsverfahren ist das allerschlimmste, weil hier die Wahrscheinlichkeit am höchsten ist, daß man paradoxe Entscheidungen fällt«, meint der Mathematiker Donald Saari von der Northwestern University. »Von allen Methoden ist es diejenige, in der die meisten Menschen A vor B den Vorzug geben und wo dann doch B gewinnt.«

Mehrheitsverfahren, das bedeutet auch, daß ein Kandidat gar nicht sonderlich beliebt sein muß, um zu gewinnen. Wenn man in der Vorwahl viele Kandidaten hat, kann man schon mit weniger als 20% der Stimmen der Gewinner sein. Und wenn sich eine solche Situation entwickelt, meint der Politikwissenschaftler Steven Brams von der New York University, dann ist es ziemlich wahrscheinlich, daß der Gewinner ein Extremist ist – »derjenige mit den lautstärksten Anhängern« und nicht derjenige, der in der allgemeinen Wahlbevölkerung den größten Widerhall findet. Das Ergebnis: das System kann Extremismus ermutigen, Verleumdungskampagnen belohnen, Wähler entfremden und die Wünsche der meisten Menschen verfälschen.

Mathematiker untersuchen schon seit zweihundert Jahren

die verschiedenen Vor- und Nachteile von Wahlverfahren. Sie sind sich nicht einig darüber, welches das beste ist, aber sie sind sich sehr wohl einig darüber, welches das schlechteste ist: unsere eigene, geheiligte Tradition, die besagt, daß diejenigen, die die meisten Stimmen bekommen haben, im Namen aller bestimmen dürfen.

Dieses Thema ist in akademischen Kreisen wohlbekannt. Bereits 1951 führte der Wirtschaftswissenschaftler Kenneth Arrow aus Stanford einen mathematischen Beweis darüber, daß kein demokratisches Wahlsystem je vollständig fair sein kann (und bekam später für seine Bemühungen einen Nobelpreis). Diese Überlegung ist als »Arrows Unmöglichkeitssatz« bekannt, weil hier bewiesen wird, daß vollkommene Demokratie unmöglich ist.*

Brams und andere bevorzugen Wahlverfahren, die ein breiteres Auswahlspektrum als nur schlicht »Ja« und »Nein« bieten. Zum Beispiel erlaubt die »Zustimmungswahl« dem Wähler, eine Stimme pro Kandidat abzugeben – wobei aus dem Begriff »ein Wähler, eine Stimme« der Begriff »ein Kandidat, eine Stimme« wird. So können die Wähler so vielen Kandidaten, wie sie möchten, ihre Zustimmung geben.

Während Mehrheitsverfahren die Kandidaten dazu ermutigen, extreme Standpunkte zu vertreten, die ihnen einen harten Kern von Anhängern bescheren, würde die Zustimmungswahl die Kandidaten zwingen, sich um die breitestmögliche Unterstützung zu bemühen. Ein weiteres Plus wäre, daß dieses System entschieden dazu beitragen könnte, negative Wahlkampfstrategien auszumerzen. »Denn man würde sich darum bemühen, selbst von den Anhängern der Opposition zumindest teilweise Unterstützung zu bekommen«, erklärt Brams.

Brams argumentiert weiter, daß Zustimmungswahl auch Minderheitenkandidaten wie Jesse Jackson (oder Pat Buchanan) helfen würde. »Selbst wenn Jackson auch mit dem Zu-

---

* Arrow benutzte natürlich keine undefinierbaren Begriffe wie »fair« und »Demokratie«. Er bewies jedoch, daß kein mögliches Wahlverfahren alle fünf der wünschenswertesten Eigenschaften eines Wahlverfahrens erfüllen kann.

stimmungsverfahren nicht gewinnen könnte, würden doch mehr Mehrheitskandidaten seine Ansichten nachäffen. Man kann Minderheiten nicht ignorieren, denn auch die Mehrheitskandidaten brauchen ihre Stimmen, um zu gewinnen.« Das Zustimmungsverfahren hat aber nicht nur Freunde. Paulos argumentiert, daß es im allgemeinen langweilige, mittelmäßige Kandidaten zu Gewinnern macht. »Jemand, der keine Ecken und Kanten und scharf umrissenen Konturen hat, kann auch niemanden abschrecken«, sagt er. »Aber manchmal braucht man jemanden, der die Bevölkerung polarisiert, weil einer der beiden extremen Pole recht hat.« Er weist darauf hin, daß Churchill mit diesem Wahlverfahren wohl nie gewonnen hätte.

Das System, das Paulos bevorzugt, ist das Prinzip der Stimmhäufelung (oder kumulativen Stimmabgabe). Hier können die Wähler einem einzigen Kandidaten (oder Vorschlag), den sie stark befürworten, mehrere Stimmen geben. Wie bei der Zustimmungswahl hat jeder Wähler so viele Stimmen, wie es Kandidaten gibt. Aber bei der Stimmhäufelung könnte sich ein Wähler auf die wichtigsten Themen konzentrieren, anstatt einfach nur jedes Thema (oder jeden Kandidaten) mit Zustimmung oder Ablehnung zu belegen. (So könnte zum Beispiel Oma Agnes ihre fünf Filmstimmen alle einem Film geben, um sicherzugehen, daß *Species* ausgewählt wird.)

Das Verfahren der Stimmhäufelung ist in den Vereinigten Staaten schon weit verbreitet, nämlich bei der Wahl von Aufsichtsräten. (In Deutschland findet es bei Kommunalwahlen Anwendung.) Lani Guinier setzt sich besonders für dieses System ein: »Es ist kein sonderlich radikaler Gedanke; dreißig Bundesstaaten fordern oder erlauben dieses Wahlverfahren in Unternehmen ... Es ist weder liberal noch konservativ. Sowohl die Regierung Bush als auch die Regierung Reagan haben sich für kumulative Wahlverfahren ausgesprochen ...«

Und wenn das noch nicht ausreicht, um diesem Wahlverfahren das Kainsmal des »Unamerikanischen« zu nehmen: Das Prinzip der Stimmhäufelung wird auch bei Stadtratswahlen verwendet, ausgerechnet in Peoria, Illinois, wo George

Washington 1854 seine berühmte Rede gegen die Sklaverei hielt, im amerikanischsten aller Staaten.

Weder die Wahl durch Zustimmung noch die Stimmhäufelung ist jedoch »fair« genug, um Saari zufriedenzustellen. Die Wahl durch Zustimmung führt seiner Meinung nach nicht zu klaren Entscheidungen. Denn hier wird nicht zwischen »erster und zweiter Wahl« unterschieden. Die Stimmhäufelung ist ihm zu kompliziert, weil sie voraussetzt, daß die Wähler Gruppenstrategien entwickeln, um bestimmte Gewinner durchzusetzen. Das System, das Saari bevorzugt, gibt dem Wähler die Möglichkeit, jeden Kandidaten als »erste Wahl«, »zweite Wahl«, »dritte Wahl« und so weiter zu benennen. »Man braucht dann immer noch eine breite Unterstützung«, meint er, »aber es ist besser als das bloße Zustimmungsverfahren, weil man die Möglichkeit hat, zwischen erster und zweiter Wahl zu unterscheiden.«

Brams und Paulos haben ganze Bücherberge über paradoxe Wahlergebnisse geschrieben und finden es – ganz in Übereinstimmung mit Arrows Unmöglichkeitssatz – trotzdem immer noch unmöglich, sich auf ein Verfahren zu einigen, das unter allen Gegebenheiten das beste ist. Und damit haben wir erst ein bißchen an der Oberfläche gekratzt. Es gibt noch Unmengen anderer Varianten.

Bis in die allerjüngste Zeit haben die Nachteile des traditionellen Wahlsystems nur wenig Aufmerksamkeit erregt. Doch inzwischen werden Themen, die früher einmal ausschließlich Mathematiker interessiert haben, in der breiteren politischen Öffentlichkeit diskutiert.

Der Oberste Gerichtshof hat diese Diskussion kürzlich noch weiter angefacht. Das hohe Gericht bestimmte im Juni 1995, daß Bundesstaaten bei der neuen Grenzziehung von Stimmbezirken den Faktor »Rasse« nicht berücksichtigen dürfen. Anders ausgedrückt: man darf keinen Stimmbezirk so zuschneiden, daß er genügend Schwarze (oder Latinos) als Wähler hat, um diesen Minderheiten zumindest eine minimale Vertretung zu garantieren. (Dabei wird völlig außer acht gelassen, daß es schon immer ein Standardverfahren – und übrigens auch völlig legal – war, die Stimmbezirke so zuzuschneiden, daß die Wiederwahl der gegenwärtigen Amtsinhaber garantiert war!)

Die Entscheidung des Gerichtes brachte viele dazu, sich ernsthaft Gedanken darüber zu machen, wie man denn sonst eine angemessene Vertretung von Minderheiten sicherstellen könnte. Das Center for Voting and Democracy zum Beispiel arbeitete an einem Gesetzentwurf mit, den Cynthia McKinney einbrachte, jene schwarze Kongreßabgeordnete, deren Wahlbezirk in Georgia die Entscheidung des Obersten Gerichtshofes hervorgerufen hatte. McKinneys Gesetz hätte es den Bundesstaaten erlaubt, Probeläufe mit alternativen Wahlverfahren zu machen.

Robert Richie, der Leiter des Centers, befürwortet ein Verfahren, das er »Vorzugswahl« nennt. Mit dieser Methode werden bereits die beiden Häuser des australischen Kongresses, der irische Präsident und der Stadtrat von Cambridge, Massachusetts, gewählt. Hierbei können die Wähler die Kandidaten als ersten, zweiten, dritten und so weiter bezeichnen. Wenn jemandes erste Wahl zum Scheitern verurteilt ist (in unserem Filmbeispiel wäre das *Waterworld*), dann wird der an zweiter Stelle gesetzte Kandidat statt dessen gezählt.

Das Vorzugswahlrecht hört sich kompliziert an. Richie weist jedoch darauf hin, daß es auf der ganzen Welt ohne allzu große Probleme benutzt wird und überall zu sehr viel besseren Wahlbeteiligungen führt als bei Wahlen in den Vereinigten Staaten. Das Verfahren wird sogar von den Schauspielern benutzt, die jedes Jahr die fünf Nominierungen für die Oscars ermitteln. »Und all diese Schauspieler – die ja auch nicht gerade nobelpreisverdächtig sind – sortieren jedes Jahr ihre Berufskollegen nach ihren Vorlieben, weil Price Waterhouse ihnen vor Jahren einmal erklärt hat, dies sei die beste Methode.« Und Richie meint weiter, das Verfahren sei »bestimmt nicht schwerer zu verstehen als die Regeln von Baseball oder Basketball«.

Jedes dieser Wahlverfahren präsentiert die Ergebnisse einer Wahl auf seine Weise leicht verzerrt. Die Gründerväter unseres Landes waren sich darüber im klaren, daß man die Unzulänglichkeiten jedes Systems durch Kontrollen und Gegenmaßnahmen aufwiegen muß. Tatsächlich sind in der amerikanischen Verfassung ja einige Wahlverfahren vorgesehen, die alle speziell zum Schutz von Minderheiteninteressen entworfen wurden: Kleine Staaten werden durch die Regel geschützt, daß im Senat »zwei Vertreter pro Bundesstaat« sitzen, während die bevölkerungsstarken Staaten durch das Verhältniswahlrecht im Repräsentantenhaus mehr Macht haben; der Präsident kann mit seinem Veto eine außer Kontrolle geratene Mehrheit zügeln; und für Zusätze zur Verfassung braucht man die Zustimmung einer Supermehrheit.

Schließlich wird es bei der Entscheidung über das fairste Wahlverfahren wahrscheinlich wieder auf eins hinausgehen: na ja, auf eine Wahl. »Ehe man über die Sache entscheiden kann, muß man sich erst einmal entscheiden, welche Wahlmethode man verwenden will«, meint Paulos. »Und welche Methode wendet man dann zur Auswahl der Methode an? Das kann alles ganz furchtbar verworren und schrecklich werden.«

Worüber sich beinahe alle allerdings einig sind: Unser gegenwärtiges System ist das schlechteste. »Das heutige Wahlverfahren ist eine Katastrophe für die meisten Wähler«, meint Richie. »Und es wird immer schlimmer.«

Und doch wird die Reform nicht leicht sein. Viele Menschen halten es irgendwie für unamerikanisch, wenn man das Wahlverfahren mit dem Blick auf vorhergesagte Ergebnisse auswählt – auch wenn die Experten sagen, daß das unvermeidlich ist. Der gesunde Menschenverstand sagt einem, daß es doch wohl nicht so schwer sein könne, ein Wahlsystem zu finden, das in den meisten Fällen die Wünsche der meisten Menschen respektiert. Aber der gesunde Menschenverstand sagt uns auch, daß man bei der Auswahl eines Wahlverfahrens nicht auf das Ergebnis der Wahl schielen sollte – das heißt, daß man das System nicht so aufbauen sollte, daß die eine oder die andere Seite garantiert gewinnt.

Leider sind diese Schlußfolgerungen, die wir mit dem gesunden Menschenverstand erreichen, genau das, was wir laut Aussage der Mathematik einfach nicht vermeiden können. Alle Wahlverfahren bevorzugen irgend jemanden. Und selbst die einfachsten mathematischen Lösungen öffnen eine Büchse der Pandora voller Probleme.

Kapitel 10

Gerecht teilen: Die Weisheit des Salomon

> Philosophen streiten sich seit Tausenden von Jahren über die Gerechtigkeit. Was heute anders ist: Wir haben nun eine formale mathematische Struktur dafür. Damit nehmen wir die Sache aus dem Bereich der Ideologie heraus. Jetzt geht es um Wissenschaft.
>
> *John Ledyard, Wirtschaftswissenschaftler und Leiter der Abteilung Sozialwissenschaften am California Institute of Technology*

Wie sollte eine gerechte Gesellschaft die Dinge teilen, die alle haben möchten? Wer bekommt bei einer Scheidung das Haus? Wie soll Omas Erbe aufgeteilt werden? Welche Länder sollten das Recht haben, die reichhaltigen Bodenschätze am Meeresboden abzubauen?

Der Staatshaushalt, die Spielsachen in der Sandkiste, die in Bosnien umstrittenen Gebiete – all das muß auf eine Art und Weise verteilt werden, die alle Beteiligten zufriedenstellt, zumindest so zufrieden macht, daß sie nicht gleich wieder zu streiten anfangen. Man muß kein Historiker sein, um zu begreifen, daß diese angeblich »fairen« Lösungen sich sehr oft als äußerst kurzlebig herausstellen – und die Verliererseite sich nur so lange ruhig verhält, bis sie wieder Kraft gesammelt hat und den Streit erneut beginnen kann. Und dann fängt die Rangelei – oder das Gemetzel – wieder von vorne an.

Im Jahre 1994 tauchte jedoch ein Hoffnungsschimmer am Horizont auf. Ein Politikwissenschaftler und ein Mathematiker schienen da Erfolg gehabt zu haben, wo Generationen von Richtern, Lehrern und religiösen Leitfiguren versagt hatten: Steven Brams von der New York University und der Mathematiker Alan Taylor vom Union College im Staat New York hatten ein neues System entworfen, mit dem man so gut wie alles in »neidfreie« Stücke teilen konnte. Nicht nur wurden alle beteiligten Parteien ihrer Meinung nach fair behandelt, nein, jeder meinte auch, er hätte am besten abgeschnitten.

Die Arbeit von Brams und Taylor ist nur die Spitze des sprichwörtlichen Eisbergs. Unter der Oberfläche hat die Mathematik sich leise, still und heimlich im ganzen Land in die Abteilungen für Politikwissenschaft eingeschlichen und rationale Ansätze zur Behandlung oft höchst emotionsgeladener Themen wie zum Beispiel Gerechtigkeit geliefert. Sogar die Bastion der »harten« Wissenschaften, das California Institute of Technology, hat kürzlich von der National Science Foundation Forschungsgelder in Höhe von 800 000 Dollar eingestrichen, um die Mathematik auf die sogenannte »Theorie der gesellschaftlichen Wahl« (mit anderen Worten: auf die Fairneß) anzuwenden. Unter anderem haben die Caltech-Wissenschaftler herausgefunden, daß die meisten Menschen sich im Zweifelsfall dafür entscheiden würden, »nett« zu sein, anstatt auf Kosten anderer einen Gewinn zu machen – insbesondere dann, wenn sie ihr Gegenüber bereits kennen.

Für die Forscher, die sich mit dem Thema Fairneß beschäftigen, stellt sich das Gebiet als ein wahres Minenfeld moralischer und logischer Paradoxe heraus. Gleich zu Anfang muß man zum Beispiel definieren, was »Fairneß« ist. Und dieser Begriff hat ganz unweigerlich für verschiedene Menschen ganz unterschiedliche Bedeutungen. »Wenn meine Kinder behaupten, etwas sei nicht fair«, meint Ledyard, »dann meinen sie eigentlich damit, daß sie nicht das bekommen haben, was sie wollten.«

Eine der ersten Definitionen von Gerechtigkeit geht auf König Salomon in der Bibel zurück. Als zwei Frauen vor den König traten und beide behaupteten, die Mutter des gleichen Kindes zu sein, bot ihnen Salomon an, das Kind in zwei Teile zu zerschneiden und jeder eine Hälfte zu geben. Wie erwartet, gab die tatsächliche Mutter des Kindes sofort ihren Anspruch auf, um sein Leben zu retten.

Salomons Vorstellung von Gerechtigkeit hat sich bis in die moderne Theorie erhalten. Im Grunde besagt sie, daß eine gerechte Aufteilung nicht nur einfach alles in gleiche Stücke zerteilt, sondern auch berücksichtigt, welchen Wert die verschiedenen Parteien der zu teilenden Sache beimessen. Es ist jedoch oft nicht einfach herauszufinden, wie sehr die Menschen eine Sache wirklich schätzen. Die meisten versuchen zu bekommen, was sie nur kriegen können, anstatt ehrlich zu sagen, was ihre Vorlieben wären. Salomon löste das Problem mit einem Trick: Die Frau, die nicht die Mutter war, bewies, wie gering sie das Kind schätzte, als sie sich bereit erklärte, es in zwei Teile schneiden zu lassen. Die wahre Mutter verriet ihre Vorliebe, als sie ihren Anspruch aufgab.

Es ist nicht leicht, die Weisheit Salomons in Gleichungen zu fassen, aber die Wissenschaftler machen gute Fortschritte. Bis vor kurzem hat man das Problem des gerechten Teilens hauptsächlich als akademische Fingerübung betrieben. Erst in letzter Zeit hat man begonnen, die Ergebnisse auch auf wirkliche Lebenssituationen anzuwenden. Die Mathematiker benutzen bei ihren Forschungen meist ein ziemlich simples Modell, das sie das Kuchenproblem nennen. Die Situation scheint zwar ziemlich vereinfacht, aber seine charakteristischen Eigenschaften lassen sich auf die meisten konkreten Situationen übertragen. Das geht so:

Angenommen, zwei Menschen möchten sich einen kleinen Kuchen teilen. Die fairste Methode ist, eine Person den Kuchen in zwei Hälften schneiden zu lassen, während die andere sich zuerst ihr Stück nehmen darf. Der erste zeigt seine wahren Vorlieben in der Art, wie er den Kuchen schneidet. Wenn er zum Beispiel Zuckerguß lieber mag als Teig, dann schneidet er vielleicht die Hälfte mit mehr Zuckerguß ein bißchen kleiner als die andere Hälfte – in der Hoffnung, daß der andere sich für das größere Stück entscheidet.

Jedenfalls sind beide Gewinner: der eine, weil er das größere Stück bekommen hat, der andere, weil er den meisten Zuckerguß bekommen hat. Die Sichtweise ist genauso wichtig wie die Mathematik, wenn die Lösung funktionieren soll: Keiner bekommt ein Stück, an dessen Auswahl er nicht beteiligt war, also neidet keiner dem anderen sein Stück.

Der gleiche Ansatz wurde bei der Formulierung eines Gesetzes berücksichtigt, das angibt, wie die Verteilung der Bodenschätze am Meeresgrund geregelt werden sollen. Eine Politik des »Wer zuerst kommt, darf sich bedienen« würde bedeuten, daß die Entwicklungsländer mit leeren Händen ausgehen, weil sie nicht die Ressourcen haben, selbst am Meeresgrund Bodenschätze abzubauen. Um die Aufteilung des Meeresbodens fairer zu machen, trat im Jahre 1994 eine Konvention zum Seerecht, ein internationales Abkommen, in Kraft. Hierin ist festgelegt, daß die Reichtümer der Meere folgendermaßen aufgeteilt werden: Wenn ein Land an einem Teil des Meeresgrundes Bodenschätze abbauen will, so wird dieses Gebiet zunächst in zwei gleiche Teile aufgespalten – einen für das abbauende Land und einen für ein Konsortium, das dieses Land für Entwicklungsländer verwaltet, die dort später einmal Bodenschätze abbauen können. Wie beim Kuchenteilen hat das Konsortium die erste Wahl.

Diese Taktik beim Verteilen von Kuchenstücken funktioniert gut, wenn nur zwei Parteien beteiligt sind. In komplizierteren Situationen kämpfen allerdings oft drei oder mehr Parteien um gerechte Verteilung.

1992 lieferte Brams als Antwort auf eine in der Zeitschrift *Science* formulierte Frage eine Lösung, die für drei Beteiligte funktioniert. Der erste teilt den Kuchen in drei Stücke auf. Der zweite darf eines der Stücke beschneiden, wenn er meint, daß es größer als die beiden anderen ist. Und der dritte darf sich als erster ein Stück aussuchen. Schließlich hat jeder sein Scherflein beigetragen, und alle können sich das Stück aussuchen, das sie für das beste halten. Also ist auch diese Lösung neidfrei.

Als Brams aber dieses System auf vier Mitspieler auszudehnen versuchte, funktionierte es nicht mehr. Also wandte er sich an seinen Freund Taylor, einen Mathematiker am Union College. Taylor hatte sich noch nie mit dem Problem des gerechten Teilens beschäftigt – seiner Meinung nach war das wahrscheinlich entscheidend dafür, daß es ihm gelang, einen radikal neuen Ansatz zu finden.

Taylors Durchbruch wurde von Mathematikern bejubelt, denn er lieferte damit einen genauen Plan, wie man so gut wie alles »neidfrei« in jede beliebige Anzahl von Stücken aufteilen kann – zunächst einmal jedenfalls. In der Praxis ist diese Methode jedoch für die meisten alltäglichen Situationen zu umständlich. Also versuchten Brams und Taylor eine praktisch verwendbare Methode mit ähnlichen Ergebnissen zu finden. Anstatt nun die zu verteilenden Güter als Kuchen zu betrachten, gibt das neue System – Adjusted Winner, also angepaßter Gewinner genannt – jedem Beteiligten 100 Punkte, die er nach seinen Vorlieben verteilen kann.

Dieses neue System sorgt auch weit außerhalb rein mathematischer Kreise für einige Aufregung, denn es ist einfach und flexibel genug, um bei Scheidungsverhandlungen, in internationalen Konflikten und einer Unmenge anderer Streitigkeiten Anwendung zu finden.

So könnte zum Beispiel eine Partei in einem Scheidungsfall sehr am Haus der Familie hängen und deswegen 90 Punkte auf das Haus setzen. Dem anderen Ehepartner dagegen wäre vielleicht mehr an Unterhaltszahlungen oder Steuervorteilen gelegen, und er würde 70 Punkte auf Unterhalt setzen.

Im ersten Schritt dieses Verfahrens bekommt jeder das, worauf er oder sie die meisten Punkte gesetzt hat: einer bekommt das Haus, die andere Person die Unterhaltszahlungen. In Schritt zwei werden die Punkte verglichen, um festzustellen, wer mehr Punkte hat. In unserem Beispiel hätte die Person mit dem Haus 90 Punkte gegenüber den 70 Punkten des Partners. Also bekäme die Person mit den 70 Punkten zum Beispiel eine Lebensversicherung, die auf 30 Punkte eingeschätzt wurde, während der andere den mit 10 Punkten bewerteten Computer bekäme.

Wenn es ein Unentschieden gibt oder die Punkte sich nicht leicht aufteilen lassen, wird der Rest nach einer mathematischen Formel aufgeteilt, die Taylor und Brams erstellt haben und die garantiert keinen Neid aufkommen läßt (Patent angemeldet!).

Der Schlüssel zur Vermeidung von Neid liegt darin, daß die Beteiligten verschiedenen Dingen unterschiedlichen Wert zumessen. Jeder hat den Eindruck, mehr als 50 % zu bekommen, weil jeder den Dingen, die er bekommt, größeren Wert beimißt als den Dingen, die der andere bekommt.

Genauso lassen sich auch »üble Dinge« aufteilen, zum Beispiel Aufgaben bei der Hausarbeit oder die Steuererklärung machen. Hier gibt man die Punkte nicht für Dinge, die man gerne hätte, sondern für Dinge, um die man lieber herumkommen würde. Für manche Leute wiegt die Tatsache, daß sie nie schmutzige Windeln wechseln müssen, sehr wohl auf, daß sie stundenlang in der Warteschlange der Zulassungsstelle herumhängen, um den Wagen anzumelden.

Könnte ein solches System wirklich funktionieren? Es ist noch zu früh, um das zu beurteilen, da der Ansatz noch so neu ist. Es gibt jedoch schon eine ganze Reihe von Skeptikern, aber auch von Anhängern des Systems. Einige Scheidungsanwälte meinen, ein derart rationaler Ansatz könne in einer so emotionsgeladenen Situation wohl kaum funktionieren. Andere loben das System als eine Methode, um die Probleme, die mit rationalen Methoden lösbar sind (etwa Eigentum oder Unterhaltszahlungen), von denen zu trennen, bei denen das nicht möglich ist (etwa verletzter Stolz oder Verlust des Partners).

Wissenschaftler am Caltech haben noch einen anderen Ansatz für das Problem der Gerechtigkeit gefunden, der auf dem uralten Konzept der Auktion aufbaut. Auktionen, sagt Ledyard, seien ein Gegengewicht zur »natürlichen Neigung des Menschen, stets um mehr zu bitten, als er eigentlich braucht«. Eine Auktion hält Menschen davon ab, für Dinge zu bieten, die sie nicht benötigen. Denn sie müssen alles, worauf sie ein Angebot abgeben, auch bezahlen und nehmen – und es bleibt ihnen dann weniger Geld für andere Dinge. Anders ausgedrückt: sie müssen hier Entscheidungen fällen, die echte Konsequenzen haben.

Natürlich muß, damit die Auktion fair ist, der Ausgangspunkt für alle gleich sein. Aber es sind sich längst nicht alle einig darüber, was ein solcher »gleicher Ausgangspunkt« ist. Caltech arbeitete zum Beispiel an der Lösung des Problems mit, wie man die Verantwortung für die stark verschmutzte Luft von Los Angeles verteilt. Die Methode, die ihnen dazu einfiel, funktioniert wie eine Auktion, nur bieten hier die Beteiligten für eine »Lizenz zur Luftverschmutzung«. Für einige Unternehmen ist die Reduzierung der Luftverschmutzung schwerer und teurer als für andere. Also gestattete ein Clean

Air Act, Gesetz über saubere Luft, aus dem Jahr 1990 kalifornischen Unternehmen, Lizenzen zur Luftverschmutzung zu kaufen und zu verkaufen. Damit erlaubt man denjenigen Firmen, die in teure Technologien investieren, ihre Ausgaben zumindest teilweise zurückzubekommen, indem sie die nicht mehr benötigten Verschmutzungslizenzen an andere verkaufen.

Um diesen Vorgang fair zu gestalten, mußte man die Gesamtmenge der gestatteten Verschmutzung zunächst einmal gerecht aufteilen. »In diesem Fall sind gleich große Anteile nicht gerecht«, erklärt Ledyard. »Es wäre nicht fair, ›Joe's Bar and Grill‹ die gleiche Menge zu gestatten wie der SoCal Edison, einem großen Energieversorger.«

Statt dessen bauen die vom Kontrollgremium für saubere Luft gestatteten Verschmutzungsmengen auf den Messungen aus den Jahren 1989 und 1990 auf. Auf der Grundlage dieser Zahlen könnte zum Beispiel eine Fabrik die Erlaubnis bekommen, im Jahr dreitausend Pfund Luftverschmutzung auszustoßen, während man einem Doughnut-Bäcker nur fünfzig Pfund zugesteht. Aber wie der Wirtschaftswissenschaftler Colin Camerer von Caltech erklärt, »werden damit Leute belohnt, die in der Vergangenheit die Luft stark verschmutzt haben«.

Anders gesagt: auch dieses System ist nicht vollkommen. Aber es ist zumindest ein erster Schritt in Richtung auf eine Methode, die vielleicht irgendwann einmal allen Anreize bietet, die Luftverschmutzung gering zu halten – und dabei noch Geld zu sparen.

Weiterhin kompliziert natürlich auch noch die menschliche Natur alle Versuche, Dinge gerecht aufzuteilen. Die NFS-Forschungsgelder für Caltech waren hauptsächlich dafür gedacht, einmal zu testen, wie gut sich menschliches Verhalten in der Wirklichkeit durch mathematische Modelle erklären läßt.

Die Forscher waren zum Beispiel immer von der Annahme ausgegangen, daß Menschen mit ihrem Handeln immer ihren eigenen Gewinn maximieren. Camerer von Caltech hat jedoch in einer Reihe von Experimenten herausgefunden, daß gute

Manieren diesem rationalen Benehmen in die Quere kommen können – ganz besonders dann, wenn die Beteiligten einander kennen. In solchen Fällen geben Menschen oft spürbare Vorteile auf, sogar in harter Münze, um nicht als raffgierig oder selbstsüchtig dazustehen. Leute ändern außerdem ihr Verhalten, wenn sie persönlich miteinander in Kontakt kommen, tragen zum Beispiel ohne Zögern gern zu einem nachbarschaftlichen Ereignis wie einem Straßenfest oder ähnlichem finanziell bei. »Wenn sie dann noch einander von Angesicht zu Angesicht gegenüberstehen, erhöht sich der finanzielle Beitrag dramatisch«, sagt Ledyard. »Warum, das hat noch keiner begriffen.«

Schließlich fallen Entscheidungen, die Menschen treffen, wenn sie nur mit einem anderen Menschen zu tun haben, völlig anders aus als solche Entscheidungen, die sie als Mitglieder einer größeren Gruppe oder Gemeinschaft treffen: Das zeigt sich zum Beispiel, wenn ein Gemeinwesen entscheiden muß, ob Steuervorteile eine angemessene Entschädigung für die Ansiedlung eine Chemiefabrik oder einer Sondermülldeponie in der unmittelbaren Umgebung wären.

Rakesh K. Sarin von der UCLA untersucht, wie Menschen relative Risiken (zum Beispiel das Leben mit giftigen Abgasen) gegen mögliche Vorteile (zum Beispiel mehr Arbeitsplätze) gegeneinander abwägen. Er hat herausgefunden, daß das, was ein einzelner von seinem persönlichen Standpunkt aus als einen fairen Handel versteht, für ihn als Mitglied einer Gruppe oft nicht mehr akzeptabel ist. Als Individuen könnten alle den Handel als völlig fair ansehen. »Aber die Gruppe kann trotzdem noch in Protestgeheul ausbrechen«, sagt er, obwohl sich die Gruppe aus den gleichen Einzelwesen zusammensetzt.

Der Hauptvorteil dieser neuen mathematischen »Attacke auf die Gerechtigkeit«, meint Ledyard, ist ihre Möglichkeit, mehr oder weniger auf dem Reißbrett neue gesellschaftliche Systeme zu erschaffen. Bisher haben sich Wirtschafts- und Politikwissenschaftler beinahe ausschließlich auf die Untersuchung existierender Systeme beschränkt, zum Beispiel auf Wahlverfahren oder Finanzmärkte. »Wir haben uns Auktionen und Wahlen angesehen und uns gefragt: Sind sie gerecht? Es ist so, als würde man Kaninchen und Mäuse in der freien Wildbahn beobachten.«

Nun, meint er, kann man das Ganze umdrehen. Man muß sich zunächst einmal darauf einigen, was Gerechtigkeit ist (zum Beispiel, daß sie die Eigenschaft haben muß, »neidfrei« zu sein), und dann einen Vorgang entwerfen, der als Endprodukt Gerechtigkeit liefert. »Anstatt also Elefanten zu beobachten«, so Ledyard weiter, »spielen wir an der DNS herum, um Elefanten zu erschaffen.«

Man könnte in dem System, mit dem Lizenzen zur Luftverschmutzung versteigert werden, eines der ersten Beispiele für eine völlig neuartige gesellschaftliche Institution sehen, die ganz von Anfang geplant und konstruiert wurde. Wenn es sich bewährt, wer weiß, was die Zukunft dann noch bringt? Ähnliche Ansätze ließen sich für alle möglichen Probleme finden, von der Frage, wer in einem Studentenwohnheim ein Zimmer bekommt, bis hin zu der Entscheidung, wer zum Militär eingezogen wird.

Zumindest lernen aber die Sozialwissenschaftler und Mathematiker allmählich, wie man um die Paradoxe herumkommt, die meist in den Lösungsansätzen des Gerechtigkeitsproblems stecken. »Wenn jemand möchte, daß eine bestimmte Situation gerecht sein soll«, meint Ledyard, »dann begreifen wir jetzt zumindest, daß sich mit dieser Aussage eine unendliche Vielzahl von Möglichkeiten eröffnet.«

Kapitel 11

Die Mathematik der Nettigkeit:
Mathe beweist die Goldene Regel

> Überraschenderweise unterscheiden sich die Kandidaten mit relativ hoher Punktzahl von denen mit relativ niedriger durch eine einzige Eigenschaft: daß sie NETT sind.
>
> *Robert Axelrod*, Die Evolution der Kooperation

> Das Leben hat unseren Erdball nicht durch Gefechte erobert, sondern durch Netzwerke.
>
> *Lynn Margulis und Dorion Sagan*, Microcosmos

»Was du nicht willst, daß man dir tu', das füg auch keinem andern zu.« – »Auge um Auge, Zahn um Zahn.« – »Nimm, was du kriegen kannst.«

Selbstsucht und Selbstlosigkeit haben sich im Bereich menschlichen Handelns schon von jeher unentschlossen gegenübergestanden. Kirchen und Pfadfindergruppen beschwören uns, jedem zu helfen, der diese Hilfe nötig hat. Gleichzeitig ermutigen uns die Werbung und die Politiker, so raffgierig zu sein, wie es nur menschenmöglich ist. Die Vorstellung, daß Gier gut ist, hat sich inzwischen bereits in einer Art Religion verfestigt, im Kapitalismus US-amerikanischen Stils: Je mehr du für dich selbst herausbekommst, desto besser geht es auch der ganzen Gesellschaft.

Diese Strategie des Siegens um jeden Preis gewinnt immer mehr an Boden, weil sie anscheinend auf den Gesetzen von Mutter Natur höchstpersönlich beruht. Charles Darwins Vorstellung vom Überleben des Stärkeren scheint zu bedeuten, daß nur die gemeinsten, streitbarsten und selbstsüchtigsten Einzelwesen es im großen Haufen der Evolution bis ganz nach oben schaffen. Kompromißbereitschaft, Zusammenarbeit, Freundlichkeit und Güte, das ist nur etwas für Verlierer und Schwächlinge. In einer kapitalistischen Gesellschaft ist der Verzicht auf Eigennutz gleichbedeutend mit wirtschaftlichem Hochverrat.

Lange Zeit hat man diese Philosophie als unbezweifelbare Wahrheit hingenommen. Seit den letzten beiden Jahrzehnten beschäftigen sich allerdings die Mathematiker mit Überlebensstrategien, um herauszufinden, welche wirklich die besten sind. Zur allgemeinen Verwunderung haben sie dabei festgestellt, daß »nette Leute« durchaus auf dem ersten Platz landen können und dies oft auch tun. Bei Turnieren, die so angelegt sind, daß in einer Vielzahl von Konfliktsituationen Gewinner ermittelt werden, stellt sich nämlich heraus, daß der große Sieger nicht etwa der skrupelloseste Kämpfer ist, sondern derjenige, der am meisten Kooperationsbereitschaft zeigt. Ironischerweise klingen die Strategien, die sich bei der mathematischen Forschung als die tauglichsten erwiesen haben, ähnlich wie die guten alten frommen Sprüche: Plane im voraus, arbeite mit anderen zusammen, neide deinem Nachbarn nicht den Erfolg; und sei bereit, deinen Schuldigern zu vergeben.

Viele mathematische Arbeiten in der Spieltheorie haben sich auf ein Paradox konzentriert, das sogenannte Gefangenendilemma. Es wird normalerweise im Stil einer der üblichen Polizeiserien erläutert. Zwei Komplizen werden in getrennten Zellen gefangengehalten. Jedem von beiden verspricht man, er werde freikommen, wenn er den anderen verpfeift. Wenn er sein Schweigen nicht bricht, das ist jedem der beiden bewußt, haben die Behörden nicht genug Beweismaterial, um ihn zu verurteilen – es sei denn, der andere Gefangene verpfeift ihn zuerst. Welche Strategie funktioniert hier besser: den Mund halten oder auf den Deal mit der Polizei eingehen?

Variationen zu diesem Thema können meiner Meinung nach das Paradox, das hinter dieser Situation liegt, noch deutlicher zeigen. Angenommen, Ihre Familie ist aus dem alten Auto herausgewachsen. Außerdem wünschen Sie sich nichts sehnlicher als ein Segelboot für die ganze Familie, mit dem Sie am Sonntagnachmittag einen schönen Törn machen können. Eine andere Person – die Sie über eine Zeitungsannonce kontaktiert haben – braucht dringend ein Auto wie das Ihre und hat genau das Segelboot, das Sie sich so wünschen – und das sie selbst nicht mehr will. Sie einigen sich darauf, daß ein Tauschgeschäft hier ein fairer Handel wäre.

Nehmen Sie nun weiter an, daß der Handel aus irgendeinem Grund geheim bleiben muß. Sie einigen sich beide darauf, das Auto/Boot an vorbestimmten Orten abzustellen. Das Problem ist nur: Was geschieht, wenn Sie Ihr Auto abstellen, das Segelboot dann aber nicht am verabredeten Ort vor Anker liegt? Man hat Sie hereingelegt!

Der Bootsbesitzer steht vor dem gleichen Dilemma.

Logisch könnte man nun die Vor- und Nachteile so zusammenfassen: Wenn Sie das Auto abstellen, die andere Person aber das Boot nicht, dann hat man Sie beraubt. Wenn Sie das Auto nicht abliefern und sie das Boot nicht abliefert, dann steht die Sache unentschieden. Wenn Sie das Auto nicht hinbringen, sie aber das Boot liefert, dann haben Sie etwas umsonst bekommen.

Logik führt nur zu einer unausweichlichen Folgerung: Ganz gleich, was die andere Person macht, Sie stellen sich immer besser, wenn Sie Ihren Wagen nicht abliefern. Auch die andere Person kommt mit Logik zum gleichen Ergebnis. Resultat: keine von beiden bekommt das, was sie wollte.

Das Gefangenendilemma stellt sich immer dann ein, wenn die Verfolgung unmittelbarer Eigeninteressen zur Katastrophe führen würde, wenn alle gleich handeln würden. Sollten Sie Ihren Müll einfach aus dem Autofenster schmeißen, oder sollten Sie warten, bis Sie eine Mülltonne sehen? Sollten Sie schwarz hören oder Ihre Rundfunkgebühren bezahlen? Sollte man sich an Abrüstungsvereinbarungen halten oder dagegen verstoßen und heimlich Arsenale aufbauen?

Klar, wenn eine Partei kooperiert, während die andere betrügt, dann ist derjenige, der kooperiert, der Gelackmeierte. Aber wenn beide betrügen, bekommt niemand etwas.

Wenn man die Situation von außen betrachtet, dann könnte vielleicht klar werden, daß Kooperation für beide Seiten die bessere Taktik ist. Aber vom Standpunkt jedes einzelnen Beteiligten besteht doch immer die Versuchung, den anderen übers Ohr zu hauen. Man hat immer eine Chance, etwas zu gewinnen, indem man *nicht* kooperiert.

Warum kooperieren dann Leute überhaupt? Diese Frage beschäftigte den Politikwissenschaftler Robert Axelrod von der

University of Michigan in den achtziger Jahren. Wenn das Dschungelgesetz des »jeder frißt jeden« gilt, warum ist dann Kooperation bei Menschen und Tieren so verbreitet? Während des Grabenkriegs im Ersten Weltkrieg, erzählt Axelrod, schlossen die Soldaten auf beiden Seiten der Front stillschweigende Abkommen des »leben und leben lassen« – in direktem Widerspruch zu Befehlen von oben. Ein Offizier der britischen Armee schrieb im August 1915 in sein Tagebuch, es sei eine preußische Granate im britischen Lager explodiert (und das ausgerechnet zur Teezeit!), und dann sei ein deutscher Soldat aus seinem Graben geklettert und ins Niemandsland spaziert, um sich zu entschuldigen: »Hoffentlich hat es keine Verletzten gegeben. Es war nicht unsere Schuld, es ist diese verdammte preußische Artillerie!«

Oder etwas näher an unserer eigenen Lebenswirklichkeit: Es ist nicht einmal besonders klar, warum Leute Verkehrsampeln beachten. Für jeden einzelnen gibt es eigentlich keinen guten Grund, an einer roten Ampel stehenzubleiben – außer der wirklich unwahrscheinlichen Möglichkeit, von der Polizei erwischt zu werden. Und doch bleiben die meisten Leute meistens stehen. Sie geben Kellnern, die sie wahrscheinlich nie wiedersehen werden, Trinkgeld, sie hinterlassen Teeküchen und Toiletten sauber, auch wenn keiner zusieht, sie sind nett zu völlig fremden Leuten.

Um dieses Paradox zu lösen, lud Axelrod im Jahre 1980 Experten auf dem Gebiet der Spieltheorie zu einer Art Turnier ein, bei dem in Spielen immer und immer wieder das Gefangenendilemma durchexerziert wurde. Jeder Mitspieler mußte eine Strategie vorlegen, und diese Strategien wurden dann mit Hilfe von Computern gegeneinander ausgespielt. Je nach Ausgang wurden Punkte vergeben und in einer Tabelle verzeichnet.

Zur allgemeinen Überraschung war die erfolgreichste Strategie ein genial einfaches Programm, das Anatol Rapoport von der University of Toronto geschrieben hatte. Es hieß *Tit for Tat* (Wie du mir, so ich dir), und der erste Programmschritt war immer Kooperation. Danach ist das Programm nur ein Echo aller Aktionen des Gegners. Wenn die Opposition kooperiert, kooperiert auch *Tit for Tat.* Wenn die Opposition abtrünnig wird, zahlt *Tit for Tat* in gleicher Münze zurück.

In diesem Sinne befolgt *Tit for Tat* eigentlich beide Forderungen der Bibel: Auge um Auge und die Goldene Regel. Wie William Poundstone es in einem Buch über klassische Probleme der Spieltheorie zusammenfaßt, ist die Botschaft dieses Programms: »Handle an anderen so, wie du gerne hättest, daß sie an dir handeln – sonst setzt's was!«

Weil *Tit for Tat* nie als erster den anderen im Stich ließ, war es laut Axelrod ein »nettes« Programm. Es stellte sich heraus, daß die meisten Gewinner in Axelrods Computersimulationen »nett« waren, die meisten Verlierer nicht. *Tit for Tat* konnte auch verzeihen – das heißt, selbst wenn die Gegenseite abtrünnig geworden war, versuchte es *Tit for Tat* gelegentlich noch einmal mit der Kooperation. Die Lektion ist laut Axelrod: »Sei nett und verzeihe.«

Es ist auch sehr wichtig, daß man klar verständlich formuliert. Sehr komplizierte Computerprogramme erzielen in diesen simulierten Spielen keine besseren Resultate als zufallsbestimmte, weil niemand ihre Strategie herausfinden und dann entsprechend reagieren kann.

Axelrod führte danach ein Folgeturnier durch. Diesmal erbat er seine Beiträge nicht von Experten in der Spieltheorie, sondern von Forschern aus der Biologie, Physik und Soziologie. Und diesmal wußten alle bereits, daß *Tit for Tat* und andere »nette« Strategien Erfolg gehabt hatten. Trotzdem gewann Rapoports einfaches Programm wieder. Die anderen Experten, schloß Axelrod, »machten alle systematisch den Fehler, zu sehr auf Wettbewerb ausgerichtet zu sein, zu wenig zu verzeihen«.

In einer letzten Runde wollte Axelrod herausfinden, was geschehen würde, wenn er alle Programme in einer Art Darwinscher Evolution gegeneinander antreten ließe. Dabei sollte das Überleben des Stärkeren bedeuten, daß derjenige erfolgreich wäre, der in der nächsten Generation den lebensfähigsten Nachwuchs hervorbringt – wobei die Zahl der Nachkommen durch die Zahl der erreichten Punkte bestimmt würde.

Auch hier schlug sich *Tit for Tat* wacker, aber zunächst ebenso einige außerordentlich mörderische, ausbeuterische Strategien. Doch dann passierte etwas Seltsames: Den Ausbeutern gingen die Opfer aus. Es war niemand mehr übrig, den sie noch hätten verschlingen können. Wie Axelrod es formuliert: »Auf lange Sicht kann eine Strategie, die nicht nett ist, genau die Umgebung zerstören, die sie für ihren Erfolg nötig hat.«

Das Turnier hatte auch einige Lektionen für Neider zu bieten. Wenn eine Strategie einer anderen den Erfolg neidete und sie zu übertrumpfen versuchte, dann endete das gewöhnlich mit einem Eigentor. Die einzige Methode, einen Gegner zu übertreffen, war nämlich ein Angriff, und der rief wiederum eine weitere Runde von Unfreundlichkeiten hervor, und allen ging es danach schlechter.

»Es hat gar keinen Sinn, dem anderen Spieler seinen Erfolg zu neiden«, sagt Axelrod, »da in dieser Art von Spiel der Erfolg des anderen praktisch eine Voraussetzung dafür ist, daß man selbst gute Ergebnisse erzielt.«

Die letzte Voraussetzung für einen Erfolg war eine stabile Langzeitbeziehung, in der immer wieder die gleichen Antagonisten gegeneinander spielten. In einer solchen Situation zahlte es sich aus, sich kooperativ zu verhalten. Das erklärt die Beziehung zwischen den Soldaten im Ersten Weltkrieg, die einander Monat für Monat gegenüberstanden, die Situation von Menschen in sehr engen Lebensgemeinschaften oder von Staatschefs, die in einer langen Reihe von Verhandlungen aufeinander angewiesen sind.

In letzter Zeit hat Steven Brams von der New York University große Fortschritte in seinen Bemühungen gemacht, die Spieltheorie an die Wirklichkeit anzunähern.* Während dieser Arbeiten wollte er schließlich herausfinden, ob man möglicherweise menschliche Gefühle mit Hilfe der Mathematik beschreiben könnte– und so Strategien entwickeln, wie man sich aus frustrierenden Situationen befreien kann.

In seinen »Frust«-Spielen befindet sich einer der Spieler in

* Nähere Einzelheiten hierzu finden sich in seinem Buch *Theory of Moves.*

einer üblen Situation, während der andere zufrieden ist und keinerlei Anreiz hat, seine Lebenssituation zu ändern. Der erste Spieler kann aus seiner eigenen Situation nicht heraus, ohne sich dabei Schaden zuzufügen.

Ein Beispiel könnte eine Familie mit einem aufbegehrenden Teenager sein, der keine der von den Eltern aufgestellten Regeln befolgt. Die Eltern möchten nicht zu streng werden, denn das könnte auch ihnen schaden. (Wenn der Teenager zum Beispiel immer seine kleine Schwester mit dem Auto der Familie in die Schule fährt und den Eltern diese Dienstleistung abhanden käme, wenn sie ihm die Autoschlüssel wegnähmen. Oder wenn Sie ihm das Fernsehen verböten, dann aber ihre eigenen Lieblingssendungen nicht mehr anschauen könnten.)

Wenn die Eltern frustriert genug sind, dann sind sie unter Umständen doch bereit, sich auch selbst Schaden zuzufügen (zumindest zeitweise), einfach nur, um aus dieser verfahrenen Situation herauszukommen.

Ein weiterer neuer und gesellschaftlich relevanter Zweig der Spieltheorie wirft Licht auf die Auswirkungen, die »Schubladen« wie etwa Hautfarbe, Nationalität oder Geschlecht auf die Spieler haben können. Poundstone beschreibt, daß sich bei dieser Variante von *Tit for Tat* die Regeln leicht verändern. Spieler kooperieren nun immer nur mit anderen Spielern der gleichen Gruppe, nie mit Spielern aus anderen »Schubladen«. Also würden die Männer oder die Blauen immer nur mit anderen Männern oder Blauen zusammenarbeiten, mit Frauen oder Roten jedoch nie.

Es überrascht niemanden, daß in diesem Spiel, dem diskriminierenden *Tit for Tat*, die Mehrheit immer sehr gut abschnitt, die Minderheit dagegen sehr schlecht. Der Grund dafür ist nicht schwer auszumachen: Während die Angehörigen der Mehrheit täglich am häufigsten mit Artgenossen zusammentrafen, also »nett« behandelt wurden, prallten die Angehörigen der Minderheit immer wieder auf ihre Widersacher, die sie stets »im Stich ließen« oder gar nicht erst mit ihnen kooperierten.

Es ist möglich, schließt Poundstone, daß diese Verhaltensdynamik erklärt, warum die eigene Gemeinschaft für Minderheiten eine solche Faszination hat – ob es sich dabei nun um eine religiöse, ethnische oder sogar wirtschaftliche Minderheit handelt. Sogar ein Ghetto kann in diesem Sinne ein »sicherer Hafen sein, wo die meisten Wechselwirkungen mit anderen positiv sind«.

Seltsamerweise scheint das Beweismaterial aus dem Bereich anderer Lebewesen – das heißt aus Biologie und Genetik – einige abstrakte Argumente zu stützen, die sich aus der Spieltheorie ergeben haben. Wenn diese Vorstellungen richtig sind, dann hat die Evolution der Arten sehr viel weniger als erwartet mit dem Motto »jeder frißt jeden« zu tun als mit dem Motto »jeder lernt, mit anderen kooperativ zusammenzuleben«.

Nur weil die am besten Angepaßten, also die »Fittesten« normalerweise überleben, bedeutet das nicht notwendigerweise, daß diese Fittesten die Stärksten oder Gemeinsten oder sogar Fruchtbarsten sind. Die Fittesten könnten sehr wohl diejenigen sein, die am besten gelernt haben, wie sie die Zusammenarbeit für ihre eigenen Ziele einsetzen können.

Die Mikrobiologin Lynn Margulis hat diesen Gedanken noch unendlich viel weiter gefaßt: Symbiose sei eine bedeutende Kraft bei der Entwicklung der Organismen gewesen. Vom Baum über den Fisch bis zum Pilz überlassen sich alle Lebewesen gegenseitig Nahrung, bauen gemeinsame Wohnungen, nutzen einander und bilden im allgemeinen alle möglichen lebenslänglichen Partnerschaften und seltsamen Gemeinschaften zum Nutzen aller Beteiligten.

Margulis hat die Vermutung geäußert, daß die Zelle selbst aus einer derartigen Kooperationsvereinbarung zwischen subzellularen Wesen entstanden ist. Zellen sind vollgestopft mit hochspezialisierten Bestandteilen, die Nahrung verarbeiten, Energie erzeugen und speichern, die Zelle voranbewegen, ihre interne Struktur aufbauen und so weiter. Eine ganze Menge Beweismaterial stützt bereits Margulis' These, daß Zellen eher wie Kolonien zusammenarbeitender Einzelwesen aussehen als wie die Überlebenden eines erbitterten Wettrennens um den »Erfolg«.

Andere Biologen haben – von vielen verschiedenen Ausgangspunkten aus – vorgebracht, daß es wahrscheinlich sogar ein Gen für Selbstlosigkeit gibt und daß Menschen (ganz zu schweigen von Ameisen und Bienen und anderen ausgeprägten Gemeinschaftswesen) dieses in ihrem genetischen Gepäck mit sich herumtragen. Altruismus, schrieb der jüngst verstorbene Lewis Thomas, »ist von grundlegender Wichtigkeit für die Erhaltung der Art, und er existiert als Teil des ganz alltäglichen Lebens«.

Schließlich ist es wohlbekannt, daß so unterschiedliche Geschöpfe wie die Vampirfledermaus und der Stichling ihr Leben aufs Spiel setzen, um Artgenossen mit Nahrung zu versorgen – sogar wenn diese Mitgeschöpfe zufällig nicht mit ihnen verwandt sind.

In seiner poetischen Schreibweise macht Thomas aus diesen Fakten eine Lektion von beinahe biblischen Dimensionen:

Ich behaupte, daß wir mit Zuneigung zueinander geboren werden und aufwachsen und daß wir auch entsprechende Gene besitzen. Man kann uns diese Zuneigung ausreden, denn die genetische Botschaft ist nur eine Musik, die aus weiter Ferne erklingt, und einige von uns hören schlecht. Die Gesellschaft ist laut, erstickt die Laute, die von uns und unserer Umgebung erklingen. Schwerhörig ziehen wir in den Krieg. Stocktaub bauen wir Thermonuklearwaffen. Trotzdem erklingt die Musik und harrt ihrer Zuhörer.

Er hat wahrscheinlich recht. Lebendige Gene sind jedoch nicht die einzigen, die diese Musik hören. Carl Zimmer berichtet in der Zeitschrift *Discover* von einem Computergenie namens Maja Mataric an der Brandeis University. Sie hat es geschafft, vierzehn Roboter dazu zu bringen, bei so einfachen Aufgaben wie dem Finden eines verlorenen Pucks zusammenzuarbeiten. Erstaunlicherweise war Zusammenarbeit nicht als Talent vorprogrammiert. Die Roboter haben das selbst gelernt. Sie waren so programmiert, daß sie sich nicht alle gleichzeitig auf das gleiche Ziel stürzten, sondern beobachteten, was die anderen machten. Innerhalb von einer Viertelstunde hatten sie Geschmack am Altruismus gefunden.

Die Schlüsse darüber, was das über Roboter oder Vampir-fledermäuse oder sogar Mathematiker aussagt, überlasse ich der weiteren Forschung. Selbst wenn die Entwicklung der Menschheit nicht ausschließlich von der Kooperationsbereit-schaft gesteuert wurde, so hat doch diese Eigenschaft zumin-dest irgendwie mit zum Gesamtbild gehört. Vielleicht kann uns die mathematische Untersuchung menschlicher Wechsel-wirkungen eines Tages dabei helfen, einen Ausweg aus der traurigsten Sackgasse der Menschheit zu finden – oder wie Rodney King es formuliert: »Warum können wir nicht ein-fach alle miteinander auskommen?«

Teil IV
Die Mathematik der Wahrheit

Die Natur weiß sehr wohl, was sie tut, und sie tut es, selbst wenn wir es nicht herausfinden können.

Sir Arthur Stanley Eddington

Die Sehnsucht nach absoluten Wahrheiten hat mit Religion zu tun, nicht mit Wissenschaft.

Lorraine Daston, Wissenschaftshistorikerin und Direktorin des Max-Planck-Instituts für Wissenschaftsgeschichte in Berlin

Warum altern wir? Warum werden manche Leute vom Blitz getroffen? Warum haben die anderen immer mehr Glück? Warum bricht während eines Erdbebens eine Brücke zusammen? Warum glauben so viele Menschen an übersinnliche Wahrnehmungen? Warum kommt beim Münzenwerfen in der Hälfte der Fälle Kopf, in der anderen Hälfte Zahl? Warum kann die Zeit nicht rückwärtsgehen?

Zugegeben, es ist vielleicht ein kleines bißchen vermessen, von der Mathematik der Wahrheit zu sprechen. Aber die Mathematik gibt uns zumindest einige höchst praktikable Methoden, wie wir der Wahrheit ein bißchen näher kommen können. Und beinahe überall, wohin man schaut, sind solche Methoden in Gebrauch, auch wenn es uns nicht bewußt ist.

So ist zum Beispiel eine vernünftige Methode der Problemlösung, zunächst herauszufinden, was die Probleme überhaupt verursacht hat. Und ohne mathematische Hilfsmittel wäre es noch schwieriger, diese Ursachen zu finden, als es ohnehin schon ist.

Die Wahrheit über Ursachen herauszufinden, das kann eine knifflige Angelegenheit sein. Oft sind diese Ursachen mit vielen versteckten Verbindungen und Einflüssen verflochten. Manchmal ist der Zufall die »Ursache«. Das macht uns schwer zu schaffen, denn wir haben offenbar einen außerordentlich starken Drang, den grundlegenden Zusammenhang zwischen

Ursache und Wirkung aufzuspüren. Es paßt uns überhaupt nicht, daß Ereignisse vom Zufall gesteuert sein sollen. Zum Glück schließen Ursachen und Zufall einander jedoch nicht aus. Sie sind nur über viel kompliziertere Beziehungen miteinander verknüpft, als man immer glaubte. Das erste Kapitel in diesem Abschnitt handelt von zwei miteinander verbundenen Methoden zur quantitativen Darstellung der Beziehung zwischen Ursache und Wirkung – von Wahrscheinlichkeit und Korrelation.

Das zweite Kapitel beschäftigt sich damit, wie sich Wahrheit beweisen läßt. Während ich an diesem Buch schreibe, schleppt sich gerade der Prozeß gegen O. J. Simpson durch die Gerichte, man hat ein subatomares Teilchen namens Top-Quark entdeckt, und ein uraltes mathematisches Problem, Fermats letzter Satz, wurde endgültig bewiesen. Es ist interessant, daß Rechtsanwälte, Naturwissenschaftler und Mathematiker so ziemlich die gleichen Werkzeuge für den Beweis ihrer Thesen benutzen. Und die Werkzeuge stammen zumindest zum Teil aus der Werkstatt der Mathematik. Und bei allen handelt es sich um in der Naturwissenschaft anerkannte, rechtmäßige Tests für die Gültigkeit einer Aussage, aber keiner dieser Tests ist ein endgültiger Beweis:

– Die »wahrscheinliche Wahrheit« stützt sich auf statistische Argumente, um abzuwägen, welche von mehreren Möglichkeiten wahrscheinlicher wahr ist. Wenn man etwas jenseits aller berechtigten Zweifel beweisen will, was bedeutet das genau? Wieviel Zweifel ist denn noch akzeptabel? Eins in zwanzig? Eins in einer Billion?

– Viele juristischen und wissenschaftlichen Argumente stützen sich auf logische Wahrheit, die auf dem Glauben aufbaut, daß man stets unzweideutige Schlußfolgerungen erreicht, wenn man nur gewisse Regeln für logische Schlüsse befolgt. Wenn x wahr ist, dann folgt y. Logische Argumente gelten als sinnvoll. Die Wahrheit soll durch die Kraft der Vernunft ableitbar sein.

– Irgendwann müssen Rechtsanwälte ihren Fall einem Team von Geschworenen präsentieren, das sich aus »Gleichrangigen« zusammensetzt – genau wie Wissenschaftler ihre Arbeiten ihresgleichen zur Bewertung vorlegen. Es handelt sich dabei um Wahrheitsfindung durch Übereinstimmung, wobei gut informierte Menschen (Experten oder Geschworene oder beides) die Beweislage auswerten und zu einer Einigung kommen müssen. Oft sind diese Übereinkünfte nur Koalitionen auf Zeit und werden später durch neue Kenntnisse oder Informationen außer Kraft gesetzt. Wissenschaftliche Wahrheit ist genau wie juristische Wahrheit weniger eine Ansammlung endgültiger Fakten als eine permanente Debatte. Der Unterschied ist nur, daß man sich bei juristischen Wahrheiten schnell auf einen gemeinsamen Beschluß einigen muß.

Das letzte Kapitel beschäftigt sich mit einem der stärksten Leitgedanken auf der Suche nach der Wahrheit – mit dem Konzept der Symmetrie. Untersuchungen der Symmetrie erlauben es uns, genau die Aspekte der Natur herauszuschälen, die wirklich grundlegend sind. Man kommt, und das ist wohl die verblüffende Ironie des Schicksals, an diese unveränderlichen Wahrheiten heran, indem man sich ganz bewußt auf seinen eigenen Standpunkt konzentriert. Einsteins Theorie der allgemeinen und der speziellen Relativität sind Musterbeispiele dafür, wie ganz bestimmte Bezugssysteme sich quantitativ darstellen und damit gedanklich durchdringen lassen und wie sie uns damit die Möglichkeit geben, zu immer tieferen Wahrheiten vorzudringen.

Kapitel 12

Warum Dinge wirklich geschehen

Wahrscheinliche Ursachen:
Würfeln

Eine sehr kleine Ursache, die uns entgeht, bewirkt eine
beträchtliche Wirkung, die wir nicht übersehen können,
und dann sagen wir, daß die Wirkung vom Zufall hervorgerufen wurde.

Henri Poincaré

Die Wahrscheinlichkeit besitzt eine ganz besondere Faszination, sogar für Personen, die nichts für Mathematik
übrig haben. Sie ist von großem philosophischem Interesse und höchster wissenschaftlicher Bedeutung. Aber
sie verblüfft auch immer wieder.

James R. Newman, The World of Mathematics

Würfeln ist der Inbegriff des Zufälligen. Aber dafür gibt es
überhaupt keinen Grund. Würfel folgen genau wie die Planeten den Gesetzen der Natur. Sie werden von der berechenbaren Anziehungskraft der Erde zum Tisch hingezogen, werden bei ihrem Fall durch die Luft von der bestens verstandenen elektrischen »Klebrigkeit« der Materie gebremst, folgen
bei ihren Kreiselbewegungen genau den Gesetzen der Dreh-
momenterhaltung, die auch die Planeten auf ihrer Umlaufbahn kreisen lassen und Tonya Harding und Katharina Witt
aufs Eis streckten.

In diesem »Drehbuch« bleibt also nichts dem Zufall überlassen. Und doch ist Würfeln immer wieder ein Spiel des Zufalls.
Man kann eine Münze eine Million Mal in die Luft schnippen,
und beim nächsten Wurf ist die Wahrscheinlichkeit, daß Kopf
oder Zahl kommt, immer noch fünfzig zu fünfzig.

Newmans Gedanken zur Wahrscheinlichkeit sind inzwischen fünfzig Jahre alt, doch noch immer ist die Wahrscheinlichkeit so verblüffend wie eh und je. Wie bemerkenswert ist

es doch, schreibt er, daß Mathematiker und Philosophen trotz aller Aufmerksamkeit, die man dieser Wissenschaft und ihrem ungeheuren Einfluß gewidmet hat, immer noch völlig außerstande sind, sich über die Bedeutung der Wahrscheinlichkeit zu einigen. Diese Meinungsverschiedenheit läßt sich wesentlich weniger leicht verstehen als der Disput der drei Blinden, die einen Elefanten zu beschreiben versuchen. Denn hier sind die Beobachter nicht blind, und sie haben zudem das Geschöpf selbst entworfen.

Der Zufall ist gleichzeitig eine Versuchung und ein Problem. Er verleitet uns dazu, uns aus der Verantwortung zu stehlen: Was vom Zufall bestimmt ist, entzieht sich jeglicher Diskussion. Wir können es nicht vorher wissen, wir können es nicht steuern, es kommt aus heiterem Himmel oder aus dem Nichts.

Und genau deswegen haben wir auch solche Probleme mit dem Konzept Zufall.

Dinge, die zufällig geschehen, das sind Wirkungen auf der Suche nach ihrer Ursache. In einer vernünftigen Welt haben sie nichts zu suchen. Manche, auch Albert Einstein, konnten den Zufall als Ursache einfach nicht akzeptieren. Sogar Leute, die nichts über den großen Physiker wissen, haben gewiß schon eine Version seiner berühmten Beschwerde an den befreundeten Kollegen Max Born gehört: »Du glaubst an den würfelnden Gott und ich an volle Gesetzlichkeit in einer Welt …«

Einstein war zutiefst verstört über die neue Sichtweise auf das Atom, die eine subatomare Welt eröffnete, die von Ungewißheiten nur so wimmelte. In den Anfangsjahren unseres Jahrhunderts zwangen immer feinere Experimente mit Licht und Materie die Physiker zu einer scheinbar unausweichlichen Schlußfolgerung: Auf der subatomaren Ebene konnte man Teilchen nicht zu einem gegebenen Zeitpunkt auf einen bestimmten Ort festlegen. Ihr Verhalten ließ sich überhaupt nicht vorhersagen, sondern nur noch in Wahrscheinlichkeiten ausdrücken. Mit Hilfe dieses neuen Verständnisses vom Atom konnte man eine Unmenge ungelöster Mysterien klären. Und doch war Einstein davon nicht zu überzeugen. Selbst dieser offenkundige Erfolg, meinte er, »kann mich doch nicht zum Glauben an das fundamentale Würfelspiel bringen«.

Was sollte man denn von subatomaren Teilchen halten, die so wenig vorhersehbar waren wie Würfel? Werden sie nicht von einer Ursache in Bewegung gesetzt? Spazieren sie einfach nach Lust und Laune und ohne erkennbares Muster durch die Gegend? Werden sie von keiner Kraft bewegt? Stolpern hierhin und dorthin wie ein Gruppe betrunkener Partygäste?

Unvorhersehbarkeit, argumentierte Born, bedeutet nicht, daß das Verhalten der subatomaren Teilchen keine Ursachen hat. Es bedeutet nur, daß die Ursachen zu subtil und komplex sind, als daß wir sie entwirren könnten. (Der gesamte dramatische Briefwechsel zwischen Born und Einstein läßt sich in dem Buch *Albert Einstein, Max Born. Briefwechsel 1916–1955* nachlesen – dessen Lektüre allen wärmstens empfohlen sei, die sich mit dieser Debatte eingehender beschäftigen möchten, die bis heute nichts von ihrer Faszination verloren hat.)

Heute haben sich die meisten Physiker mit der merkwürdigen Tatsache abgefunden, daß es keinen wirklichen Widerspruch zwischen Wahrscheinlichkeit und Kausalität gibt. Alle physikalischen Kräfte (auch wohlvertraute wie die Elektrizität und die Schwerkraft) werden in Wahrscheinlichkeiten beschrieben. Die sogenannte starke Wechselwirkung, die Atomkerne zusammenhält, ist eine Wechselwirkung zwischen Teilchen, die um einige Größenordnungen wahrscheinlicher ist als die sogenannte schwache Wechselwirkung, die für den radioaktiven Zerfall verantwortlich ist.

»Die atomare Welt der kleinen Aktionen«, schreibt der Physiker Philip Morrison, »wird von einer Mischung aus Ursache und Zufall regiert.« Das ist sicherlich eine große Erleichterung für all diejenigen, die sich des Gefühls nicht erwehren können, daß ein völlig vorhersehbares Universum jegliche Kreativität und jeglichen freien Willen im Keim ersticken würde, und die dabei gleichzeitig spüren, daß ein völlig unvorhersehbares Universum zu wirr und verrückt ist, als daß man es sich auch nur ausmalen möchte.

Ein Universum, das sich nur statistisch vorhersagen läßt, bietet gleichzeitig Platz für Ordnung und Zufall. »In einer solchen Welt hat man Raum zum Atmen«, meinte Morrison. »Und doch ist es keine Welt des Chaos und der Launenhaftigkeit. Zufall und Ursache sind auf wunderbare Weise miteinander verkuppelt worden, und dabei hat sich eine Sichtweise ergeben, in der mögliche Ereignisse nach präzisen Mustern gesteuert werden und in der doch die vielfältigen Möglichkeiten das Wachstum des Neuen erlauben, von dem wir wissen, daß es die Welt, in der wir leben, beherrscht.«

In gewissem Maße ist alles auch eine Frage der Größenordnung. Wie Ivar Ekeland in seinem Buch *The Broken Dice* zeigt, hängt der Unterschied zwischen dem Zufälligen und dem Vorbestimmten teilweise von der Dimension ab. Billardkugeln werden zum Beispiel routinemäßig als Modelle für die vorhersehbare Physik angeführt. Niemand würde Billard als Glücksspiel bezeichnen. Alles, was dazu notwendig ist, die Kugel zu versenken, ist ein gut berechneter Stoß mit dem perfekt in Position gebrachten Queue.

Würfeln dagegen steht als Symbol für das Glücksspiel schlechthin. Und doch folgen Billardkugeln und Würfel genau den gleichen physikalischen Gesetzen. »Letzten Endes liegt hier das Glückselement in der Ungeschicklichkeit, in der mangelnden Erfahrung oder der Naivität des Würfelnden – oder im Auge des Betrachters. Man könnte sich tatsächlich eine Zivilisation vorstellen, in der Würfeln ein Sport und Billard ein Glücksspiel wäre«, schreibt Ekeland.

Die Würfel müßten dann natürlich viel größer sein – etwa so groß wie Billardkugeln. Man könnte sie so ähnlich werfen wie die Kugeln beim Boccia. Billardkugeln wären in dieser Zivilisation viel kleiner, etwa so groß wie Würfel; und Billard wäre so ähnlich wie Flippern, das ja auch eine Art Billard auf purer Zufallsbasis ist.

Wie man es auch sieht, der Unterschied ist weder klar noch besonders deutlich.

Tatsächlich kann der Zufall im wahrsten Sinn des Wortes eine Ursache werden. Jeder Glücksspieler in Las Vegas sollte sich besser vor Augen halten, daß die Zahl sieben beim Spiel mit zwei Würfeln öfter herauskommt als jede andere Zahl. Der Grund dafür ist alles andere als geheimnisvoll: Wenn man davon ausgeht, daß jede Seite des Würfels mit der gleichen

Wahrscheinlichkeit oben landet, dann gibt es einfach mehr Möglichkeiten, aus den zwei oben liegenden Zahlen die Zahl sieben zusammenzusetzen. Für eine 7 könnten die oben liegenden Zahlen 6 und 1, 5 und 2, 4 und 3, 3 und 4, 2 und 5, 1 und 6 sein. Dagegen gibt es nur eine Möglichkeit, wie zwei Würfel die Zahlen 12 oder 2 produzieren können.

Sieben hat, anders ausgedrückt, mehr Gelegenheit, als Ergebnis herauszukommen, als jede andere Zahl. Deswegen ist sieben das wahrscheinlichste Ergebnis. Die Wahrscheinlichkeit ist das Land der Möglichkeiten (fragen Sie Ihren Versicherungsvertreter!).

Natürlich weiß kein Spieler, welcher Würfel mit der 2 und welcher mit der 5 nach oben liegen wird, genausowenig wie der Mann von der Lebensversicherung weiß, wer als nächster stirbt. Aber wenn man einen Haufen Würfel oder Menschen zusammennimmt, dann wird das Muster völlig vorhersehbar. Dann wird aus Zufall Gewißheit.

Wegen der Dualität, die sozusagen zu ihrer Natur gehört, rankt sich um die Wahrscheinlichkeit auch jede Menge Unwissenheit. Vor hundert Jahren formulierte Henri Poincaré das folgendermaßen: »Zufallsphänomene, das sind per Definition diejenigen Phänomene, deren Gesetzmäßigkeiten wir nicht kennen.«

Newman schließt daraus, daß das gesamte Konzept des Zufalls nur ein Euphemismus für Unwissen ist. Und doch räumt er ein, daß sich der Zufall auch durch eine gewisse Regelmäßigkeit auszeichnet, »eine Ordnung in der Unordnung«. Heute wissen wir, daß am Grund so mancher Art Wahrheit die Wahrscheinlichkeit lauert.*

Die verblüffende Regelmäßigkeit des Zufalls macht das Verhalten von subatomaren Teilchen, großen Menschenmengen und Verkehrsunfällen vollkommen vorhersehbar. Früher oder später geschehen die Dinge, die wir Zufälle nennen, immer wieder und sind dabei überraschend vorhersehbar.

In New York hat kürzlich jemand zum zweiten Mal eine Million in der Lotterie gewonnen. Ein wirksamer Talisman?

---

* Siehe ›Wahrscheinlich wahr‹ in Kapitel 13 »Die Beweislast«

Eine glückliche Konstellation der Gestirne? »So etwas ist eigentlich keine besondere Überraschung«, meint der Mathematiker Chuck Newman vom Courant Institute in New York. »Nach zehn oder fünfzehn Jahren gibt es bei zwei Gewinnern pro Woche Tausende von Leuten, die schon einmal gewonnen haben und noch weiter mitspielen.«

Deswegen mißtrauen Statistiker auch Studien, die zum Beispiel zeigen, daß Leute, die unter Hochspannungsleitungen wohnen, ungewöhnlich hohe Krebsraten aufweisen. Unter tausend menschlichen Ansiedlungen ist es völlig natürlich, eine oder mehrere zu finden, in der eine höhere Krebsrate registriert wird. Das ist genauso natürlich, wie wenn beim Münzenwerfen zehnmal hintereinander Kopf kommt. Daraus könnte man zwar einen Zusammenhang zwischen Hochspannungsleitungen und Krebs vermuten, aber sicherlich nicht beweisen. Die Mathematik der Wahrscheinlichkeit ist ein wichtiges Werkzeug, das einem dabei hilft, all das auszusondern, wovon man erwartet, daß es nur »zufällig« passiert – was überhaupt nicht bedeutet, daß nicht doch eine bestimmte Ursache dahintersteckt.

Wie Newman schon sagte, ist die Wahrscheinlichkeit eine sehr verblüffende Sache. Sie hat zwei Gesichter, ist gleichzeitig vorhersehbar und nicht vorhersehbar. Diese verwirrende Dualität steckt hinter der frustrierenden Tatsache, daß die Verwandten von lebenslänglichen Rauchern die Tabakkonzerne nicht wegen deren schuldhaft verursachtem Tod rechtlich belangen können. Daß Zigarettenrauchen Krebs verursacht, ist zwar über jeden berechtigten Zweifel hinaus bewiesen. Aber daß das Rauchen einen bestimmten Krebsfall verursacht hat, kann man beinahe unmöglich beweisen.

Die Wahrscheinlichkeit ist eine ziemlich gute Kristallkugel, mit der man in die Zukunft sehen kann, solange die Zahlen nur groß genug sind. Wieder einmal verändert auch hier der Maßstab alles*, und die »Gesetze des Zufalls« werden dann so zuverlässig wie alle anderen Naturgesetze.

* Siehe Kapitel 5 »Eine Frage des Maßstabs«

Humpty-Dumpty mußte einfach in ein gutes Dutzend Teile zerbrechen, als er von der Mauer fiel – wegen der Wahrscheinlichkeit. Körper und Maschinen verschleißen – wegen der Wahrscheinlichkeit. Aktenordner geraten in Unordnung, und Eiswürfel schmelzen – wegen der Wahrscheinlichkeit.

Wenn man alle Atome für sich, eins nach dem anderen untersucht, dann gibt es kein Naturgesetz, das verbietet, daß sich alle langsamen (und daher eiskalten) Wassermoleküle ganz plötzlich in die – sagen wir mal – Nordostecke eines Glases quetschen und dort einen Eiswürfel bilden. Es könnte theoretisch passieren. Aber es passiert nicht, weil es viele Millionen Wegstrecken gibt, die diese langsamen Wassermoleküle zurücklegen können, wenn sie sich durch die ganze Flüssigkeit verteilen – und nur sehr wenige, die sie alle in einen kleinen würfelförmigen Raum in der Nordostecke führen würden.

Unordnung ist sehr viel wahrscheinlicher als Ordnung, also passiert die Unordnung. Sie ist ein opportunistisches Übel, und sie ist auf lange Sicht sehr gut voraussehbar. Früher oder später bewegt sich alles – das geordnete Gitter eines Kristalls, die Eierschale, die Elastizität der Haut – in den unordentlichen Zustand der unvermeidlichen Zersetzung. Die Wahrscheinlichkeit macht aus der Zeit eine Einbahnstraße.

Und doch ziehen wir daraus den Schluß, daß wahrscheinliche Ursachen irgendwie nicht so wirklich sind wie »echte« physikalische Ursachen. Wenn die National Rifle Organisation behauptet: »Gewehre töten keine Menschen, Menschen töten Menschen«, dann stolpern die Herren dabei genau in diese logische Fallgrube. Die bloße Tatsache, daß es überall unzählige Gewehre gibt, macht ihren Gebrauch wahrscheinlicher. Wenn man anders argumentiert, wäre das so, als sagte man, daß ein Puzzle mit tausend Teilen keine höhere Wahrscheinlichkeit hat, völlig durcheinanderzugeraten, wenn es vom Tisch purzelt, als ein Puzzle mit nur zwei Teilen. Es ist nicht völlig unmöglich, daß alle Teile sich aus purem Zufall von selbst im richtigen Muster anordnen. Es ist auch nicht völlig auszuschließen, daß eine bis an die Zähne bewaffnete Gesellschaft tatsächlich eine hohe Mordrate verhindern kann. Es ist nur sehr, sehr unwahrscheinlich.

Oder wie es die Autoren von *The Empire of Chance* zusammenfassen: »Wenn etwas eine Ursache ist, so bedeutete das im allgemeinen, daß dieses Etwas einen Unterschied bewirkt: In der hypothetischen Situation, in der es keine Ursache gibt, wäre nämlich auch die Wirkung nicht eingetreten.«

Das heißt aber nicht, daß das Unwahrscheinliche nie passiert. Wenn man genügend Äonen Zeit hätte, dann könnte man eine Münze oft genug werfen, um eine Million Mal Kopf hintereinander zu bekommen. Rühreier würden sich wieder voneinander trennen, und Parfüm würde sich leise, still und heimlich in den Flakon zurückstehlen. Natürlich wäre die dazu benötigte Zeit länger als das Alter des Universums, aber das ist ein rein praktisches Hindernis.

Newman fragt: Wie lange müssen Sie warten, ehe ein Buch vom Tisch in Ihre Hand springt? Die Antwort, erinnert er uns, ist nicht, daß dies niemals geschieht. »Die korrekte Antwort ist, daß es beinahe sicherlich irgendwann in weniger als in einem Googolplex von Jahren passieren wird – vielleicht schon morgen.« (Ein Googolplex ist eine Zahl namens Googol, die hundertmal mit sich selbst multipliziert ist, und bereits das Googol ist bei weitem größer als die Zahl der Teilchen im Universum.) Man braucht bloß zu warten, sagt er, und zwar »auf den glücklichen Augenblick, in dem gerade ungeheuer viele Moleküle das Buch von unten bombardieren und nur sehr wenige von oben. Dann können sie die Schwerkraft überwinden, und das Buch wird sich in die Lüfte erheben.«

Wunder gibt es immer wieder. Die Wahrscheinlichkeit läßt sich überwinden, aber einfach ist das nicht. Entweder muß man bis in alle Ewigkeit warten. Oder man muß hart arbeiten. Man braucht Energie, um Ordnung ins Chaos zu bringen. Sie müssen das Haus anstreichen, die Akten alphabetisch ordnen, Elektrizität in den Kühlschrank pumpen, um den Eiswürfel zu produzieren, Sport treiben, um Ihre Muskeln zu erhalten.

Das Leben vollführt diese Zauberkunststücke andauernd, indem es aus gestreutem Sonnenlicht und Dreck und Wasser

Mais und Tortillas und Cheeseburger macht. Asche kehrt irgendwann einmal zu Asche zurück und Staub zu Staub, aber dazwischen gibt es Menschen und Welpen und Begonien. Das Leben ist eine höchst unwahrscheinliche Sache, und doch geschieht es immer wieder. Dazu muß der unvermeidliche Verfall aller Formen, muß der Pfeil der Zeit selbst umgekehrt werden.

Das Leben geht wirklich gegen den Strich. Jedes Kind, das auf die Welt kommt, vermindert die Unordnung im Universum – ein bißchen jedenfalls. Michael Guillen beschreibt, wie Rudolf Clausius Mitte des neunzehnten Jahrhunderts auf die Gleichung gekommen ist, die hinter der unvermeidlichen Unordnung des Universums steckt, hinter der Unwahrscheinlichkeit des Lebens. »Wie alles unnatürliche Verhalten [entdeckte er] war Leben das Resultat einer Maschine, deren gesamte Bemühungen in der Lage waren, die Gesetze normalen Verhaltens umzukehren – so wie ein Kühlschrank in der Lage war, die Wärme von kalt nach heiß fließen zu lassen.« (Normalerweise strömt Wärme von heiß nach kalt.)

Clausius' neu gewonnenes Verständnis, meint Guillen, »war die erste wissenschaftliche Erklärung dafür, warum alles im Universum altert und schließlich stirbt«. Nachdem er entdeckt hatte, daß die Unordnung im Universum ständig zunimmt (wegen der überwältigend hohen Wahrscheinlichkeit der Unordnung), verstand Clausius, warum »der Tod immer das Leben besiegt, was erklärt, warum jegliches Leben immer zu einem Ende kommt. Immer.«

»Also muß das verbesserte Newtonsche Universum zu Ende gehen und erkalten«, sagt Thomasinas Hauslehrer Septimus in Stoppards Schauspiel *Arkadien*, nachdem er die Bedeutung der mathematischen Entdeckung seiner Schülerin begriffen hat, daß nämlich die Unordnung die unvermeidliche Richtung aller Dinge ist. »Ach du Schreck!«

»Ja«, erwidert Thomasina, »wir müssen uns beeilen, wenn wir noch tanzen gehen wollen.«

Korrelation und Ursachen:
Kluge Kerlchen mit großen Füßen

Korrelationen sagen rein gar nichts über Kausalitäten aus, aber diesem Irrtum erliegen sogar Wissenschaftler.

Rand Wilcox, Psychologe und Statistiker an der University of Southern California

Eine weitere beliebte Methode auf der Suche nach den wahren Ursachen ist die Korrelation – das heißt, man findet heraus, welche Dinge gekoppelt und parallel zueinander geschehen. In gewisser Weise ist dies das mathematische Äquivalent von »kein Rauch ohne Feuer«. Wenn Rauch und Feuer normalerweise gemeinsam auftreten, dann kann man davon ausgehen, daß das eine die Ursache des anderen ist. Vielleicht.

Sicherlich haben uns statistische Korrelationen direkt zu vielen wichtigen Wahrheiten geführt. Zum Beispiel hatte man die Verbindung zwischen Zigarettenrauchen und Lungenkrebs schon lange als Korrelation gesehen, ehe man den kausalen Mechanismus zwischen Rauchen und Krebs verstanden hatte. Das gleiche gilt für viele andere Umweltgefahren einschließlich DDT. Der Anstieg im Kohlendioxidgehalt der Atmosphäre seit Anfang der industriellen Revolution ist nach Ansicht einiger Forscher so stark mit einem Anstieg in der globalen Temperatur korreliert, daß eine Klimakatastrophe in greifbarer Nähe sein muß.

Mathematiker wissen jedoch, daß Korrelation nicht notwendigerweise auch Kausalität bedeutet. Wie John Paulos aufzeigt, sind bei Schulkindern große Füße stark mit hervorragenden Ergebnissen in Mathematik korreliert. Das liegt nun aber nicht daran, daß Leute mit großen Füßen auch große Hirne haben, sondern eher daran, daß ältere Kinder ihren jüngeren Kollegen im allgemeinen nicht nur größere Füße, sondern auch eine weitaus höhere Anzahl an Mathematikstunden voraushaben.

Korrelation bedeutet nur, daß ein Ding in einer bestimmten Beziehung zu einem anderen steht. Schiffe steigen und fallen mit den Gezeiten, weil das Wasser sie trägt. Aber steigen und fallen die Rocksäume mit den Aktienkursen? Und wenn ja, kann man eventuell eine kausale Beziehung dafür finden?

Oft sagen Korrelationen nicht mehr aus als der Zufall oder das Timing. In Untersuchungen tritt immer wieder eine starke statistische Verbindung zwischen geschiedenen Eltern und jugendlichen Problemfällen zutage. Aber es stimmt auch, daß Jugendliche ohnehin von Problemen wie magnetisch angezogen werden, völlig unabhängig von ihrer Familiensituation. Man könnte genausogut auch behaupten, daß Zahnspangen die Pubertät verursachen, da die beiden ja ungefähr gleichzeitig aufzutreten pflegen.

Das gleiche gilt für die Wirksamkeit beinahe jedes nur vorstellbaren Heilmittels für Erkältungen. Man kann mit soliden Statistiken belegen, daß die meisten Menschen, die Mittel gegen Erkältungen verwenden, sich nach einer Woche wesentlich besser fühlen. Da aber andererseits die meisten Erkältungen sich innerhalb einer Woche von alleine kurieren, könnte beinahe jedes andere Mittel genauso wirksam sein – von Mutters Hühnersuppe bis zum Ansehen alter Folgen von *Raumschiff Enterprise*.

»Manche Korrelationen sind schlicht und einfach Blödsinn«, sagt Wilcox. »Man kann nachweisen, daß die Zahl der Stunden, die man beim Tennistraining verbringt, mit Sonnenbrand korreliert ist. Aber das bedeutet nicht, daß Tennis Sonnenbrand verursacht.« Die Verbindung zwischen Tennis und Sonnenbrand ist ein gutes Beispiel für eine Korrelation, die einen echten Effekt versteckt – in diesem Fall die Tatsache, daß man Tennis meistens draußen spielt, wo einen die Sonne am ehesten erwischen kann.

Aber ähnlich blödsinnige Korrelationen schleichen sich in alle möglichen scheinbar gescheiten Diskussionen ein. So verweist zum Beispiel Hal Lewis in seinem Buch *Technological Risk* auf eine Veröffentlichung der Anti-Fluor-Kampagne, die warnend anführte, daß die meisten AIDS-Fälle in Städten zu finden seien, in denen dem Wasser Fluor zugesetzt wird. »Genausogut hätte man auch sagen können, daß diese Todesfälle in Städten auftreten, die Stadtbüchereien haben«, schreibt Lewis. »Genauso wahr – und genauso irrelevant.«

Die Untersuchungen, die eine Verbindung zwischen IQ und Rasse zu finden versuchten, waren auf ziemlich ähnlichen Irrtümern begründet. Man kann zum Beispiel eine starke Korrelation zwischen Rasse und IQ finden, ohne irgend etwas über die wahren Ursachen zu wissen, die dahinterstecken. Zum einen hat beinahe jede Eigenschaft, die mit hohem IQ korreliert, auch mit hohem Einkommen zu tun. Dieser Schluß überrascht sicherlich niemanden, wenn man bedenkt, daß wohlhabende Eltern sich leichter bessere Schulen, mehr Bücher und Computer leisten können und im allgemeinen ihre Kinder gesünder aufwachsen und besser ernährt sind. Experten meinen, daß die Untersuchungen über IQ und Rasse wohl eher die stärkere Beziehung zwischen weißer Haut und Reichtum verbergen. »Es ist gut möglich, daß zwei Dinge zusammenhängen, aber nur weil sie beide von einem dritten Faktor beeinflußt werden«, sagt der Statistiker Ingram Olkin aus Stanford.

Einkommen und Gesundheit steigen und fallen auf ziemlich ähnliche Weise im Gleichschritt. Die stärkste Beziehung zwischen den elektrischen Hochspannungsleitungen und Krebs könnte sehr wohl die sein, daß es viel wahrscheinlicher ist, daß in den Bezirken unter diesen Leitungen eher ärmere Leute wohnen und arbeiten.

Medizinische Studien sind wahre Minenfelder von mehr oder weniger sinnvollen Korrelationen. Mark Lipsey von der Vanderbilt University hat die Beziehung zwischen Alkoholkonsum und Gewaltbereitschaft untersucht. »Die Leute glauben, daß Alkohol hier eine Ursache ist«, meint er. »Aber die Untersuchungsergebnisse reichen für diese Schlußfolgerung nicht aus. Es könnte einfach nur sein, daß die gleichen Leute, die zur Gewalttätigkeit neigen, auch eine Tendenz zum Alkoholmißbrauch haben.«

Ursache und Wirkung können sogar vertauscht sein. Nehmen Sie zum Beispiel die Korrelation zwischen Fitneß und körperlicher Betätigung. Manche Untersuchungen zeigen, daß körperliche Betätigung fit macht; sie wurden später durch andere in Frage gestellt, die vermuten, daß fitte Leute sich einfach lieber körperlich betätigen, weil sie sich besser fühlen – und nicht umgekehrt.

Oft wird eine Reihe von Untersuchungen an Zwillingen als die ultimative Studie in der Debatte »Umwelt oder Genetik« (Natur versus Erziehung) angeführt. Hierbei behaupteten einige Forscher, festgestellt zu haben, daß eineiige Zwillinge, die bei verschiedenen Elternteilen aufwuchsen, erstaunliche Ähnlichkeiten aufwiesen: Sie rauchten die gleichen Zigarettenmarken, hatten die gleichen politischen Ansichten.

Und doch war vielleicht die Genetik gar nicht der Hauptgrund dafür, daß diese getrennt voneinander aufgewachsenen eineiigen Zwillinge so viele gemeinsame Vorlieben und Angewohnheiten hatten, meint Richard Rose, Professor für Medizinische Genetik an der Indiana University. »Man vergleicht ja Menschen, die in der gleichen Epoche aufgewachsen sind, ob sie nun miteinander verwandt sind oder nicht«, meint Rose, der an einer Untersuchung von 16 000 Zwillingspaaren mitgearbeitet hat. »Wenn man Fremde, die zufällig am gleichen Tag geboren sind, nach ihren politischen Ansichten, ihrem Lieblingsessen, ihren Sporthelden, ihrer Lieblingskleidung fragte, dann fände man sicher einen Haufen Übereinstimmungen. Das hat überhaupt nichts mit Genetik zu tun.«

Wenn man mehr als einen Faktor vergleicht, wird die Sache noch komplizierter. Wenn man zum Beispiel mit Einkommen, Alter, Rasse, IQ und Geschlecht jongliert, sind die Auswirkungen dieser Kovarianten, wie sie die Statistiker nennen, beinahe unergründlich. Eindrucksvoll klingende statistische Methoden wie zum Beispiel die multiple Regressionsanalyse sollen angeblich diese Verwirrung dadurch ausschalten, daß sie bestimmte Variablen festhalten und so deren Wirkung »ausschalten«. Um zum Beispiel herauszufinden, welche Wirkung die Schuhgröße auf Mathematiknoten hat, könnte man die Klassenstufe festhalten. Nur ein Vergleich zwischen Kindern der gleichen Klassenstufe wäre wirklich sinnvoll. Aber natürlich ist es wesentlich schwieriger, die Auswirkungen von Einflüssen, die unser Leben so nachhaltig bestimmen – zum Beispiel Rasse, Einkommen, Geschlecht –, mathematisch auszuschalten, da sind sich die Forscher einig. »Es gibt viele Methoden, wie man diese Variablen loswerden kann«, meint Wilcox. »Aber es gibt auch Millionen Wege, wie man dabei in die Irre gehen kann.«

Wenn man Gruppen miteinander vergleicht – Schwarze und Weiße, Jungen und Mädchen –, dann wird die Sache noch verworrener. Die Unterschiede innerhalb der Gruppen sind oft wesentlich größer als die Unterschiede zwischen den Gruppen. Das heißt zum Beispiel: Wenn gesagt wird, bestimmte Jobs sollten Männern vorbehalten bleiben, weil diese im Mittel stärker als Frauen seien, dann ignoriert man Millionen von starken Frauen, die sehr viel stärker sind als Millionen von schwächlichen Männern. Man stelle sich nur vor, daß man Roseanne Barr als Bewerberin für den Job einer Gabelstaplerfahrerin ablehnt, weil Frauen einfach nicht so stark sind wie … der schmächtige Pee-wee Hermann zum Beispiel?

Das gleiche gilt für IQ-Ergebnisse von schwarzen und weißen Kandidaten. Die Unterschiede innerhalb der schwarzen Bevölkerung sind wesentlich größer als der Unterschied zwischen den Schwarzen und den Weißen. Tatsächlich überschneiden sich die Kurven, in denen der IQ nach Rasse getrennt aufgezeichnet wird, zum größten Teil. Das bedeutet, daß ein wesentlicher Prozentsatz von Schwarzen die Weißen im IQ übertrifft.*

Der Vergleich zwischen Gruppen ist auch deswegen eine knifflige Sache, weil man nicht jedes Mitglied der einen Gruppe mit jedem Mitglied der anderen Gruppe vergleichen kann. Deswegen stellen die meisten Studien Durchschnittswerte gegenüber. Und »Durchschnitt« ist wohl eines der aalglattesten mathematischen Konzepte, das je ins öffentliche Bewußtsein geschlittert ist.

Angenommen, ein Büro hat 15 Angestellte und zahlt jährlich 1 977 500 Dollar an Gehältern aus. Die Chefin brüstet sich, daß das durchschnittliche Jahresgehalt etwa 131 833 Dollar ist (siehe Tabelle). Das geht von der Annahme aus, daß alle den gleichen Anteil bekommen. Aber was ist, wenn die Chefin eine Million mitnimmt, ihrem Mann als Vizepräsident auch noch einmal 500 000 Dollar auszahlt und den beiden anderen Vizepräsidenten jeweils 200 000 Dollar? Dann ist das durchschnittliche Gehalt der anderen Mitarbeiter wesentlich

---

* Siehe Kapitel 4 »Das Maß des Menschen und aller Dinge«

geringer – nämlich um die 7045 Dollar. Und doch ist technisch an dieser mathematischen Berechnung nichts auszusetzen. Woran etwas auszusetzen ist, das ist die Auswahl des »Durchschnitts«.

In diesem Fall verdeckt die Verwendung des arithmetischen Mittels (Gesamtsumme geteilt durch die Zahl der Beschäftigten) große Ungleichheiten. Der »Zentralwert« (das Gehalt der Person in der Mitte der Hierarchie) würde einen weitaus realistischeren Durchschnittswert liefern – nämlich 10000 Dollar. Man könnte auch den häufigsten Beobachtungswert, das am häufigsten auftretende Gehalt auf der Liste – nämlich 5000 Dollar – nehmen.

Gesamtsumme für Gehälter	1 977 500 Dollar
»Mittleres« Gehalt	131 833 Dollar
Geschäftsführer	1 000 000 Dollar
Stellvertreter	500 000 Dollar
Manager	200 000 Dollar
	200 000 Dollar
Leitende Angestellte	10 000 Dollar
	10 000 Dollar
	10 000 Dollar
	10 000 Dollar
Andere Mitarbeiter	7 500 Dollar
	5 000 Dollar
	5 000 Dollar
	5 000 Dollar
	5 000 Dollar
	5 000 Dollar
	5 000 Dollar
Zentralwert	10 000 Dollar
Häufigster Beobachtungswert	5 000 Dollar

Sehen wir uns einmal eine Statistik an, von der jeder schon einmal gehört hat: daß die durchschnittliche Dauer einer Ehe sieben Jahre ist. Aber was ist, wenn der Durchschnitt, der hier verwendet wird, ein »Zentralwert« ist? Der Zentralwert ist einfach die Zahl, die in der Mitte liegt. In einer Gruppe von 1 000 000 Ehen könnten 499 999 bereits nach einem Jahr enden, weitere 499 999 nach fünfzehn Jahren. Wenn nur zwei Ehen nach sieben Jahren endeten, wäre sieben immer noch der »Durchschnitt«, wenn wir den Zentralwert herannehmen.

Eine ganz besondere Eigenschaft des Zahlenwesens namens Gaußsche Normalverteilung oder Glockenkurve ist, daß hier alles zusammenfällt: arithmetisches Mittel, Zentralwert und häufigster Beobachtungswert. Es ist also völlig egal, welchen dieser Werte man nimmt, wenn man zwei Gruppen vergleicht. Diese Kurve wurde vor einigen Jahrhunderten entdeckt und ist die graphische Darstellung einer Reihe von Zahlen, die erstaunlich gut zu jeder Normalverteilung passen: IQ-Ergebnisse, Körpergröße, die Häufigkeit von Kopf und Zahl beim Münzenwerfen, das Sterbealter von Menschen und so weiter. So wie die meisten Menschen um das siebzigste Lebensjahr herum sterben und sehr wenige mit 40 oder 100 Jahren, häuft sich auch die Zahl der Geburtstagstorten bei etwa 26 cm Durchmesser, während winzige Törtchen und riesige Hochzeitstorten die Extreme bilden.

Die extremen Ergebnisse liegen an den Ausläufern der Glockenkurve, die häufigsten oben in der Glocke. Das gleich gilt für Testergebnisse: die meisten Leute haben Ergebnisse irgendwo in der Mitte, und ein paar (Forrest Gump und Albert Einstein) hängen an den Enden rum. Aber auch Glockenkurven sind kaum je vollkommen. Eine einzige wirklich ungewöhnliche Person kann auch einen ungewöhnlich starken Effekt haben. Selbst einige wenige IQ-Zahlen, die weit unten – oder weit oben – auf der Skala liegen, können das gesamte Bild verrücken.

Eine weitere böse Falle beim Vergleich zwischen Gruppen ist die Entscheidung darüber, wer zu dieser Gruppe gehört. Wer ist zum Beispiel »schwarz« und wer »weiß«? Die meisten Leute sind, wie wir heute wissen, Mischungen aus Schwarz und Weiß. Eine amüsante Folge des verschwommenen Denkens zu dieser Frage tauchte in dem Buch *The Bell Curve* auf. Hier wird behauptet, daß Hispano-Amerikaner im Durchschnitt einen niedrigeren IQ haben als Europäer, die wiederum einen niedrigeren IQ als die Asiaten. Aber der Wirtschaftswissenschaftler Thomas W. Hazlett von der University of California, Davis, weist darauf hin, daß »Hispano-Amerikaner« aus der Verschmelzung zweier Gruppen entstanden sind, der Europäer und der Indianer. Und die wiederum wanderten irgendwann laut Hazlett »aus ... Asien« ein. Peinlich, peinlich!

Hazlett vermutet, daß es wesentlich aufschlußreicher sein dürfte, den IQ von »Leuten, die sich über den Rassen-IQ sorgen, und den IQ von Leuten zu vergleichen, denen dieses Thema schnurzegal ist«.

Kürzlich haben Statistiker wieder einmal einen Grund dafür entdeckt, warum man solche Untersuchungen wirklich mit mehr Vorsicht genießen sollte. Eine unter dem Namen »Meta-Analyse« bekannte Technik – eine Analyse von Analysen, die alle Daten aus vielen Untersuchungen zusammenfaßt, die über das gleiche Thema gemacht wurden – kann Ergebnisse liefern, die anscheinend die Resultate vieler dazu herangezogener Einzeluntersuchungen widerlegen.

So sind zum Beispiel Hunderte von Studien zu dem Schluß gekommen, daß die Programme zur Prävention von Straftaten nur wenig positive Ergebnisse gezeigt haben. Aber Mark Lipsey zeigte in einer Meta-Analyse, daß es einen kleinen, aber wirklich vorhandenen positiven Effekt gibt: eine Reduzierung der Jugendkriminalität um 10 %. Gleichzeitig fand er auch heraus, daß Programme vom Stil »lieber gleich ordentlich Angst einjagen« im Vergleich mit Kontrollgruppen höhere Kriminalitätsraten bewirkten.

Meta-Analyse funktioniert so gut, erklärt Lipsey, weil sie das »Hintergrundrauschen« herausfiltert*, das daraus entsteht, daß man diese Forschungen in der wirklichen Welt und nicht im Labor macht. Angenommen, Forscher sammeln zum Beispiel Daten über die Einstellung von Teenagern zur Kriminalität. Ein befragter Teenager könnte ein miserables Gedächtnis haben oder dem Interviewer nicht trauen, oder der Interviewer könnte einen schlechten Tag haben. Sogar objek-

---

* Siehe Kapitel 8 »Das Signal im Heuhaufen«

tive Daten wie die Anzahl der Verhaftungen haben ihr statistisches Rauschen, meint Lipsey. »Das kann von Polizist zu Polizist variieren. Es hängt nicht nur davon ab, wie der Jugendliche sich verhält.« Einige Polizisten in bestimmten Gegenden verhaften eben einfach öfter einmal jemanden.

Fehler bei der Auswahl der Stichproben sind auch sehr beliebt. »Wie es das Glück so will, kriegt man eine Gruppe von Jugendlichen, die besonders gut reagiert oder sich besonders störrisch anstellt. Und all diese Schrullen gehen in die Untersuchung ein.« Einzelne Untersuchungen können dann manchmal mit all diesen Störungen kaum einen statistisch signifikanten Effekt feststellen. Wenn man aber viele Daten in der Meta-Analyse zusammenfaßt, »kann man das Rauschen herausfiltern«, meint Lipsey. »Plötzlich tauchen Dinge auf, die in den anderen Untersuchungen auch latent schon immer vorhanden, aber einfach verschüttet waren.«

Eine dramatische Kehrtwendung in der Geschichte, die uns Zahlen zu erzählen haben, passierte in einer Meta-Analyse im April 1994, in der es darum ging, wie sich die Finanzierung von Schulen auf die Leistung der Schüler auswirkte. Vorher hatte man in einigen Studien herausgefunden, daß es kaum einen Unterschied machte, wie viel Geld man in die Gehälter der Lehrer und in kleinere Klassengrößen investierte. Aber als Larry Hedges von der University of Chicago einige Dutzend Studien zusammenfaßte, stellte er fest, daß sich das hineingepumpte Geld sehr wohl auswirkte. Mit der Meta-Analyse, meint er, war man in der Lage, durch das Rauschen, das alle Auswirkungen verdeckte, hindurchzusehen. »Leute, die nicht mehr Geld in die Schulen stecken wollten, pflegten mit Vorliebe Untersuchungen zu zitieren, die zeigten, daß sich die Finanzierung nicht auf die Ergebnisse auswirkte«, sagt er. »Also hatten diese Untersuchungsergebnisse einen großen Einfluß.«

Schließlich und endlich ist eine Korrelation nichts als ein zarter Hinweis darauf, daß es eine Beziehung geben könnte. Ohne einen plausiblen Mechanismus – das heißt ohne eine Erklärung dafür, wie eine Sache vielleicht eine andere verursacht – ist die Korrelation praktisch nutzlos. Deswegen ist es eher unwahrscheinlich, daß der rasante Anstieg der Verkaufszahlen des Wonderbra im Jahre 1994 den überwältigenden Wahlsieg der Republikaner bei den Kongreßwahlen verursacht hat, selbst wenn die beiden Trends zeitlich stark korreliert waren. Andererseits könnten Untersuchungen, die den Anstieg in der Zahl übergewichtiger Teenager mit der Zunahme der vor dem Fernseher verbrachten Zeit koppeln, zumindest einen ziemlich glaubhaften Hinweis auf einen möglichen Zusammenhang zwischen Ursache und Wirkung liefern.

Studien, die IQ mit Rasse koppeln, müssen letzten Endes immer Schiffbruch erleiden, weil sie keinen realistischen Mechanismus aufweisen können, der diese beiden Eigenschaften koppelt. Die Evolution ist zu langsam, die Unterschiede zwischen den Rassen sind zu verwischt und zu klein, als daß man die offensichtlichen statistischen Abweichungen damit erklären könnte. Die Experimente, die man durchführen müßte, um diese Verbindung beim Menschen zu beweisen, sind undenkbar, meint der Mathematiker William Fleishman von der Villanova University. Solche Forschungen würden nämlich unter anderem »Zufallspaarungen« und ein völlig kontrolliertes Umfeld erfordern.

Beschäftigen wir uns einmal mit einem Gedankenexperiment, das zum Beweis dieses ganzen Arguments oft bemüht wird. Angenommen, Sie finden eine Tüte mit Samenkörnern im Keller und beschließen, sie auszusäen. In der Tüte war eine bunte Mischung, einige waren gut, andere schlecht, einige frisch, andere verschimmelt. Sie beschließen, die Hälfte der Samenkörner im Vorgarten, die andere Hälfte im Garten hinter dem Haus auszusäen.

Es stellt sich nun aber heraus, daß Ihre Nachbarn auf der andren Straßenseite einen besonders bösartigen Pitbull Terrier besitzen. Sie setzen also kaum je einen Fuß in den Vorgarten. Der Garten hinter dem Haus ist dagegen ein herrlicher ruhiger Hort der Stille, also verbringen sie dort viel Zeit, gießen Ihre Saat, düngen, zupfen Unkraut, achten darauf, daß die Pflänzchen genug Sonne bekommen, und schneiden sie zurück, wenn sie zu hoch aufschießen und umzufallen drohen.

Es überrascht sicher niemanden, daß die Pflanzen hinter dem Haus blühen und gedeihen, während die im Vorgarten, nun ja, ziemlich vor sich hin mickern. Einige einzelne Pflanzen im Vorgarten (die aus besonders widerstandsfähigen Samenkörnern hervorgegangen sind) hätten es ohnehin geschafft, weil sie Durchhaltevermögen und großes Glück hatten, und einzelne Pflänzchen hinter dem Haus verwelken und gehen trotz liebevoller Pflege ein, weil die Samenkörner alt und schimmlig waren.

Aber woher wollen Sie wissen, welche Pflanzen im Vorgarten mickrig sind, weil Sie sie vernachlässigt haben oder weil das Erbgut mies war? Woher wollen Sie wissen, welche Pflanzen hinter dem Haus blühen und gedeihen, weil sie gehätschelt wurden oder weil sie cleverer waren?

Das gleiche Argument gilt auch für Kinder – außer daß sich natürlich die Leute immer noch nicht darüber einig sind, welche Art von Nahrung für Körper, Geist und Seele Kinder wirklich brauchen. »Einerseits haben wir es mit hochgradig erblichen Eigenschaften zu tun«, sagt Lipsey. »Aber was wissen wir denn eigentlich darüber, was wirklich wichtig ist für die erfolgreiche Erziehung und Ausbildung eines Kindes?« Jede Korrelation, meint er, sollte automatisch gleich ein Dementi mitveröffentlichen. »Wir haben es hier mit einem großen logischen Irrtum zu tun. Was wir brauchen, ist ein Erklärungsmechanismus. Aber Zahlen können ja sooo verführerisch sein.«

Seltsamerweise liegt der Grund dafür, daß wir Menschen nur zu gern bereit sind, auf der Basis von wackeligen Korrelationen zu den wildesten Schlußfolgerungen zu gelangen, vielleicht an unserer genetischen Grundausstattung, meint Paul Smith, der seit den frühen 70er Jahren soziale Untersuchungen analysiert. »Sie und ich, wir haben in unseren Hirnen nicht das Talent zur Statistik«, erklärt Smith, der im Augenblick beim Children's Defense Fund arbeitet.

Wir sind Primaten, die so entwickelt sind, daß sie nach den Früchten des Waldes suchen und sich wo immer möglich fortpflanzen, und ich finde es wunderbar, daß wir all das können, was wir tun.

Aber wir müssen uns eine beinahe unerträgliche Disziplin auferlegen, um keine voreiligen Schlüsse zu ziehen. Vielleicht hängt ja hinter diesem Blatt am Baum eine Banane, vielleicht ist es aber auch der Schwanz eines Tigers. Wer den Unterschied am schnellsten bemerkt und am schnellsten darauf reagiert, bekommt entweder die Banane oder entkommt dem Tiger. Also sind diese voreiligen Schlüsse eine gute Strategie, wenn die Alternativen einfach sind und keine komplizierten Abläufe zu verarbeiten sind.

Aber auf der Ebene wichtiger Entscheidungen in der Sozialpolitik sind voreilige Schlüsse ein Grund zur Besorgnis.

Tatsächlich sind wir Menschen als Art bekanntermaßen schlecht beim Nachvollziehen von allen möglichen mathematischen Gedankengängen. Es ist nicht ungewöhnlich, daß Leute meinen, sie müßten irgendwelche übersinnlichen Kräfte bemühen, wenn eigentlich nur die Wahrscheinlichkeit ihre Arbeit tut. Wie viele Menschen muß man in einem Zimmer versammeln, damit es mehr als wahrscheinlich wird, daß zwei am gleichen Tag Geburtstag haben? Antwort: zwei Dutzend würden schon reichen. (Das scheint jeglicher Intuition zu widersprechen, weil wir automatisch immer darüber nachdenken, wie viele Menschen es sein müßten, damit jemand am gleichen Tag wie wir selbst geboren ist. Wenn jede Kombination von gleichen Geburtstagen erlaubt ist, dann schießt die Wahrscheinlichkeit rapide in die Höhe.)

Die Größe der Stichprobe kann auch starke Täuschungen hervorrufen. So wären Sie zum Beispiel wahrscheinlich zutiefst beeindruckt, wenn ich Ihnen erzählte, daß die Hälfte der Autos in meiner Straße BMWs sind – bis ich Ihnen beichte, daß in meiner Straße nur zwei Autos parken.

In *Strength in Numbers* zitiert Sherman Stein eine Männergruppe, die beweisen wollte, wie sehr die Frauen das männliche Geschlecht malträtieren. Zur Untermauerung ihrer These führte die Gruppe an, daß über die Hälfte aller in der Todeszelle sitzenden Frauen ihre Männer ermordet hatte, wogegen nur ein Drittel der Männer in der Todeszelle ihre Frauen umgebracht hatte. Was die Gruppe laut Stein zu erwähnen vergaß: damals saßen sieben Frauen in der Todeszelle. Und 2 400 Männer.

Kapitel 13

Die Beweislast

Wahrscheinlich wahr:
Eins zu einer Million

Strenggenommen könnte man sogar sagen, daß all unser Wissen problematisch ist; und bei den wenigen Dingen, die wir mit Sicherheit wissen können, basieren sogar in der Mathematik selbst die wichtigsten Mittel zur Wahrheitsfindung – Induktion und Analogie – auf Wahrscheinlichkeiten. Also ist das gesamte System des menschlichen Wissens mit der Theorie verknüpft, die im vorliegenden Aufsatz erläutert wird.

Marquis de Laplace, Philosophischer Versuch über die Wahrscheinlichkeit, *1814*

Insoweit die Gesetze der Mathematik sich auf die Wirklichkeit beziehen, sind sie nicht gewiß, und insofern sie gewiß sind, beziehen sie sich nicht auf die Wirklichkeit.

Albert Einstein

Irgendwie haftet wahrscheinlichen Wahrheiten etwas an, das nicht ganz wissenschaftlich erscheint. »Wahrscheinlich«, das schmeckt zu sehr nach »vielleicht« und kann nur zu leicht in ein »wer weiß?« abgleiten.

Und doch sind wahrscheinliche Wahrheiten durchaus in Zahlen auszudrücken. Sie lassen sich sehr präzise berechnen. Tatsächlich sind in den meisten sogenannten »harten« Wissenschaften die wahrscheinlichen Wahrheiten die einzig möglichen.

Physiker müssen sich heutzutage häufig mit diesem Problem herumschlagen, wenn sie zu erklären versuchen, daß man etwas durchaus gleichzeitig als »wahr« und als bloß »wahrscheinlich« bezeichnen kann. »In unserer Gesellschaft sind sich die Leute nicht darüber im klaren, daß viele wissenschaftliche Verlautbarungen nur Interpretationen von Daten auf der Basis von Wahrscheinlichkeiten sind«, meinte der Nobelpreisträger Burton Richter, Leiter des Linearbeschleuniger-zentrums in Stanford. »Es besteht durchaus immer die Möglichkeit, daß diese Aussagen falsch sind.«

Der Gedanke, daß das Beste, das man von der Wissenschaft erwarten kann, eine Art Wett-Tip auf die Wahrheit ist, geht zumindest bis in die Zeiten Galileos zurück, meint der Historiker Gerald Holton aus Harvard. »Aus der Sicht der Historiker ist das die Zeit, in der die Vorstellung einer absoluten Wahrheit verlorenging.«

Galileo hat die eher geistigen, nur auf Theorien basierenden Wahrheiten hinter sich gelassen und beschlossen, daß der letzte Richter über die Wahrheit immer das Experiment sein müsse. Experimente testen, ob Theorien wahr sind oder nicht. Jedesmal, wenn ein Experiment so verläuft, wie es die Theorie vorausgesagt hat, gewinnt die Theorie ein Stück mehr Gültigkeit. Sie gewinnt immer mehr an Wahrheit. Aber sie kann niemals völlig »wahr« sein, wenn die Wissenschaftler nicht eine unendliche Zahl von Experimenten durchführen. Damit sind natürlich jederzeit Revisionen der Theorie möglich, die auf neuen Entdeckungen aufbauen. Wissenschaftliche Wahrheiten sind immer vorläufiger Natur.

»Ein Experiment macht eine Hypothese immer wahrscheinlicher«, sagt Holton. »Aber es kann sie nicht verifizieren. Damit lockerte man die Anforderungen, die man in der Wissenschaft an brauchbare Wahrheiten stellte, ganz wesentlich ... Von diesem Zeitpunkt an waren Wahrheiten nur noch statistischer Natur.«

Einer der ersten, der sich auf diese Beweismethode stützte, war Ludwig Boltzmann, der sie auf die Beziehung zwischen Unordnung und Irreversibilität anwandte: je verworrener die Dinge werden, desto unwahrscheinlicher ist es, daß sie je wieder zu entwirren sind. Oder: je unordentlicher die Dinge werden, desto mehr Energie benötigt man, um sie wieder in Ordnung zu bringen.*

Boltzmann begriff, daß er seine Hypothese nicht im üblichen Sinn als wahr »beweisen« konnte. Aber er argumentierte

---

* Siehe Kapitel 6 »Sichtbar werdende Eigenschaften«

im Jahre 1877, daß sie in der überwältigenden Mehrheit der Fälle stimmte, daher eine sehr hohe Wahrscheinlichkeit hatte. »Diese bemerkenswerte Aussage«, schreiben die Autoren von *The Empire of Chance*, »deutete zum ersten Mal an, daß ein Naturgesetz nicht zwingend, sondern eben nur wahrscheinlich zutrifft, daß es also auch Ausnahmen zuläßt.«

Tatsächlich durchdringt das Konzept der Wahrscheinlichkeit so ungefähr alle Versuche, irgendein wissenschaftliches »Faktum« festzunageln. Die Tatsache selbst könnte sich prinzipiell jedem Versuch eine präzisen Messung entziehen, oder die Messung (oder der/die Messende) könnte auf wackeligen Beinen stehen oder von Hintergrundrauschen und Störungen zugeschüttet sein.

Nehmen wir einmal eine einfache Meßgröße wie meine Körpergröße. Kürzlich wurde ich beim Arzt gefragt, wie groß ich sei, und antwortete: 1,64 m. Dann fügte ich hinzu: »Jedenfalls morgens.«

Die traurige Wahrheit ist, daß ich bis zum Abend um mindestens 2,5 cm geschrumpft bin. Und Sie, liebe Leser, auch. Es gibt keinen Zweifel daran, daß uns die Schwerkraft alle herunterzieht – alle in gleichem Maße. Wenn wir einen ganzen Tag lang zum Mittelpunkt der Erde hingezogen werden, dann sacken wir eben zusammen wie eine Ziehharmonika. (Wenn Sie mir nicht glauben, messen Sie doch einmal Ihre Körpergröße beim Aufwachen und dann kurz vor dem Schlafengehen!)

Diese natürliche Bandbreite bedeutet, daß es wenig sinnvoll ist, Körpergröße auf den Millimeter genau zu messen. Einmal ganz von der Schwerkraft abgesehen, ändert sich unsere Körpergröße auch jedesmal, wenn wir einatmen, unser Gewicht von einem Bein aufs andere verlagern oder hehre Gedanken hegen. In diesem Zusammenhang wäre ein Millimeter bedeutungslos.*

»Jede Messung ist in gewisser Weise eine Näherung«, sagt der Physiker Haim Harari, der Präsident des Weizmann-Instituts für Wissenschaften in Israel. »Es hat gar keinen Sinn, die

---

* Siehe Kapitel 4 »Das Maß des Menschen und aller Dinge«

Entfernung von New York nach Los Angeles auf den letzten Zentimeter genau zu messen, weil sie davon abhängt, ob Sie dabei bis in Ihre Küche oder nur bis ins Schlafzimmer messen.«

Was sich sonst noch bei Messungen verändert, sind die Geräte, mit denen man die Messungen vornimmt, und das schließt das Verhalten des Messenden mit ein (wenn wir die beiden einmal als Einheit betrachten wollen). Wenn ich die Körpergröße meiner Tochter messe, dann drücke ich ihr ein Buch fest auf den Kopf, zeichne mit einem dicken Bleistift darunter eine Linie und messe den Abstand zwischen der Unterkante der Linie und dem Fußboden mit einem Maßband. (Bei uns zu Hause ist Körpergröße ein außerordentlich wichtiges Thema: Nur die Katze ist noch kleiner als ich, so daß ich also alle Vorteile, die ich nur bekommen kann, schamlos ausnutze. In gewisser Weise ist hier der Wunsch der Vater des Gedankens, eine Einstellung, die sich auf die eine oder andere Weise in alle Messungen einschleicht.)

Selbst wenn ich jedoch völlig objektiv wäre, selbst wenn die Größe meiner Tochter bis auf den letzten Millimeter immer gleich bliebe, gäbe es bei dieser Messung noch immer viel Spielraum. Ein kleiner Winkel beim Auflegen des Buchs könnte einen merklichen Unterschied hervorbringen. Keine Hand zieht je einen Strich vollständig ruhig. Sie wackelt, weil sie lebendig ist – schon allein durch den Pulsschlag.

Was könnte ich also ehrlich auf die angeblich so »faktenbezogene« Frage antworten: »Wieviel ist Ihre Tochter im letzten Jahr gewachsen?«

Wenn ich 2,5 cm gemessen habe, heißt das dann, daß sie 2,5 cm gewachsen ist? Ist das eine Tatsache?

Oder habe ich nur die Auswirkungen der Schwerkraft, der Zimmertemperatur, ihrer Körperhaltung oder gar Stimmung (fühlt sie sich heute niedergeschlagen?) oder eine besondere Neigung ihres Kopfes gemessen? Oder vielleicht habe ich das Maßband gedehnt oder an einer anderen Stelle angelegt oder unbewußt ein bißchen nach oben verschoben.

Wie kann ich das wissen?

Die Wahrscheinlichkeit ist maßgeschneidert dafür, in solchen Situationen Klarheit zu schaffen. Zunächst einmal berechnet man die Wahrscheinlichkeit, daß die gemessenen 2,5 cm auf einen Meßfehler zurückgehen. Dann berechnet man die Wahrscheinlichkeit, daß der gemessene Effekt sich auf natürliche Schwankungen zurückführen läßt (wie etwa die Schwerkraft oder die Körperhaltung). Wenn man diese beiden abzieht und immer noch einen meßbaren Effekt hat (zum Beispiel 2,5 cm), dann weiß man, daß das Ergebnis echt ist. (Sie ist schon wieder gewachsen!)

In die meisten Messungen in der Physik muß man die Wahrscheinlichkeit von Fehlern irgendwie einbeziehen. Der Wissenschaftshistoriker Ted Porter von der UCLA formuliert das so: »Ein Myon [subatomares Teilchen] springt einen nicht einfach so an. Man sieht eine Spur, und man versucht daraus zu interpretieren, wie wahrscheinlich es ist, daß sie von einem Myon verursacht wurde. Aber man muß auch folgende Faktoren bedenken: Was für Meßgeräte benutzt man? Welche Leute führen die Messung durch? Sind sie zuverlässig? Wie hat der Detektor den ganzen Tag über funktioniert?« (So läßt sich verstehen, warum O. J. Simpsons Verteidiger immer wieder auf der Verläßlichkeit der Techniker herumritten, die die DNS-Proben vorbereitet und den DNS-Vergleich durchgeführt haben.)

Aber damit ist die weitreichende Rolle der Wahrscheinlichkeit bei der Suche nach der »Wahrheit« noch lange nicht zu Ende. Nachdem man jede nur irgend mögliche natürliche Schwankung und jeden nur vorstellbaren Meßfehler sowie alle Vorurteile der Messenden in die Überlegungen einbezogen und jede Laune aller beteiligten Maschinen oder Gerätschaften berücksichtigt hat, dann muß man immer noch das Schicksal mit einrechnen.

Wie stehen die Chancen, daß das »Faktum«, das Sie gefunden haben, einfach ein Irrläufer ist? Eine bloß zufällige Übereinstimmung? Ein wahrhaft zufälliges Ereignis?

Der Teilchenphysiker Leon Lederman war genau einem solchen Irrläufer des Schicksals aufgesessen, als er das »Ypsilon«-Teilchen »entdeckte« – das später als »Oops-Leon« bekannt wurde.* »Man versucht sich so nah wie irgend möglich

---

* Siehe Kapitel 8: »Das Signal im Heuhaufen«

an die Zahlen zu halten«, sagt Lederman. »Denken Sie nur an eine von meinen eigenen Katastrophen.« Lederman erzählt, wie er einmal bei seinem Experiment einen verräterischen »Hubbel« in einer Kurve fand, der auf die Anwesenheit des Ypsilon-Teilchens hinzudeuten schien. Teilchenphysiker sind als »Hubbeljäger« bekannt, weil sie Daten graphisch darstellen und nach scharfen Peaks, also Erhebungen in der Kurve, suchen, die anzeigen könnten, daß irgend etwas Ungewöhnliches vorzugehen scheint. Wenn man eine Kurve mit den Ergebnissen des Münzenwerfens aufzeichnet, die Anzahl der Kopf- und Zahlergebnisse graphisch darstellt, dann würde man so einen »Hubbel« bekommen, wenn, sagen wir mal, zehnmal hintereinander Kopf gekommen ist.

»Zunächst fragt man sich dann, wie groß die Wahrscheinlichkeit ist, daß die Ereignisse sich hier nur durch zufällige Häufung so zusammengruppieren«, fährt Lederman fort. »Das ist eine ziemlich simple mathematische Rechnung. Das Ergebnis war eins zu fünfzig.« Im Falle des Ypsilons »fanden wir eben diesen Hubbel, und die Wahrscheinlichkeit, daß es purer Zufall war, war eins zu fünfzig. Es stellte sich trotzdem als Zufall heraus. Oops!«

Die Verwirrung um Ursachen und Zufälle ist einer der Gründe, warum das Wort Wahrscheinlichkeit während des Prozesses gegen O. J. Simpson so oft auftauchte. Wenn die DNS-Tests zeigten, daß das Blut an O. J.s Bronco mit Nicole Simpsons Blut übereinstimmte, wie hoch war die Wahrscheinlichkeit, daß diese Übereinstimmung purer Zufall sein könnte?

Individuelle DNS-»Signaturen« sind Reihen von dunklen Linien, die in einem Muster angelegt sind, das ein wenig aussieht wie die Strichcodes im Supermarkt. Die dunklen Linien erscheinen, wo ähnliche DNS-Bruchstücke sich zusammenfinden. (Der Vorgang ist so ähnlich, als würde man eine Mischung aus Sand, Öl und Wasser in ein Marmeladenglas kippen und ordentlich umrühren; wenn dann die Schwerkraft auf die einzelnen Bestandteile wirkt, ordnen sie sich in Schichten, wobei die schwersten Teilchen nach unten sinken.) Da jeder Mensch eine ganz charakteristische DNS hat, entspricht jedes

Linienmuster einer einzigen individuellen »Signatur«. Wenn also zwei Muster übereinstimmen, dann kann man darauf wetten, daß die DNS von der gleichen Person stammt. Meistens jedenfalls. Es gibt immer noch die durchaus realistische Möglichkeit, daß diese Übereinstimmung nur Zufall ist. Wie hoch die Wahrscheinlichkeit hierfür ist, darüber streiten sich die Gelehrten im Augenblick noch. (Ganz klar, wenn Menschen mit der gleichen Häufigkeit gleiche DNS-Profile hätten wie gleiche Geburtstage, dann wäre das DNS-Profil vor Gericht nicht viel wert – aus dem einfachen Grund, daß der Zufall dann eine zu große Rolle bei der Feststellung eines »positiven« Ergebnisses spielen könnte.)

Die Frage nach dem Zufall tauchte auch auf, als Joseph Fraunhofer feststellte, daß das Sternenlicht eine Art Barcode enthält, der als »Signatur« der verschiedenen in diesem Stern enthaltenen Elemente interpretiert werden kann – so wie man das DNS-Profil als eine Art genetische »Signatur« der Menschen verstehen kann.* Aber ehe die Astronomen akzeptieren konnten, daß diese dunklen Linien harte Fakten und keine Laune der Natur waren, mußten sie zunächst die Wahrscheinlichkeit berechnen, daß die dunklen Linien im Sternenlicht einfach zufällige Streifen waren.

Fraunhofer bemerkte diese Linien zunächst im Spektrum unseres eigenen Nachbarsterns, der Sonne. Das Sonnenspektrum, das sich wie ein langes kontinuierliches Band von Regenbogenfarben erstreckt, ist von schwarzen Linien unterbrochen, die aussehen wie die schwarzen Tasten auf dem Klavier. Ähnliche Muster aus hell leuchtenden Linien kann man in den Spektren sehen, die von allen chemischen Elementen ausgestrahlt werden. Wenn man Natrium oder Neon, Eisen oder Helium erhitzt, dann erscheinen helle farbige Linien, weil die Atome präzise abgemessene Lichtbrocken ausspucken. Diese Spektren sind die Fingerabdrücke der Atome, so einzigartig wie das DNS-Profil eines Menschen.

Also fragte sich Fraunhofer: Die farbigen Linien, die von den Elementen ausgesandt werden, scheinen genau mit den

* Siehe Kapitel 4 »Das Maß des Menschen und aller Dinge«

dunklen Linien im Spektrum der Sonne übereinzustimmen. Bedeutete das, daß die Sonne irgendwie Lichtbrocken absorbierte, die zu spezifischen Elementen gehörten? Wenn ja, dann hieß das, daß man die Bestandteile eines Sternes einfach daraus ablesen konnte, daß man das Spektrum der dunklen Linien betrachtete – eine Art Sternen-DNS.

Aber zunächst einmal mußte Fraunhofer den Zufall ausschließen. Er berechnete, daß die Wahrscheinlichkeit dafür, daß eine Linie im Spektrum von, sagen wir mal, Eisen aus purem Zufall genau an die gleiche Stelle fällt, wo im Sonnenspektrum eine dunkle Linie ist, bei 0,5 liegt. Aber die Chance, daß alle sechzig von glühend heißem Eisen ausgestrahlten Linien mit den Schatten im Sonnenlicht übereinstimmen würden, wäre 0,5 mit sich selbst 60mal multipliziert (das heißt in die 60. Potenz erhoben). Diese Zahl war unglaublich klein – klein genug, um einen wesentlichen Beitrag des Zufalls zu diesem Ergebnis auszuschließen.

Heute ist es für Astronomen Routine, Fraunhoferlinien zu benutzen, um sich die chemische Zusammensetzung ferner Sterne »anzusehen«.

Ein weiteres Beispiel für die Suche nach der Wahrheit mit Hilfe der Statistik war unlängst die »Entdeckung« eines subatomaren Teilchens namens »Top-Quark« im Fermi National Accelerator Laboratory. Quarks entstehen beim Zusammenprall von subatomaren Teilchen bei ungeheuer hohen Energien. Sie sind selbst unsichtbar, verraten aber letztlich ihre Identität durch die Spuren, die sie in Teilchendetektoren hinterlassen.[*]

Die Jagd nach Quarks ist etwa so, als betrachte man Spuren im Schnee, die sich aus unendlich vielen Hufabdrücken zusammensetzen, um daraus die Spur eines ganz besonderen Tieres herauszulesen. Die einzelnen Abdrücke sind nicht be-

---

[*] Eigentlich bleiben Quarks nicht einmal lange genug da, um Spuren zu hinterlassen. Sie verwandeln sich in einem subatomaren Augenzwinkern bereits schon wieder in andere Teilchen. Diese Teilchen hinterlassen dann Spuren, die wiederum Zeugnis von der überaus kurzen Anwesenheit des Quarks ablegen.

sonders gut zu sehen, und viele ähneln einander sehr. Was ganz eindeutig die Handschrift eines Quarks zu sein scheint, könnte eine völlig andere »Tierart« mit ähnlichen Abdrücken sein (eine falsche Fährte, die die Natur gelegt hat, zum Beispiel!).

»Wir können nur die Wahrscheinlichkeit dafür messen, daß bestimmte Erscheinungen von Quarks erzeugt wurden, sowie eine gewisse Wahrscheinlichkeit, daß diese Erscheinungen auf wesentlich prosaischere Vorgänge zurückzuführen sind«, sagt William Carrithers Jr., der Leiter des Teams, das dieses Quark gefunden hat. »Der gesamte Entdeckungsprozeß ist ein zutiefst statistischer Vorgang.«

Der Physiker Nicholas Hadley von der University of Maryland, Mitglied eines anderen Teams von Quark-Jägern, machte diesen Vorgang noch etwas deutlicher, indem er eine Analogie zum Münzenwerfen zog. Angenommen, ein Physiker möchte herausfinden, ob eine Münze zu der normalen Sorte mit Kopf und Zahl gehört oder zu einer ungewöhnlichen Art mit zweimal Kopf. Weiter angenommen, daß dieser Wissenschaftler nicht beide Seiten direkt anschauen, sondern nur die Münze werfen und das Ergebnis betrachten kann. Wie unterscheidet man dann zwischen einer normalen Münze mit Kopf und Zahl und einer Münze mit zweimal Kopf?

Wenn man dreimal hintereinander Kopf bekommt, wäre das noch kein überzeugender Beweis dafür, daß die Münze auf beiden Seiten Kopf aufweist. Das passiert auch bei einer normalen Münze einmal in acht Würfen. »Aber wenn man die Münze eine Million Mal wirft und nur Kopf bekommt, dann weiß man, daß die Münze auf beiden Seiten Kopf hat«, sagt Hadley. »Wenn man sich geschickt anstellt und klug plant, dann kann man es so einrichten, daß man immer weniger und weniger ›Würfe‹ braucht, um sagen zu können, daß es sich um das Top-Quark handeln muß.«

Eine Art, sich »geschickt anzustellen«, ist es, sich klar zu machen, daß vom Standpunkt der Wahrscheinlichkeit aus gesehen kein Unterschied besteht, ob eine Person eine Million Mal eine Münze wirft oder eine Million Personen eine Münze einmal schnippen. Angenommen, die Wahrscheinlichkeit, daß man zehnmal hintereinander Kopf bekommt, ist eins zu tausend. Wenn man dann tausend Leute Münzen werfen läßt, dann wäre es normal, daß eine der Personen zehnmal hintereinander Kopf bekommt. Die Experimentatoren, die auf der Suche nach dem Top-Quark sind, richten es so ein, daß dieses »Schnippen« Milliarden und Abermilliarden von Malen stattfindet, und schaffen so genau die richtigen Bedingungen für das Erscheinen des Top-Quarks.

Die »eingebaute« Ungewißheit, die mit der Wahrscheinlichkeit einhergeht, macht DNS-Profile zu einer kniffligen Methode beim »Beweis« von Schuld – insbesondere wenn die Geschworenen mit den Fallstricken der Statistik nicht vertraut sind. Wenn kurze DNS-Ketten, die aus einem Blut- oder Spermafleck am Tatort stammen, mit ähnlichen Ketten aus dem Blut eines Verdächtigen verglichen werden, dann gibt man die Wahrscheinlichkeit, daß ein anderer Mensch das gleiche DNS-Profil besitzt, normalerweise als eins zu einer Million (oder weniger) an. Aber in einem Land mit 250 Millionen Einwohnern bedeutet das, daß immerhin 250 Leute das gleiche genetische Profil haben könnten.

Wie gut müssen dann die Chancen stehen, damit man eine Aussage als »wahr« bezeichnen kann?

Die Antwort heißt: Es kommt drauf an.

Im Fall des Top-Quarks veröffentlichten die Physiker eine erste Verlautbarung, daß sie »Anzeichen für« dieses Quark entdeckt hätten, als die Wahrscheinlichkeit für einen Irrtum 1 zu 400 war – etwa so groß wie die Chance, zwei Asse hintereinander von einem Stapel Spielkarten abzuheben. Ehe sie jedoch öffentlich verkündeten, daß sie das Top-Quark entdeckt hatten, warteten sie erst noch ab, bis weitere Experimente eine Gewißheit von eher 1 zu 10 000 erbracht hatten – das heißt, eine Wahrscheinlichkeit von 1 zu 10 000, daß die Ergebnisse rein zufällig waren.

Die Toleranz gegenüber Zufallsergebnissen hängt auch davon ab, wie stark man dazu neigt, das Ergebnis für wahr zu halten. Wenn den Physikern aus ihren Atomschleudern das hoppelnde Häschen aus der Energizer-Reklame entgegengesprungen wäre, hätten sie daran sicher weitaus strengere Maß-stäbe angelegt als an das Top-Quark – das sie nicht nur erwar-teten, sondern für die augenblicklich gängige Theorie sogar brauchten. Wenn man das Quark nicht gefunden hätte, wäre damit das im Augenblick allgemein anerkannte Modell, das den Aufbau von Materie erklärt, praktisch in sich zusammen-gefallen.

Die Wahrscheinlichkeit, daß bei einem Vergleich von DNS-Profilen kein Fehler vorliegt, muß sehr viel höher sein, weil es um ein Menschenleben und nicht bloß um eine wissenschaft-liche Entdeckung geht. Die Wissenschaftler haben sich ge-genseitig die Köpfe eingeschlagen über der Frage, wie hoch sie genau sein muß. Teilweise hat die Wahrscheinlichkeit damit zu tun, wie oft die Münze geworfen wird – oder in die-sem Fall, wie viele DNS-Ketten von einem Verdächtigen mit der DNS vom Tatort verglichen werden. Je mehr Ketten über-einstimmen, desto geringer die Wahrscheinlichkeit, daß eine spezielle Übereinstimmung nur zufällig ist.

Wenn die DNS-Proben aber verunreinigt wurden (wie die Verteidiger im Fall Simpson behaupteten), dann sind all diese Ergebnisse völlig wertlos. Aber sogar schlechte DNS-Be-weise, sagen viele Experten aus Biologie und Rechtswesen, sind immer noch zuverlässiger als alle anderen Arten von Be-weisen, die Geschworene sonst vorgesetzt bekommen.

Die Schlacht um die Übereinstimmung der DNS-Muster hat sogar alle anderen Beweise, die bei Prozessen vorgebracht werden, mit auf den Prüfstand gebracht, zumindest in den Augen vieler Wissenschaftler. Steven Austad, ein Biologe an der University of Idaho, brachte in diesem Zusammenhang so zweifelhafte »Beweisstücke« wie Fingerabdrücke, Ballistik und den berühmten bellenden Hund aus dem O.-J.-Simpson-Prozeß vor. Am schlimmsten sind jedoch die Aussagen von Augenzeugen. »Jeder Psychologe kann Ihnen sagen, daß die Identifizierung durch Augenzeugen sehr stark mit Fehlern behaftet ist«, sagte er. »Es gibt Unmengen von falschen Iden-tifizierungen. Zu diesem Thema ist in der Psychologie sehr viel Literatur erschienen.«

An DNS-Beweise legen die Leute sehr viel strengere Maßstäbe an als an jeden anderen Beweistyp. »Die Leute sorgen sich, mein Gott, die Chancen stehen 1 zu 10 000, daß hier ein Fehler vorliegt«, meint Austad. »Und die Sachen, die sie für bombensicher halten, kommen nicht einmal in die Nähe der Chance von 1 zu 10 000!« Beweise, die bei Geschworenen als bombensicher gelten, sind unter anderem die Aussagen von Augenzeugen, oft die am wenigsten verläßlichen Beweismittel. Das menschliche Gedächtnis ist berüchtigt dafür, daß es versagt und sich mit der Zeit stark verändert.

Die relative Zuverlässigkeit der DNS-Beweise hat sich als großartiges Werkzeug beim Freispruch von Angeklagten herausgestellt, die man vorher auf der Grundlage von Fingerabdrücken und Aussagen von Augenzeugen fälschlich verurteilt hatte. Das »Innocence Project« an der Benjamin Cordoza School of Law in New York hat es zum Beispiel geschafft, daß mehrere Dutzend Verurteilungen aufgehoben wurden, nachdem man DNS-Tests durchgeführt hatte. Alle Betroffenen waren auf Grund der Aussagen von Augenzeugen und von Indizienbeweisen verurteilt worden, kamen dann aber dank der DNS-Vergleiche wieder frei.

Eine Übereinstimmung zwischen dem DNS-Profil des Verdächtigen und einem Blutfleck am Tatort könnte auch Zufall sein (wenn die Wahrscheinlichkeit dafür auch klein wäre), aber die mangelnde Übereinstimmung ist dagegen ein positiver Unschuldsbeweis. »Wenn es eine Übereinstimmung gibt, dann hat man es mit Wahrscheinlichkeiten zu tun«, erklärt Jonathan Oberman vom Innocence Project, »aber ein Ausschluß ist ein Ausschluß.«

Die gleiche Gedankenkette gilt auch in der Physik. Man kann mit hundertprozentiger Sicherheit sagen, daß eine bestimmte Teilchenspur nicht die des Top-Quarks sein kann. Aber es ist eben nur sehr, sehr wahrscheinlich, daß eine bestimmte Spur wirklich die des Top-Quarks ist.

Schließlich hängt das Vertrauen, das wir der wahrscheinlichen Wahrheit schenken, auch sehr vom Zusammenhang ab. »Wenn die Konsequenz eines Fehlers ist«, meint Richter, »daß jemand für lange Zeit ins Gefängnis wandert oder gar hingerichtet wird, dann legt die Öffentlichkeit sehr strenge Maßstäbe an die Wahrheit an, und das ist auch richtig so. Wenn dagegen die Leute vom Fermi-Labor sagen, sie hätten das Top-Quark gefunden und seien sich 1 zu 1000 sicher, und wenn sie sich dann irren, dann muß deswegen niemand ins Gefängnis. Und die Leute vom Nobelpreiskomitee warten ohnehin so lange, bis die Sache ganz sicher ist.«

Logische Wahrheit:
Steht (und fällt) mit dem Verstand

> Die Mathematik kann man als die Disziplin definieren, in der wir nie wissen, worüber wir reden oder ob das, was wir sagen, auch wahr ist.
>
> *Bertrand Russell*

Das Wunderbare an der Mathematik ist, daß es ihr schnurzegal ist, um welches Thema es geht. Zwei Äpfel plus zwei Äpfel sind vier Äpfel, genauso wie zwei Planeten plus zwei Planeten vier Planeten sind oder zwei Ideen plus zwei Ideen vier Ideen ergeben. Die Sache ist so unpersönlich, daß man die meiste Zeit nicht einmal irgendwelche erkennbaren Dinge braucht: $2x+2x = 4x$ reicht völlig.

Mathematik hat ihre eigene innere Logik, ihre eigene innere Wahrheit. Das Schöne an der Mathematik ist ihre Eigenschaft, das Wesentliche an der Wahrheit herauszudestillieren, ohne daß man dazu irgendwelche chaotischen Kontakte mit der realen Welt aufnehmen muß. Die Sache ist sauber, ordentlich, über alles erhaben. Sie lebt in einem Universum, das sich aus den vollkommenen Kreisen und Vielecken der Geometer und aus den vollkommenen Mengen der Zahlentheoretiker zusammensetzt. Es ist völlig uninteressant, daß diese Gegenstände in der wirklichen Welt gar nicht existieren. Hier geht es um Glaubensartikel.

Kein Wunder also, daß die Mathematik ihren Jüngern eine beinahe religiöse Begeisterung eingehaucht hat. Wie die Religion hat die Mathematik einen Satz klarer Regeln, mit deren Hilfe man »richtig« und »falsch« unterscheiden kann. Schritt für Schritt folgt man den Ketten logischer Argumente bis hin zur Wahrheit. Wenn man immer artig auf dem rechten Weg bleibt, dann kommt man von hier nach da, ohne Fehltritt.

Wenn man in der wirklichen Welt zur Wahrheit gelangen möchte, muß man sich mit Wahrscheinlichkeiten herumschlagen, mit natürlichen Abweichungen, mit den Problemen der Messungen. Mathematik dagegen ist völlig immun gegen Unordnung und Zweideutigkeit, weil sie nur auf Logik basiert. Die ganze Sache ist aus den perfekten Bauklötzen logischer Annahmen aufgebaut. Die Hände bleiben sauber, der Vorgang makellos.

Und trotzdem ziehen wir manchmal selbst aus den einfachsten logischen Aussagen die falschen Schlüsse. Zum Beispiel tauchte im Prozeß gegen O. J. Simpson immer und immer wieder ein logisches Mißverständnis auf. Viele Leute hielten die Aussagen »Wenn die DNS übereinstimmt, ist er schuldig« und »Wenn die DNS nicht übereinstimmt, ist er nicht schuldig« für gleichwertig. Aber während sie beide – oberflächlich gesehen – die gleiche Aussage liefern, ist der erste Schluß falsch, der zweite jedoch richtig. Man kann relativ einfach beweisen, daß eine DNS-Probe unmöglich von einem Verdächtigen stammen kann. Wenn sie nicht paßt, wird er freigelassen. Aber eine Übereinstimmung zwischen der DNS des Verdächtigen und der DNS aus dem Blut am Tatort ist noch lange kein absoluter Beweis für seine Schuld. Sie weist nur darauf hin, daß er sehr, sehr, sehr, sehr wahrscheinlich schuldig ist.

Oder einfacher ausgedrückt: Wenn Johnny Gemüse nicht mag und Erbsen Gemüse sind, dann läßt es sich ohne jeden Zweifel beweisen, daß Johnny Erbsen nicht mag. Aber das Gegenteil ist nicht der Fall: Wenn Johnny Erbsen nicht mag, dann kann man daraus nicht schließen, daß er überhaupt kein Gemüse mag.

Bis in die 30er Jahre des 20. Jahrhunderts hinein nahm man allgemein an, daß man jegliche mathematische Aussage durch Anwendung von Logik als wahr oder falsch beweisen könne.

Aber dann bewies ein Mathematiker namens Kurt Gödel, daß es Wahrheiten jenseits der Logik gibt, Wahrheiten, die nicht mit der Logik allein bewiesen werden können. Das war ein vernichtender Schlag. »Die alles krönende Leistung der formellen logischen Schlußfolgerung war der Beweis, daß diese Methode allein außerstande ist, bestimmte formelle Schlußfolgerungen zu ziehen«, schreibt James R. Newman in seinem Buch *World of Mathematics.*

Im wesentlichen sagt der berüchtigte Gödelsche Satz aus, daß einige Aussagen der Mathematik sich nicht innerhalb ihres eigenen logischen Universums als wahr (oder falsch) beweisen lassen. Irgendwann wird es immer einmal notwendig, daß man aus dem lokalen Universum herausspringt, um zu beweisen, daß eine Aussage wahr ist. Irgendwie ist das so, als wollte man versuchen, zu beweisen, daß zwei Inseln unter der Wasseroberfläche miteinander verbunden sind, während man auf der einen Insel festsitzt. Es wäre viel einfacher, wenn man irgendwie vom Boden abheben und sich die Sache aus der Vogelperspektive anschauen könnte – aus einem Flugzeug zum Beispiel. Gödel hat bewiesen, daß es in einem mathematischen Universum manchmal notwendig ist, auf solche Weise aus dem System herauszuspringen.

Nehmen wir zum Beispiel den Satz: »Dieser Satz ist nicht wahr.« Wenn er wahr ist, ist er falsch. Aber wenn er falsch ist, ist er dann noch wahr? Man dreht sich immer und immer wieder im Kreis, ohne weiterzukommen. Es gibt keine konsequente und logische Methode, die Wahrheit – oder Unwahrheit – dieser Aussage zu beweisen, zunächst einmal deswegen, weil diese Aussage über sich selbst redet. Wenn sie in ihrem eigenen logischen System festhängt und nicht herauskann, dann kann sie die Wahrheit oder Unwahrheit ihrer Aussage nicht beweisen.

Oder nehmen wir den Satz: »Ich lüge.« Wahr oder falsch? Wenn Sie ihn für wahr erklären und ich wirklich lüge, dann erzähle ich die Wahrheit über mein Lügen, lüge also nicht. Andererseits, wenn Sie meinen, der Satz ist falsch, und ich lüge nie, dann muß ich jetzt lügen, weil die Aussage des Satzes dann wahr sein muß.

Mathematische Wahrheit sollte angeblich unwiderlegbar sein, weil sie auf der Logik begründet war. Aber Paradoxe wie das vorangegangene zeigten, daß die Logik einen auch zu widersprüchlichen Schlußfolgerungen bringen kann. Logik kann kein klarer Wegweiser zur Wahrheit sein, wenn dieser Wegweiser gleichzeitig in zwei verschiedene Richtungen weist oder nirgendwohin oder auf offenkundigen Unsinn.

Die Vorstellung, daß eine logische Aussage in zwei verschiedene Richtungen weisen kann, verletzte eines der heiligsten Gebote der Logik – Aristoteles' Prinzip vom Ausschluß des Dritten. Laut Aristoteles gab es keinen logischen Mittelweg, und es war auch keinesfalls möglich, daß Logik zu einem Widerspruch führte. Eine Erbse war entweder ein Gemüse oder nicht. Eine Aussage war wahr oder falsch. Die Dinge waren schwarz oder weiß. Und als sich Hamlet mit der Frage »Sein oder Nichtsein« herumquälte, da gab es keine Grauzonen. Das eine war eine Sache, das andere eben eine andere. (Seltsam, wie unzureichend Aristoteles einem heute erscheint: wenn die Bedeutung der Begriffe Leben, Tod oder Freiheit so klar definiert wäre, gäbe es keine nationale Debatte über Abtreibung oder über Hilfe zum Selbstmord. Manchmal scheint es, als gäbe es heutzutage nur noch Zwischenebenen.)

Eine Sehnsucht nach jener verlorenen Klarheit nagt auch heute immer weiter an uns. Wieviel einfacher es doch wäre, in einer Welt mit scharf definierten Kanten und absoluten Werten zu leben, wo auf der physischen und philosophischen Landkarte die Richtungen und Tore klar und deutlich eingezeichnet sind.

Diese nostalgische Sehnsucht nach dem Ausschluß der Mitte führt allerdings zu allen möglichen hirnrissigen Schlußfolgerungen. »Menschen lieben es nun einmal, die Welt und ihre Bewohner in Gegensatzpaare einzuteilen«, schreibt Carol Tavris in ihrem Buch *The Mismeasure of Woman* – allen voran in Männer und Frauen. In dem Augenblick, in dem man beginnt »männlich« als »nicht weiblich« zu definieren und umgekehrt, hat man es mit einer Welt zu tun, in der echte Männer keine Quiche essen – oder sonst welche weibischen Sachen machen, die sie sonst ganz selbstverständlich täten –, und mit einer Welt, in der Frauen gleichermaßen auf Aktivitäten beschränkt werden, die man als »nicht männlich« definiert hat.

Aristoteles versuchte zu zeigen, daß man sich nicht widersprechen und gleichzeitig logisch bleiben kann. »Die gleiche Sache kann nicht gleichzeitig und in der gleichen Beziehung zu einem Objekt gehören und nicht dazu gehören«, schrieb er. »Dies ist das sicherste aller Prinzipien.« Und doch passiert genau das immer und immer wieder.

Die Regel vom ausgeschlossenen Dritten ist sogar in Computersprache gefaßt worden und hat sich in einigen Fällen als unzureichend erwiesen. Ein Computerprogramm befaßt sich normalerweise nicht mit Grautönen. Hier sind Dinge schwarz oder weiß, ja oder nein, ein oder aus. Es ist eine binäre Welt aus Einsen und Nullen.

Vor einigen Jahren beschloß ein Professor an der University of California in Berkeley, es müsse einen besseren Weg geben. Schließlich, argumentierte er, kann man nur sehr wenige Phänomene aus dem wirklichen Leben in so saubere Kategorien sortieren oder entlang klarer Linien aufteilen.

Was ist Lyrik? Goethe oder Rilke? Ein Zweizeiler, den ein Computer ausspuckt? Was ist ein Stuhl? Ist es ein Baumstumpf? Ein Puppenhausstuhl? Wo hört der Stuhl auf, und wo beginnt die Luft um ihn herum? Was ist heiß, warm, kalt, kühl? Was ist tot, was lebendig? Wer ist behindert, wer verrückt? Was ist ein Planet, was ein Stern?*

Also schlug der Professor, der Lotfi Zadeh heißt, ein Gebiet namens »Fuzzy Logic«** vor und entwickelte es. Fuzzy Logic gestattet ein ganzes Spektrum von Möglichkeiten. Es weist Werte zu. Anstatt sich zwischen Schwarz und Weiß entscheiden zu müssen, kann man nun aus einer gleitenden Werteskala, zum Beispiel zwischen 1 und 10, auswählen. Man kann sogar verschwommene Ansichten über die Verschwommenheit haben. Wenn man sich nicht entscheiden kann, ob etwas eine 8 oder eine 9 ist, dann gibt man einfach eine 8,2.

* Siehe Kapitel 4 »Das Maß des Menschen und aller Dinge«
** Wie das auch bei der Komplexitätstheorie war, gab es die Gedanken, die hinter der Fuzzy Logic, also der unscharfen Logik, stecken, schon eine ganze Weile, ehe dieses System seinen sexy Namen bekam.

Fuzzy Logic geht weit über die Anforderungen wahr/falsch der zweiwertigen Logik heraus. Mit einer zweiwertigen Logik wie der des Aristoteles regnet es morgen, oder es regnet nicht, ist jemand erwerbstätig oder nicht. Mit Fuzzy Logic kann jemand Teilzeitarbeit machen, es kann nieseln, und es kann unklar sein, was das Wetter sonst noch vorhat.

Fuzzy Logic schlug in Japan ganz groß ein und wurde, wie Daniel McNeill und Paul Freiberger in ihrem Buch *Fuzzy Logic. Die »unscharfe« Logik erobert die Technik* schreiben, seither mit ungeheurem Erfolg in allen möglichen technischen Anwendungen eingesetzt, von Haushaltsgeräten bis hin zu Hochgeschwindigkeitszügen. In Amerika war das Konzept nicht ganz so erfolgreich, argumentieren McNeill und Freiberger, weil man dort »unscharfes Denken« mit »wirrem Denken« verwechselt. Und doch hat die Fuzzy Logic in einigen Bereichen Fuß gefaßt. Die NASA hat sie als Teil ihrer Strategie für die Steuerung von Ankoppelungsmanövern zwischen der Raumfähre und der Internationalen Raumstation aufgenommen und setzt das Konzept auch bei der Lenkung der Fahrzeuge auf der Oberfläche von Mond und Mars ein.

Fuzzy Logic ist eine wunderbare Sache für Rückkoppelungsgeräte wie Thermostaten, bei denen »heiß« und »kalt« außerhalb des Zusammenhangs nicht viel bedeuten. Die Meldungen »viel, viel kühler« und »heißer, als mir lieb ist« sind hier wesentlich angemessener und lassen sich mit Hilfe der Fuzzy Logic sehr viel besser in Zahlen ausdrücken.*

Die Wiederentdeckung der ausgeschlossenen Mitte und die einiges Kopfzerbrechen bereitende logische Folgerung Gödels haben unserer Vorstellung von Gewißheit einen empfindlichen Schlag versetzt – insbesondere unserer Vorstellung, daß man in Zahlen Wahrheit finden kann. »Nicht einmal die Mathematik – nach Gödel finden wir selbst dort Zweifel – kann uns volle Gewißheit geben«, schreibt der Physiker Philip Morrison.

Der Schock hallte auch weit außerhalb der Mathematik

* Leider befaßt sich die Fuzzy Logic aber nicht mit dem Problem der logischen Widersprüche oder der Paradoxe.

noch lang wider. Im Jahre 1988 hatte es eine Erweiterung des Gödelschen Satzes der *Los Angeles Times* so sehr angetan, daß sie diesem Thema einen Leitartikel widmete. Das neue Ergebnis, so schlossen die Redakteure, »erschüttert die Welt ein wenig«.

Dinge, die dem gesunden Menschenverstand zuwiderlaufen, sind in den Naturwissenschaften nichts Neues. Wir akzeptieren inzwischen Absurditäten wie die Kugelform der Erde (auf der jeweils die Hälfte der Weltbevölkerung mit dem Kopf nach unten hängt) als selbstverständlich. Wir akzeptieren, daß aus dem gleichen Atom – dem schlichten Kohlenstoff – Diamanten, Kohle, Bleistifte und (zum größten Teil) Wesen wie wir selbst entstehen können.

Wie Newman aufzeigt, scheinen sich Leute inzwischen sogar mit der Tatsache angefreundet zu haben, daß es keinen Unterschied zwischen Materie und Energie mehr gibt – oder daß wir zwar noch bis vor kurzem glaubten, wir stammten von den Göttern ab, aber inzwischen mit dem gleichen freundlichen Interesse in den Zoo gehen, das wir beim Besuch entfernter Verwandter aufbringen.

Und doch können wir die Absurdität in der Mathematik nicht akzeptieren. Mathematik hat uns gefälligst nicht zu Absurdem zu führen, sondern zur Gewißheit, bitte schön. Lange Argumentationsketten sollen uns von A nach B führen, ohne Fehlschritte und ohne falsches Abbiegen. Etwas anderes zu behaupten, das grenzt an Gotteslästerung.

Der Mathematiker Morris Kline beklagt in seinem Buch *Mathematics: The Loss of Certainty*: »Diese Sicherheit, daß man auf allen Gebieten Wahrheiten finden würde, wurde durch die Erkenntnis zerstört, daß es auch in der Mathematik keine Wahrheit gibt.«

Die Logik ist nur ein Wegweiser, auf dem »Diese Richtung bitte!« oder »Bitte dahin schauen!« steht. Dieses Wegzeichen könnte auch ein übler Schelmenstreich sein. Das kann man nur herausfinden, indem man dem Wegweiser nachgeht und selbst nachsieht.

Worauf Gödels Satz letztlich hinausläuft, ist laut Klein, daß »der Preis für strikte logische Konsequenz Unvollständigkeit ist«. Mathematische Wahrheiten sind nicht vollständiger und allumfassender als andere Arten von Wahrheiten. Diejenigen unter uns, die mit Euklid aufgewachsen sind, schluckten damals anstandslos seine Axiome darüber, daß gewisse Voraussetzungen wahr sind, wie etwa: Zwei Parallelen schneiden einander nie. Und doch muß man sich nur die Längengrade anschauen – die ja am Äquator parallel verlaufen –, um zu sehen, daß sie sich sehr wohl schneiden. Das Offensichtliche ist auf einmal eindeutig falsch und das Falsche eindeutig offensichtlich.

»Das Offensichtliche ist immer der Feind des Korrekten«, sagt Bertrand Russell. Logik ist ein nützliches Werkzeug, aber auch sie hat ihre Grenzen.

Tatsächlich könnten die Grenzen der Logik, meinen einige Mathematiker, der Hauptgrund dafür sein, daß wir noch keine vollständig intelligenten Computer wie Hal aus Stanley Kubricks Film 2001 haben. Die traditionellen Ansätze auf dem Gebiet der künstlichen Intelligenz gingen davon aus, daß man einem Computer das Denken einprogrammieren könnte, weil das Denken selbst logisch aufgebaut sei. Aber zunehmend deuten die Tatsachen darauf hin, daß reine Vernunft nicht zur Intelligenz führt – zumindest jedenfalls nicht die Regeln der reinen Logik.

In seinem Buch *Goodbye, Descartes* behauptet der Logiker Keith Devlin, daß die Straße der Logik uns in eine Sackgasse manövriert hat. »Descartes hat argumentiert, daß der rationale Ansatz uns die ›richtige‹ Sicht auf die Aktivitäten des menschlichen Denkens gibt«, schreibt er. Ein logischer Ansatz erfordert jedoch unter anderem, daß »Wörter feste, wohl definierte und unmißverständliche Bedeutungen haben. Aber das ist einfach nicht so.«

Überlegen wir nur einmal, wie unser Gehirn die Substantive und Verbformen in dem englischen Satz »Time flies like an arrow« [Die Zeit fliegt wie ein Pfeil] unterscheidet. Sehen wir uns nun die völlig andere Interpretation an, die unser Hirn den gleichen Worten in folgendem Satz gibt: »Fruit flies like a banana« [Fruchtfliegen mögen eine Banane]. Kein auf festen logischen Regeln basierendes System künstlicher Intelligenz könnte diesen Sprung je machen, meint er. Devlin arbeitet an einer neuen Art von Logik, die er »Algebra des Gesprächs« nennt und die dem vielleicht etwas näher kommt, was wirklich in und zwischen den menschlichen Hirnen abläuft.

Diese neue Logik wäre eine »weiche Mathematik«, eine Abkehr von den präzisen, strengen Formen der Vergangenheit. Die traditionelle Logik funktioniert in jedem beliebigen Zusammenhang – das war ja gerade ihre Stärke. $x + x = 2x$, ganz gleich, was x auch immer sein mag. Die weiche Mathematik würde hier auch den Zusammenhang in Betracht ziehen. Die Fähigkeit unseres Gehirns, auch den Zusammenhang in Betracht zu ziehen, bewahrt uns davor, in Sätzen wie dem oben angeführten in unseren Gedanken über die beiden verschiedenen Bedeutungen von »flies« oder »like« zu stolpern.

Gleichermaßen ist der Grund dafür, daß »Dieser Satz ist falsch« ein Paradox ist, auch darin zu suchen, daß wir den Satz in zwei verschiedenen Zusammenhängen lesen: zum einen betrachten wir, was der Satz allgemein aussagt, zum anderen betrachten wir, was der Satz über sich selbst aussagt. Wenn man den Zusammenhang mit in Betracht zieht, meint Devlin, ist diese Aussage nicht paradoxer als »der Konflikt zwischen einem Amerikaner, der den Juni für einen Sommermonat hält, und einem Australier, der meint, daß der Juni im Winter liegt«.

In der weichen Mathematik wird man Metaphern und formale mathematische Schlußfolgerungen benötigen. Vielleicht ist es nicht einmal mehr Mathematik, sagt Devlin. Aber es wird notwendig sein, auch den nächsten Schritt zu machen. Um wirklich verstehen zu können, was rationales Denken bedeutet, muß sich die Mathematik mit der Psychologie, der Soziologie und vielleicht sogar der Biologie und der Lyrik verbünden.

All das bedeutet natürlich nur, daß die Mathematik – wie wir alle – gleichzeitig vollkommen und unvollkommen ist. Früher einmal glaubten die Menschen, daß die Gesetze der logischen Schlußfolgerung – und die Naturgesetze, die sie erklärten und beschrieben – wie die Zehn Gebote in Stein gemeißelt waren. Inzwischen wissen sogar Mathematiker, daß es viele verschiedene logische Systeme gibt, daß die Logik selbst ihre Grenzen hat und daß die Gesetze der Logik und der Natur sich entwickeln, genau wie Änderungen im Gesetzbuch die Veränderungen in der Gesellschaft widerspiegeln (oder widerspiegeln sollten).

Die Leute glauben oft, daß juristische Konzepte unveränderlich sein sollten, weil schließlich die höchsten Gesetze – die Naturgesetze – auch unveränderlich seien. Konzepte, wie das vom Recht, Waffen zu tragen, oder das von der Regierung durch die Mehrheit, versteinern zu Dogmen und scheinen sogar eine gewisse Berechtigung aus dem Glauben abzuleiten, daß sie der Natur entsprechen – oder der »Naturwissenschaft«.

Aber Naturgesetze sind kaum je Dogmen. Sie funktionieren stets nur innerhalb scharf definierter Grenzen. Die Newtonschen Bewegungsgesetze und das Gesetz der Schwerkraft bringen uns vielleicht zum Mond, aber sie funktionieren in Extremsituationen nicht mehr. Zum Beispiel dann, wenn man sich beinahe mit Lichtgeschwindigkeit bewegt oder wenn die Anziehung durch die Schwerkraft sehr hoch ist. Einsteins Relativität ist in diesen Zusammenhängen weitaus eher angebracht und führt zu Schlüssen, die man mit den Newtonschen Gesetzen niemals hätte voraussagen können, zum Beispiel zu Vermutungen über die Existenz von schwarzen Löchern.

Wenn Gesetze auf einmal völlig unerwartet in einem neuen Zusammenhang stehen, dann gibt es keinen erdenklichen Grund, warum dann die Regeln unverändert bleiben sollten. Es dürfte also eigentlich niemanden überraschen, daß die einfachen Gesetze der Logik in der komplexen Landschaft des menschlichen Gehirns nicht gelten. Parallele Geraden schneiden sich eben im gekrümmten Raum, sogar auf der Erde.

Wahrheit durch Übereinstimmung:
Beurteilung durch seinesgleichen

Da weder die Naturwissenschaften noch die Jurisprudenz eine idiotensichere Methode dafür zu haben scheinen, wie man zur Wahrheit gelangen könnte, muß man Mittel und Wege finden, zu einem praktikablen Konsensus zu gelangen, während man auf letzte, überzeugende Beweise wartet (zum Beispiel auf ein Geständnis oder auf die Möglichkeit, feinere oder phantasievollere Experimente durchzuführen). Die Naturwissenschaft hat es in diesem Zusammenhang unendlich viel leichter, denn früher oder später läßt sich die Natur doch immer wieder einmal in die Karten schauen und klärt die Sache auf. Aber vor Gericht kann man sich den Luxus nicht leisten, geduldig auf vollständige Informationen zu warten; hier muß man irgendwann zu einer Entscheidung kommen.

Der Höchste Gerichtshof hat das kürzlich einmal so formuliert: »Wissenschaftliche Wahrheiten sind ständigen Überprüfungen und Veränderungen unterworfen. Das Gesetz andererseits muß in strittigen Angelegenheiten ein für allemal und noch dazu zügig entscheiden.«

Es gibt jedoch Zeiten, wenn die verschiedenen Ansprüche an die Wahrheit, die in den Naturwissenschaften und im Rechtswesen gestellt werden, miteinander nicht vereinbar sind. Die Gültigkeit wissenschaftlicher Beweismethoden vor Gericht ist sicher eines dieser strittigen Gebiete. Dabei tauchen diese Methoden immer öfter auf. Wissenschaftliche Experten sind in Gerichtssälen bereits ein so vertrauter Anblick, sagt Paul F. Rothstein von der Georgetown University, daß es kaum noch einen Rechtsstreit gibt, in dem vor Gericht nicht früher oder später einmal ein Sachverständiger hinzugezogen wird.

Und doch werden die Naturwissenschaften wegen der ernsten Folgen, die eine nicht ganz korrekte Aussage haben kann, vor Gericht wesentlich strengeren Kriterien unterzogen als in der wissenschaftlichen Welt. »Gerichte erwarten bei unseren Beweisen Standards, die in der Naturwissenschaft schlicht unmöglich sind«, meinte dazu der Wissenschaftshistoriker Ted Porter von UCLA. »Sie erwarten, daß Naturwissenschaftler sich wie Argumentiermaschinen benehmen. Aber wenn sie das täten, dann würden sie nie etwas erreichen.«

Naturwissenschaften und das Rechtswesen prallen auch aufeinander, wenn es darum geht, Risiken und Vorteile abzuwägen und die Verantwortung für die Auswirkungen neuer Technologien zuzuweisen. Lewis weist in seinem Buch *Technological Risk* darauf hin, daß das Rechtswesen sich so verhält, als könne man immer die Ursache finden für die mit Technologie in Zusammenhang gebrachten Unglücksfälle – wenn man nur genügend Geld und Mühe und Experten daransetzte. Aber, meint er abschließend, »das ist nicht immer der Fall«.

Wenn das National Transportation Safety Board den Grund für einen Flugzeugabsturz oder ein Zugunglück untersucht, dann endet die Untersuchung normalerweise nicht damit, daß ein Grund eindeutig zugewiesen wird – es wird nur ein »wahrscheinlicher Grund« angegeben. Und selbst dann sind die Beziehungen zwischen Ursache und Wirkung ungewiß.* Wie Lewis sagt: »Der Einsatz eines Ursache-Wirkung-Zusammenhangs bei der Risikoanalyse bringt Ungewißheit in beide Richtungen.« Das heißt, eine Ursache könnte nicht nur eine einzige, einfach zu definierende Wirkung haben (Arzneien können ebenso Symptome hervorrufen wie gleichzeitig welche lindern). Außerdem könnte eine Wirkung mehrere unterschiedliche Ursachen haben – zum Beispiel könnte etwa ein Gen für Brustkrebs noch keine eigentliche Gefahr darstellen, wenn nicht gleichzeitig auch andere Gene oder Umweltfaktoren ins Spiel kommen.

»Ungewißheit ist kein unanständiges Wort«, schreibt Lewis. »Jede wissenschaftliche Messung und jede wissenschaftliche Schätzung sind mit einem gewissen Maß von Unsicherheit behaftet, das manchmal groß und manchmal klein ist, immer jedoch vorhanden.«

Es wäre wirklich nett, wenn sich auch im Rechtswesen ein wenig von diesem Respekt vor der Ungewißheit einstellen

* Siehe ›Wahrscheinliche Ursachen‹ in Kapitel 12 »Warum Dinge wirklich geschehen«

könnte. In gewisser Weise ist das ja auch schon geschehen. Zum Beispiel hat das britische Gerichtswesen laut John Barrow in *Ein Himmel voller Zahlen* seine ureigene Variante der Fuzzy Logic. Anders als O. J. Simpson, über den das Urteil nur »schuldig« oder »nicht schuldig« lauten konnte, könnte ein Angeklagter in Schottland mit »Schuld nicht erwiesen« verurteilt werden, was die Möglichkeit eines zweiten Gerichtsverfahrens nicht ausschließt. Dies ähnelt schon eher dem Verfahren, mit dem sich die Wissenschaft an die Wahrheit heranpirscht.

Da es normalerweise keine Möglichkeit gibt, die Wahrheit zweifelsfrei zu ermitteln, schenken Rechtswesen und Wissenschaft einem Verfahren ihr Vertrauen, das man »Beurteilung durch seinesgleichen« nennt. Das bedeutet, daß eine Gruppe von Menschen, die mehr oder weniger ähnliche Lebensumstände wie die Angeklagten haben (seinesgleichen), über ihn zu Gericht sitzen und Einigung darüber erzielen müssen, wie in der erörterten Angelegenheit die Wahrheit aussieht. Während die Beurteilung durch Gleichgestellte auf lange Sicht gut funktioniert, ist das System in den relativ kurzen Zeitabschnitten, die normalerweise den Gerichten zur Verfügung stehen, jedoch nicht immer angebracht.

Wissenschaftler unterbreiten ihre Gedanken in der Form von Veröffentlichungen den Redakteuren der wissenschaftlichen Zeitschriften, die sie dann zur Auswertung an andere Wissenschaftler weiterleiten. In einigen Fällen sind bei der Beurteilung durch Gleichgestellte in der Wissenschaft aufsehenerregende Fehlentscheidungen getroffen worden, insbesondere wenn es um radikale Neuerungen ging. Der Wissenschaftshistoriker Gerald Holton aus Harvard weist gern darauf hin, daß Einsteins grundlegende Arbeit über die Relativität beinahe nicht veröffentlicht worden wäre, weil in ganz Deutschland nur eine einzige Person daran glauben wollte. »Eine ganze Menge korrekter und sogar großartiger wissenschaftlicher Arbeiten hat diesen Test nicht bestanden«, sagt Holton.

Sogar wenn keine formelle Beurteilung durch Kollegen mitspielt, hängt doch die Wissenschaft sehr stark von einer Übereinkunft der Beteiligten ab. Wissenschaftler müssen genau wie Anwälte ihre Kollegen davon überzeugen, daß ihre Ergebnisse glaubwürdig, unverfälscht und vielleicht sogar richtig sind. Manchmal ist die Übereinstimmung nur von kurzer Dauer. (Hexenprozesse und der weit verbreitete Glaube an Körpersäfte und Miasmen basierten auf einer solchen zeitweiligen Übereinkunft. Übereinstimmung bedeutet nicht Gültigkeit, nur Übereinkunft.)

Ein gutes Beispiel ist – wieder einmal – das Top-Quark. Im Jahre 1985 wurde seine Entdeckung in einem europäischen Labor als neueste Nachricht weltweit auf den Titelseiten verkündet. Ein amerikanischer Physiker, der die Nachricht von dieser Entdeckung las, erinnert sich daran, daß sie ihn sehr belustigte. Schließlich hatte man den Detektor, der das Quark gefunden hatte, schon vor Monaten für Reparaturarbeiten aus dem Verkehr gezogen, und seither hatten sich die Wissenschaftler bei der Debatte über die Interpretation der Ergebnisse die Köpfe heiß geredet. Die Nachricht, so sagte er, »bedeutet nur, daß die Physiker sich endlich darüber geeinigt haben, was sie gesehen hatten«.

Sie waren sich nicht lange einig, und schon bald darauf wurde die »Entdeckung« wieder dementiert.

Beinahe zehn Jahre später wurde das Quark wieder entdeckt, diesmal im Fermi National Accelerator Laboratory in der Nähe von Chicago. Dieses Mal stand die Entdeckung auf sehr viel festerem Boden. Und doch wurde das Top-Quark erst offiziell bei eine Pressekonferenz »enthüllt«, nachdem sich monatelang an die neunhundert Physiker beratschlagt und mit der endgültigen Formulierung der Veröffentlichung einverstanden erklärt hatten.

Als der Höchste Gerichtshof die Beurteilung durch gleichrangige Kollegen als Beweis für wissenschaftliche Gültigkeit anläßlich eines Präzedenzfalls vor einiger Zeit fallenließ, ersetzte er dieses Prinzip durch einen sehr unwissenschaftlich klingenden anderen Begriff: Urteilsvermögen. Das heißt, sie legten die Verantwortung für die Beurteilung wissenschaftlicher »Wahrheit« wieder in die Hände der Richter, die nun die Aufgabe haben, sich selbst eine Meinung über die Glaubwürdigkeit und Methoden eines Wissenschaftlers zu bilden.

Die Entscheidung darüber, welcher wissenschaftlichen Richtung man trauen kann und welche man als nicht exakt verwerfen sollte, beruht auch in der Wissenschaft oft auf persönlichen (Vor-)Urteilen. Die gleichrangigen Kollegen eines Forschers schauen sich oft die Verläßlichkeit und den Ruf eines Experimentatoren mindestens genauso gründlich an wie seine Meßergebnisse. Als die Nachricht durchsickerte, daß Forscher der NASA in einem Meteoriten vom Mars Hinweise auf uralte Fossilien gefunden hatten, war der einzige Grund dafür, daß viele Wissenschaftler die Ergebnisse überhaupt ernst nahmen, die Tatsache, daß ein hochgeachteter Chemiker aus Stanford – Richard Zare – zum NASA-Team gehörte.

Es ist in der Wissenschaft ein notwendiges und weit verbreitetes Prinzip, sich auf das Expertenurteil anderer Wissenschaftler zu verlassen, meint Porter. »Das nennt man gewöhnlich Sachverstand.« Leute, die ihr Leben damit verbringen, Sterne oder Gene oder Baseball genau zu beobachten, sind in einer besseren Ausgangsposition, wenn sie ein fundiertes Urteil über Ereignisse auf diesen Gebieten abgeben sollen, als Leute, die sich mit solchen Dingen überhaupt nicht beschäftigen.

Persönliche Beurteilungen spielten erst kürzlich bei einer der dramatischsten mathematischen Veröffentlichungen des Jahrhunderts eine zentrale Rolle. Im Sommer 1993 waren populärwissenschaftliche und Fachzeitschriften in heller Aufregung, als die Nachricht bekannt wurde, der Mathematiker Andrew Wiles aus Princeton hätte endgültig das berühmte Problem gelöst, das seit dreihundert Jahren als Fermats letzter Satz bekannt war.* Da Wiles' Beweis höchst technisch – und an die zweihundert Seiten lang – war, waren überhaupt nur sehr wenige Mathematiker qualifiziert, ihn als gleichrangige Kollegen zu beurteilen. Wiles zeigte den Beweis denn auch zunächst nur einer Handvoll Leuten.

---

* Wie die meisten Leute auf dem Gymnasium gelernt haben, kann man die Hypotenuse eines rechtwinkligen Dreiecks berechnen, indem man die Quadrate der Katheten addiert und die Quadratwurzel aus der Summe zieht. Das liegt daran, daß es eine Lösung für die Gleichung $x^2+y^2=z^2$ gibt. Es gibt einige Lösungen, in denen x, y und z ganze Zahlen sind – zum

»Früher konnte man im Prinzip immer hingehen und einen Beweis selbst noch einmal nachvollziehen«, sagt der Mathematiker Keith Devlin, der Dekan der Naturwissenschaftlichen Fakultät am Saint Mary's College of California. »Aber die Information [in Wiles' Beweis, aber auch in der Mathematik im allgemeinen] ist so komplex und umfangreich geworden, daß wir uns nun völlig auf andere verlassen müssen.«

Schließlich verlieh die Mathematikergemeinde Wiles' Beweis das Gütesiegel »Wahrheit«. Aber das dauerte beinahe zwei Jahre. Und die endgültige Fassung des Beweises, die man akzeptierte, unterschied sich erheblich von dem, was Wiles zunächst vorgelegt hatte. Kleine Fehler waren aufgetaucht und mußten durchgearbeitet werden. Für eine der Korrekturen benötigte man ein ganzes Jahr. Die meisten Mathematiker sind davon überzeugt, daß Wiles tatsächlich dieses uralte Problem gelöst hat, auch wenn wenige den Beweis gelesen – oder verstanden – haben.

Auch der Glaube an die Ergebnisse der Top-Quark-Suche hing zu einem gewissen Grad vom persönlichen Vertrauen ab. Die Physiker glaubten die Ergebnisse zum Teil, weil sie der Logik der Experimente und dem Ruf der Forscher trauten. Je komplexer und spezialisierter die Arbeit, desto mehr Nichtspezialisten sind gezwungen, sich auf die Sachkenntnis der Menschen zu verlassen, die diese Arbeit ausführen. »Das Ideal wäre, daß Physiker die Wahrheit durch Experimente ermitteln und daß Mathematiker durch streng logische Beweise zur Wahrheit gelangen würden«, sagt Devlin. »Aber in der Realität sind wir den anderen völlig ausgeliefert.«

Der allgegenwärtige Computer, der in die jahrhundertealten Arbeitsmethoden vorgedrungen ist, hat die Sache noch

Beispiel $3^2+4^2=5^2$ (oder $9+16=25$). Fermat schrieb an den Rand eines Buches, es sei ihm gelungen, zu beweisen, daß es keine ganzzahligen Lösungen mit höheren Potenzen als dem Quadrat gebe. So hat zum Beispiel die Gleichung $x^3+y^3=z^3$ keine ganzzahlige Lösung. Allerdings, schrieb Fermat, sei der Rand des Buches zu schmal, um den Beweis aufzuschreiben. So einfach dieses Problem sich auch anhören mag, es hat ganze dreihundert Jahre gedauert, bis jemand den Beweis erbracht hat. (Die meisten Mathematiker bezweifeln auch, daß Fermat wirklich den hieb- und stichfesten Beweis hatte, den er zu haben glaubte.)

komplizierter gemacht. »Computer haben Mathematikern nicht nur dabei geholfen, die Dinge zu tun, die sie immer schon machen«, meinte Devlin, »sie machen diese Dinge anders. Unsere Art, Dinge zu beweisen, hat sich durch die Technologie grundlegend geändert.« Eine große Veränderung ist der Gedanke, daß ein Beweis nicht nur »Korrektheit« hervorbringen soll, sondern auch »Verständnis«. Was bedeutet also mit anderen Worten, daß man »weiß«, daß etwas wahr ist?

Der erste weithin akzeptierte Computer-Beweis löste ein altes Problem, das als das Vierfarbentheorem bekannt ist: Ist es möglich, allein durch Logik zu beweisen, daß man jede Landkarte mit nur vier Farben ausmalen kann, ohne daß je zwei Flächen derselben Farbe aneinandergrenzen? Der Computer bewies, daß dieser Satz wahr ist – im Grunde genommen dadurch, daß er große Anzahlen möglicher »Länder« überprüfte, die für alle möglichen Karten repräsentativ waren. Viele Mathematiker akzeptierten dies nicht als »richtigen« Beweis, weil es »nur eine Berechnung« war. Der Computer bewies zwar, daß der Satz stimmte, aber nicht, *warum* er stimmte.

Michael de Villiers meinte dazu in der wissenschaftlichen Zeitschrift *Pythagoras*, bei einem Beweis gehe es nicht darum sicherzustellen, daß etwas wahr ist, sondern darum, »die zugrundeliegenden logischen Beziehungen zwischen Aussagen« aufzudecken. Anders ausgedrückt: »Beim Beweis geht es nicht darum, etwas sicherzustellen, sondern darum, zu erklären, warum es so ist.«

Selbst wenn unser Rechtssystem völlig wissenschaftliche Gedankengänge benutzte, würde es wahrscheinlich manchmal die letzte »Wahrheit« doch nicht finden – weil nicht einmal Naturwissenschaftler den Anspruch erheben, daß es auf jede Frage nur eine einzige korrekte Antwort gibt. »Die [juristische] Fragestellung scheint davon auszugehen, das ›korrekte‹ Resultat käme heraus, wenn sich die Richter nur einfach bei der Auswertung der Beweislage ›wissenschaftlicher Prinzipien‹ bedienten«, sagt die Rechtsanwältin Joan Bertin. »Aber die bloße Anwendung allgemein anerkannter wissenschaftlicher Prinzipien führt ja auch die Wissenschaftler oft in völlig verschiedene Richtungen.«

Was tun?

»Man tut sein Bestes«, antwortet die Wissenschaftshistorikerin Lorraine Daston von der University of Chicago. Oder wie Newman es formuliert hat: »Der am besten gesicherte Teil unseres gegenwärtigen Wissens ist das Wissen darüber, was wir nicht wissen.«

Kapitel 14

Emmy und Albert:
Unveränderliche Wahrheiten

Das Wahre und das Schöne

Die reine Mathematik ist auf ihre Art die Lyrik der logischen Gedanken.

Albert Einstein über die Arbeiten der Mathematikerin Emmy Noether aus Anlaß ihres Todes, New York Times, *1. Mai 1935*

Albert Einstein wußte ganz genau, daß seine Relativitätstheorie* eine philosophische Gewalt hatte, die weit über den Rahmen der Physik hinausging. Irgendwann bemerkte er dazu einmal, anscheinend interessierten sich weitaus mehr Geistliche als Physiker für die Konsequenzen der Relativität.

Doch wenn je eine wissenschaftliche Idee bei der Übersetzung ihrer Gleichungen in die Populärwissenschaft verzerrt wurde, dann ist es die Idee der Relativität. Irgendwie hat sie es geschafft, sich mit einer Bedeutung ins allgemeine Bewußtsein zu schleichen, die das genaue Gegenteil der ursprünglichen Botschaft ist. Während sich Einsteins Theorien auf die unveränderlichen Eigenschaften der Dinge konzentrierten, auf Eigenschaften, die sich nie verändern, was auch immer geschieht, kam die populärwissenschaftliche Version etwa so heraus: »Es gibt keine Wahrheit, die Wahrheit hängt vom Standpunkt des Betrachters ab.« Oder einfach als: »Alles ist relativ.«

Die Relativitätstheorie war das Ergebnis von Einsteins Suche nach den unveränderlichen, tiefen Wahrheiten, die

---

* Die spezielle Relativitätstheorie befaßt sich mit den Eigenschaften von Licht, Materie und Energie und erklärt bizarre Effekte wie die Zeitdilatation. Die allgemeine Relativitätstheorie behandelt das vierdimensionale Raum-Zeit-Kontinuum, das die Gravitation und so seltsame Erscheinungen wie Schwarze Löcher hervorbringt.

Ideen miteinander verknüpfen, die scheinbar nichts miteinander zu tun haben. Tiefe Wahrheiten hängen nicht von launenhaften Äußerungsformen ab. Sie sind das verborgene Gerüst, mit dem das facettenreiche Haus der Natur abgestützt wird. Anstelle von »Alles ist relativ« erklärt die Relativitätstheorie in Wirklichkeit: »Alles sieht relativ aus, aber laßt euch von diesem Eindruck nicht an der Nase herumführen.«

Die meisten Leute haben zumindest von einigen Aspekten der Relativitätstheorie gehört – zum Beispiel von der Tatsache, daß Raum und Zeit erschreckend elastisch werden, wenn man sich der Lichtgeschwindigkeit nähert. Diesen Gedanken haben zumindest die Science-Fiction-Autoren gehörig ausgeschlachtet – wenn sie zum Beispiel die Zeit verlangsamen, so daß Astronauten jahrhundertelang unterwegs sind, aber bei ihrer Rückkehr zur Erde nur um einige Jahre gealtert sind.

Aber Effekte wie etwa die Zeitdilatation stellen sich als vergleichsweise triviale Folgen der überraschenden Tatsache heraus, daß sich die Lichtgeschwindigkeit nie ändert, ganz gleich, was auch geschieht.

Die Suche nach unveränderlichen Größen ist zum größten Teil eine mathematische Übung. Einstein arbeitete sehr eng mit Mathematikern zusammen, die sich auf dieses Fachgebiet spezialisiert hatten. In der Sprache der Mathematik werden unveränderliche Größen im allgemeinen als Symmetrien bezeichnet. Dies beschränkt sich aber nicht nur auf die Symmetrien, wie wir sie bei Schneeflocken und Schmetterlingsflügeln so bewundern. Eine Sache besitzt Symmetrie in dem Maße, in dem sie unter bestimmten Veränderungen selbst unverändert bleibt. So ist zum Beispiel ein Kreis vollkommen symmetrisch, wenn er sich um seinen Mittelpunkt dreht. Ein Quadrat ist weniger symmetrisch, weil es nur bei Drehungen um 90° unverändert bleibt. Der Buchstabe A ist symmetrisch bei Spiegelung, weil sein Spiegelbild genau dem Original entspricht.

Die Suche nach Symmetrie stellte sich als ein äußerst leistungsstarkes Werkzeug bei der Suche nach der tieferen, dauerhafteren Bedeutung unterhalb der oberflächlichen Verschiedenheit heraus, durch die Ähnlichkeiten verdeckt sind. Symmetrie verleiht also der dumpfen Ahnung, daß das Schöne wahr und das Wahre schön ist, eine befriedigende und konkrete Gestalt. So viele Dinge, die wir Menschen bewundern, sind symmetrisch: ob es nun natürliche Symmetrien wie etwa bei Schneckenhäusern oder von Menschenhand geschaffene Symmetrien wie zum Beispiel in Gesetzen sind, die sich bemühen, beiden Seiten bei einem Streitfall gleiche Bedeutung beizumessen. Es ist ein angenehmer Gedanke, daß da eine wirkliche quantitative Verbindung existiert: zwischen den Dingen, die wir aus ästhetischen Gründen bewundern, und den Dingen, die uns auf ein tieferes Verständnis der Natur, vielleicht sogar der menschlichen Natur, hinführen.

Wissenschaftler sind sich dieser Verbindung schon sehr lange bewußt. Der Physiker Hermann Weyl, der das klassische Werk über Symmetrie geschrieben hat, formulierte es einmal so: »Bei meiner Arbeit habe ich immer versucht, das Wahre mit dem Schönen in Einklang zu bringen; aber wenn ich mich für eines von beiden zu entscheiden hatte, dann habe ich gewöhnlich das Schöne gewählt.«

Schönheit in der Mathematik ist sehr viel mehr als nur ein hübsches Lärvchen. Es ist eine Methode, aus dem unordentlichen Wust, den die Natur vor uns ausbreitet, das innerste Wesen der Dinge zu destillieren. Edward Rothstein, der Musik und Mathematik studiert hat, schreibt, daß wir auf der Suche nach Symmetrien »definieren, welche Aspekte … für uns von grundlegender Bedeutung sind und welche irrelevant«.

In gewisser Weise benutzen die Menschen das Konzept der Symmetrie, wenn sie Ideen im Kopf hin- und herwenden und darin einen Kern beständiger Wahrheit suchen. Man sieht sich das Problem aus diesem und jenem Blickwinkel an, man dreht es von innen nach außen, versucht, die irreführenden äußeren Schichten herunterzuschälen, um zu sehen, was übrigbleibt – was sich nicht verändert, wie immer man es auch betrachet.

»Gibt es einen besseren Weg, zu den grundlegenden Strukturen vorzudringen, als viele aufeinanderfolgende Transformationen, bei denen man alle zweitrangigen Eigenschaften abschält«, schreibt James R. Newman in *The World of Mathematics* in der Einleitung zum Abschnitt über Symmetrie:

Dieser Vorgang läßt sich mit der Methode eines Archäologen vergleichen, der ganze Hügel abträgt, um zu versunkenen Städten durchzudringen, der sich in Häuser hineingräbt, um Zierat, Gebrauchsgegenstände und Keramikscherben zu entdecken, der sich durch Tunnel in Gräber hineinwühlt, um Sarkophage zu finden, darin die gewickelten Leintücher und in deren Innerstem die Mumien. So rekonstruiert er die Gestalt einer unsichtbaren Gesellschaft. Genauso schaffen auch Mathematiker und Naturwissenschaftler ein theoretisches Bild von der unsichtbaren Struktur der Welt der Phänomene und Erscheinungen.

Whitehead hat diese Bemühungen in einer berühmten Aussage so charakterisiert: »Das Allgemeine im Besonderen und das Dauerhafte im Vergänglichen zu sehen, das ist das Ziel allen wissenschaftlichen Denkens.«

In der Relativitätstheorie geht es darum, die Symmetrie dazu zu benutzen, das Allgemeine vom Besonderen zu unterscheiden – zwischen allgemeinen Wahrheiten, die auf alles zutreffen, und den sehr speziellen Auswirkungen örtlicher Gegebenheiten. Was ist also Symmetrie genau? Warum hat sie eine solche Kraft, das Wahre ans Licht zu bringen und das Schöne zu schaffen?

Eine Schneeflocke sieht ja vielleicht symmetrischer aus als eine Kugel. Aber für einen Mathematiker ist die Kugel das symmetrischste Objekt überhaupt. Der Grund dafür ist, daß man eine Kugel in weitaus mehr Arten transformieren kann als eine Schneeflocke und sie danach immer noch genauso aussieht.

Stellen Sie sich einmal ein Stück Würfelzucker vor. Wenn Sie den Würfel um eine Vierteldrehung drehen, so daß Sie zuerst die eine und dann die nächste Seite sehen, so könnten Sie keinen Unterschied feststellen. Sie könnten Oben nicht von Unten und Oben nicht von den Seiten unterscheiden. Wenn Sie den Würfel aber um eine Achteldrehung verschieben, so daß Sie nun auf die Ecke blicken, dann sieht er ganz anders aus. Eine Kugel kann man aber auf unendlich viele verschiedene Arten drehen, und sie wird immer gleich aussehen.

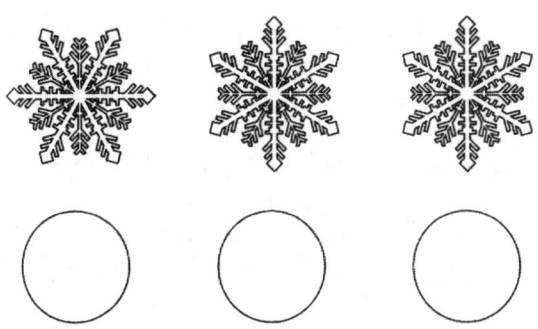

Ein Kreis ist symmetrischer als eine Schneeflocke. In der oberen Reihe rechts ist die äußerste rechte Schneeflocke um 60° gegenüber der mittleren gedreht. Sie sieht ganz genauso aus. Die Schneeflocke ganz links ist um einen Winkel gedreht, der kleiner (oder größer) als 60° ist. Sie sieht anders aus. Den Kreis in der unteren Reihe kann man um einen beliebigen Winkel drehen, ohne einen Unterschied festzustellen. Er ist vollkommen symmetrisch (zumindest bei Drehung um seinen Mittelpunkt).

Einige der schönsten Muster, die uns die Natur und die menschliche Erfindungsgabe schenken, besitzen ein hohes Maß an Symmetrie – Kachelmuster und Zierborten und Schneeflocken und Gänseblümchen entstehen alle daraus, daß ein einfaches Muster gedreht oder gespiegelt oder von innen nach außen gedreht wurde.

Wenn der Gegenstand nach der Veränderung (oder Transformation) unverändert ist, haben Sie eine neue Symmetrie gefunden. Ein befreundeter Chemiker erzählte mir einmal, daß er ein Spiel benutzte, um den Kindern in seinen Schulklassen die Symmetrie zu erklären. Er nahm in den Unterricht eine Reihe von Objekten mit, die verschiedene Symmetriearten aufwiesen. Einem Kind wurden die Augen verbunden, während ein zweites Kind irgendeine Veränderung an den Objekten vornahm. Wenn das erste Kind die Veränderung nicht bemerkte, nachdem man ihm die Augenbinde wieder abgenommen hatte, dann hatten sie eine neue Symmetrie gefunden.

Je mehr Dimensionen man hat, desto mehr Symmetrie kann man gewöhnlich haben – d. h. dreidimensionale Objekte wie Kugeln haben mehr mögliche Symmetrien als zweidimensionale Objekte wie Kreise. In den höheren Dimensionen gibt es einfach mehr Ellenbogenfreiheit, die Dinge auf vielfältige Weise zu drehen, so daß sie dann immer noch gleich aussehen.

Stellen Sie sich dazu wieder das Stück Würfelzucker vor. Nehmen Sie an, daß Sie es in zwei Dimensionen – zu einem flachen Quadrat auf der Tischplatte – zusammengequetscht haben. Jetzt gibt es nur noch vier Arten, wie man den früheren »Würfel« drehen kann, so daß er immer noch gleich aussieht. Bei einer Kugel ist der Effekt noch dramatischer. Stellen Sie sich einen flachen Teller vor, also eine plattgedrückte Kugel. Wenn Sie von oben daraufschauen, sieht er aus wie ein Kreis. Wenn Sie ihn aber hochkant drehen, kann er wie ein Strich aussehen. Und unter verschiedenen Winkeln dazwischen wie eine Reihe breiterer oder schmalerer Ovale. Anders ausgedrückt: er verändert seine Form je nach dem Sichtwinkel.

Die gleiche Form – nur in drei Dimensionen »aufgeblasen« – besitzt unendlich viele Symmetrien. Sie können eine Kugel drehen und wenden, wie Sie wollen, sie bleibt kugelförmig. (In der Erweiterung dieses Gedankens können Sie sich jetzt vielleicht vorstellen, wie man diese dreidimensionale Kugel in die vierte Dimension aufbläst, wo sie sogar noch mehr Symmetrien haben könnte!)

Seltsamerweise fühlen sich zwar die Menschen zu symmetrischen Formen hingezogen, finden aber zuviel Symmetrie eher langweilig, wie Ian Stewart und Martin Golubitsky in ihrem faszinierenden Buch *Denkt Gott symmetrisch?* zeigen. Irgendwie müssen wir die vollkommene Symmetrie der langweiligen Kugel aufknacken, um ein »Muster« zu sehen. Eine Schneeflocke erscheint uns symmetrischer als ein Kreis, eben weil die vollkommene Symmetrie verletzt ist. Eine Schneeflocke sieht nur gleich aus, wenn man sie um 60° dreht. Aber ein Kreis sieht immer gleich aus, ganz egal, wie man ihn um seinen Mittelpunkt dreht.

Symmetrien sind nicht auf den Raum beschränkt. Manche Dinge sind in der Zeit symmetrisch. Es ist völlig egal, ob Sie das Stück Würfelzucker jetzt oder in fünf Stunden ansehen, es sieht genau gleich aus. Das ist eine Symmetrie. Es ist aber nicht gleichgültig, ob Sie erst Ihre Socken und dann Ihre Schuhe (oder umgekehrt) anziehen. Das ist eine Symmetrieverletzung.

»Man kann sich nur schwer vorstellen, daß man bei der Ableitung der Naturgesetze sehr viel Erfolg gehabt hätte, wenn es bestimmte Symmetrien nicht gegeben hätte«, schreibt der Physiker David Gross in seinem Aufsatz »Die Rolle der Symmetrie in der physikalischen Grundlagenforschung«. Und weiter: »Die Möglichkeit, Experimente an verschiedenen Orten und zu verschiedenen Zeiten zu wiederholen, baut auf der Tatsache auf, daß Naturgesetze bei Verschiebungen durch Raum und Zeit unverändert bleiben.«

Eine der geheimnisvollsten Eigenschaften der Zeit ist, daß sie für einzelne subatomare Teilchen symmetrisch zu sein scheint, diese Symmetrie aber bei großen Ansammlungen von Teilchen verliert. Eine Wechselwirkung zwischen zwei Teilchen kann genau gleich aussehen, ob man sich nun in der Zeit vorwärts oder rückwärts bewegt; aber Ansammlungen von Teilchen (einschließlich Leuten) können sich in der Zeit nur vorwärts und nie rückwärts bewegen.* Man kann immer sehen, ob ein Film rückwärts läuft, weil die dargestellten Ereignisse in der Zeit nicht symmetrisch sind. Man könnte aber nicht feststellen, ob ein Film rückwärts läuft, wenn nur die Wechselwirkung zwischen zwei Teilchen gezeigt wird.

Symmetrien zeigen sich auch in Veränderungen, bei denen sich der Zusammenhang, die Größenordnung oder die Form verändern. Berge und Maulwurfshügel haben ungefähr die gleiche Form, die Wirbel der Sterne in der Galaxie und die Wirbel der Milch in der Teetasse auch. Schneckenhäuser und Sonnenblumen wiederholen die gleichen Muster immer und immer wieder, weil zu ihren genetischen Anweisungen eine Symmetrie der Proportionen gehört: Die nächste Reihe Blütenblätter, die nächste Windung im Schneckenhaus wächst immer so, daß sie zu der folgenden und der vorhergehenden eine ganze bestimmte Proportion einhält. »Diese Vorstellung

* Siehe Kapitel 6 »Sichtbar werdende Eigenschaften«

von Symmetrie«, schreibt Rothstein, »kommt dem, was wir in anderen Zusammenhängen Harmonie nennen, sehr nahe.«

Noch subtilere Arten der Symmetrie stammen aus einem Zweiggebiet der Mathematik namens Topologie – einer Art elastischer Geometrie, wo man Linien und Formen ineinander verwandeln kann, solange es bei dieser Umformung keine Brüche und Risse gibt. Topologisch gesprochen ist eine Kaffeetasse im wesentlichen das gleiche wie ein Doughnut. Beide bestehen aus einer ununterbrochenen Oberfläche mit einem einzigen Loch (im Fall der Kaffeetasse das Loch im Henkel). Wenn das Doughnut aus Knete wäre, könnte man es in eine Kaffeetasse umformen, ohne die Oberfläche zu zerreißen. Eine Kugel könnte man jedoch nicht in ein Doughnut umwandeln, ohne die Oberfläche zu zerreißen. Doughnuts und Kaffeetassen haben also eine gemeinsame Symmetrie, die den Kugeln abgeht. (Mathematiker witzeln oft, daß Topologen die Leute sind, die den Unterschied zwischen einem Doughnut und einer Kaffeetasse nicht kennen.)

All dies sind Symmetrien, und all diese Symmetrien verraten uns etwas über tiefe Verbindungen, die unter den oberflächlichen Verschiedenheiten verborgen liegen. Es sind die gleichen Symmetrien, sagt Rothstein, die unsere gefühlsmäßigen Reaktionen hervorrufen, wenn wir es mit Schönem zu tun haben – sei es nun in der Musik oder in der Mathematik. »Was wir in solchen Augenblicken ›spüren‹, ist die Analogie zwischen dem Teil und dem Ganzen, zwischen einem Objekt und einem anderen Objekt, zwischen einer Beziehung und einer anderen.«

Man kann sogar nach Symmetrien suchen, wenn man eigentlich gar nicht weiß, worüber man redet. Das ist ja das Schöne an der Algebra! Nehmen Sie eine einfache Gleichung wie A plus B gleich B plus A. Diese Aussage ist symmetrisch, ob sie nun von Äpfeln oder Orangen, Galaxien oder Fröschen handelt. Die Aussage ist symmetrisch, weil das Ergebnis das gleiche ist, ob nun A und B die Plätze tauschen oder nicht. Man kann keinen Unterschied feststellen.

Eine Variante dieser Aussage liegt im Kern der Goldenen Regel verborgen, die uns auffordert, andere so zu behandeln, wie wir selbst gern behandelt werden möchten. Sie besagt also, daß das Ergebnis das gleiche sein sollte, ob nun der Handelnde und der Behandelte die Plätze tauschen oder nicht. Dieses Prinzip wurde auch in vielerlei Gesetzen verankert, als Maßstab für Gerechtigkeit. Wenn Sie einen Kuchen in zwei Stücke schneiden, um mit einer Freundin zu teilen, und der Schnitt das Stück in zwei völlig gleiche Teile zertrennt, dann ist es völlig gleichgültig, welches Stück Sie nehmen. Die Ergebnisse sind, anders ausgedrückt, symmetrisch.[*]

Symmetrien sind jedoch manchmal an der Oberfläche nur schwer auszumachen, weil es in Wirklichkeit oft so aussieht, als erschienen Dinge je nach Blickwinkel sehr unterschiedlich. Wenn wir zum Beispiel auf der Erde sitzen, dann sehen wir jeden Tag die Sonne von Osten nach Westen über den Himmel ziehen. Es erforderte ungeheures Vorstellungsvermögen, sich einmal an den Standpunkt der Sonne zu versetzen und zu sehen, daß wir uns auf einer Kreisbahn um sie herum bewegen. Die beiden Sichtweisen sind symmetrisch, und die Bewegungen von Sonne und Erde relativ zueinander ändern sich mit dem Blickwinkel nicht. Aber was wir sehen, ist ganz gewiß je nach Standpunkt sehr unterschiedlich.

Ebenso ist es auch kaum offensichtlich, daß sich ein Filet Mignon und Rosenkohl und Menschen alle im wesentlichen aus Kohlenstoff und Wasser zusammensetzen. Es ist nicht offensichtlich, daß Ruß und Diamanten aus genau dem gleichen Material (Kohlenstoff) bestehen. Man muß schon ziemlich tief blicken, um die Verbindung zu sehen, die Gleichheit, die tief unter der Oberfläche verborgen liegt.

Manchmal spiegelt sich die innere Symmetrie auf der makroskopischen Ebene wider. Die sichtbare Symmetrie der Schneeflocke verdankt ihr Muster der Stärke und Art der Verbindungen zwischen den Wasserstoffatomen im Wasser. Das ist sichtbar gewordene Chemie – die zugrundeliegende Molekülstruktur erscheint auf der makroskopischen Ebene vergrößert. Mit dem Gedanken, daß alle Kohlenstoffatome und Wassermoleküle im gesamten Universum genau gleich sind,

* Siehe Kapitel 10 »Gerecht teilen: Die Weisheit des Salomon«

grübelt man auf andere Art über Symmetrie nach. Wenn man Dinge nicht auseinanderhalten kann, dann müssen sie vollkommen symmetrisch sein. Also hat Symmetrie auch etwas mit Unterscheidbarkeit zu tun. Wie der Physiker Philip Morrison erklärt: »Was unter dem einen Blickwinkel symmetrisch erscheint, muß das unter einem anderen Blickwinkel nicht unbedingt. Wenn ich farbenblind bin, kann ich die rot markierte Seite nicht von der grünen unterscheiden, backbord nicht von steuerbord. Das Boot ist in meinen Augen also völlig symmetrisch.« (Wir bezeichnen manchmal Dinge, die sich genau gleichen, als Spiegelbilder. Doch selbst Ihr Bild in einem vollkommen flachen Spiegel ist seitenverkehrt– das ergibt sich daraus, daß das Licht den Weg zwischen Ihnen und dem Spiegel und wieder zurück unter bestimmten Winkeln zurücklegt.)

Kohlenstoffatome kann man dagegen wirklich nicht voneinander unterscheiden. Ob ein Kohlenstoffatom an Ihrer Fingerspitze in den vorangegangenen Jahrhunderten in der Atmosphäre herumgesurrt ist oder ob es in irgend einem fossilen Skelett am Meeresboden eingesperrt war, Sie können seine Geschichte niemals herausfinden. Ganz gleich, was mit ihm auch geschehen ist, es ist immer unverändert geblieben – und genau gleich wie alle anderen Kohlenstoffatome im Universum. Die universelle Symmetrie der Atome rührt von einer noch elementareren Symmetrie her, die den subatomaren Teilchen und dem sie zusammenhaltenden »Leim« innewohnt.

Die Ironie der Sache: das wohl symmetrischste Ding überhaupt ist das Nichts. Physiker beschreiben das »Nichts« manchmal als einen Zustand vollkommener Symmetrie. Man erkennt, daß man sich im »Nichts« befindet, weil es hier völlig uninteressant ist, wie man es dreht, aus welchem Winkel man es betrachtet oder wie man es irgendwie verändert. Für einen Fisch wäre völlig bewegungsloses Wasser ungefähr analog zu »Nichts«, denn er kann darin keine Richtungen unterscheiden. Falls das Wasser hingegen zu Eis kristallisierte, könnte die Ausrichtung der Kristalle eine Richtung vorgeben; es wäre nicht mehr jede Richtung wie alle anderen.

Einige Physiker glauben, daß die Materie entstand, als »Stoff« aus dem »Nichts« gefror, so wie ein kristalliner Eiswürfel aus dem gestaltlosen Wasser gefriert. Sie setzen die Mittel der Mathematik ein, um nach der verletzten Symmetrie zu suchen, die das »Nichts« in unser Universum verwandelt hat.

Genau darum geht es auch in Einsteins spezieller Relativitätstheorie. Unter der Relativität von Raum und Zeit liegt die absolute Konstante der Lichtgeschwindigkeit. Wenn ein Lichtstrahl auf Sie zugeschossen kommt und Sie ihm entgegenrennen, erreichen Sie ihn nicht schneller. Wenn Sie vor ihm wegzulaufen versuchen, holt er Sie trotzdem ein. Das ist völlig anders als bei einem Zug, den Sie immerhin einholen könnten, wenn Sie nur schnell genug rennen würden. Das Licht können Sie niemals einholen.

Die ganze seltsame Angelegenheit mit dem dehnbaren Raum und der dehnbaren Zeit, die sich aus der Relativitätstheorie ergibt, leitet sich nur von dieser einen schlichten Tatsache ab. Weil Geschwindigkeit Entfernung pro Zeit ist (wie in der Angabe sechzig Kilometer pro Stunde), dann müssen, wenn diese Geschwindigkeit sich nie verändert, Zeit und Raum dehnbar sein. Und die gemessene Lichtgeschwindigkeit ist immer 300 000 km pro Sekunde, ganz unabhängig davon, in welche Richtung Sie sich bewegen.

Eine weitere tiefe (und überraschende) Symmetrie in der speziellen Relativitätstheorie ist $E = mc^2$, was bedeutet, daß Energie und Masse im Grunde das gleiche sind und beliebig ineinander umgewandelt werden können.* Der Atommeiler der Sonne zum Beispiel spuckt jeden Tag die Masse mehrerer Ozeanriesen in Form von Strahlungsenergie aus. Diese Energie destillieren Pflanzen aus der Sonnenstrahlung, und sie wird (unter anderem) in Menschen wie uns umgewandelt.

Gross weist darauf hin, daß Einsteins phänomenaler Schritt nach vorn in der Arbeit über die spezielle Relativitätstheorie aus dem Jahre 1905 darin bestand, der »Symmetrie erste Priorität zu geben ... Dies ist ein grundlegender Wandel in der Einstellung.«

---

* Energie ist gleich Masse, multipliziert mit dem Quadrat der Lichtgeschwindigkeit c.

Einsteins allgemeine Relativitätstheorie deckt sogar ein noch größeres Gebiet ab. Einstein erkannte, daß es gleichbedeutend ist, ob man von einem Gebäude fällt oder im freien Raum schwebt, und daß es gleichbedeutend ist, ob man von der Schwerkraft zur Erde hingezogen oder in einer Rakete beschleunigt wird. Wenn ein Astronaut nach einem Apfel greift, der in der Kombüse des Raumschiffs herumschwebt, und das Raumschiff plötzlich beschleunigt, dann »fallen« der Apfel (und der Astronaut) zu Boden. Fallen und Beschleunigen sind genau gleichbedeutend.

Die Beständigkeit, die in der Symmetrie und in der Unveränderlichkeit von Größen enthalten ist, hat einen ziemlich direkten Bezug zu dem, was wir unter dem Begriff »Erhaltungssätze« kennen. Und das aus gutem Grund, denn diese Sätze beschreiben ja genau, welche Aspekte der Natur vollkommen erhalten bleiben, und zwar unter allen Bedingungen. Energie zum Beispiel bleibt erhalten. Man kann sie hin- und herbewegen und umwandeln, sogar in Materie (und wieder zurück) verwandeln, aber die Gesamtmenge ändert sich nie.

Das gleiche gilt für die elektrische Ladung. Zumindest in unserem Universum scheint jedes positiv geladene elektrische Teilchen ein negativ geladenes Gegenstück zu haben. Also bleibt die Menge der elektrischen Ladung im Universum immer gleich. Man kann nicht nur negative oder nur positive elektrische Ladung erzeugen, aber man kann die beiden trennen und von ihrer gegenseitigen Anziehungskraft profitieren. Bei Gewittern wird die elektrische Ladung der Luftmoleküle mit furchterregender Gewalt getrennt. Und diese geballte Kraft wird sichtbar, wenn riesige elektrische Stromstöße (als Blitze) durch den Himmel zucken und die getrennten elektrischen Ladungen mit viel Getöse (Donner) wieder zusammenbringen.

Die Person, die diese kritische Verbindung zwischen Symmetrie, Unveränderlichkeit und Erhaltungsgrößen so zusammenfaßte, daß sie damit Einsteins allgemeine Relativitätstheorie »rettete«, war die junge deutsche Mathematikerin Emmy Noether.

Man hatte sie wie viele andere Mädchen dazu erzogen, zu putzen, zu kochen und tanzen zu gehen. Aber sie war gerade zur rechten Zeit geboren, um durch einige der Ritzen zu schlüpfen, die sich in den Barrikaden zwischen den Frauen und der Naturwissenschaft allmählich zu zeigen begannen. (Ihr Vater war ein berühmter Mathematiker und unterstützte sie dabei, was sicher eine Hilfe war. In älteren Nachschlagewerken über diese Zeit wird Emmy noch als Tochter von Max geführt, neuere Bücher verzeichnen dann Max als Emmys Vater.)

Sie durfte nicht an der Universität lehren, weil sie eine Frau war. Der große Mathematiker David Hilbert versuchte sein möglichstes, um ihr eine Stelle als Dozentin an der Philosophischen Fakultät der Universität Göttingen zu besorgen. Einstein schrieb einen Brief, um sie zu unterstützen, aber alles vergebens. (Offensichtlich hatten die Herren in Göttingen noch nicht herausgefunden – oder wollten es nicht wissen –, daß mathematisches Genie mit dem natürlichen Geschlecht invariant ist. Oder wie Hilbert argumentierte: »Ich kann nicht begreifen, daß das Geschlecht der Kandidatin ein Argument gegen ihre Berufung als Privatdozentin sein soll. Schließlich sind wir eine Universität und keine Badeanstalt.«)

Trotz dieser Hindernisse leistete Emmy Noether viele wichtige Beiträge zur Mathematik. Nachdem Einstein seine allgemeine Relativitätstheorie veröffentlicht hatte, in der er die Gravitation als eine Krümmung des vierdimensionalen Raum-Zeit-Kontinuums beschrieb, begannen Mathematiker, die Eigenschaften dieses spannenden neuen Territoriums zu erforschen. Die Theorie war noch ziemlich grob behauen und unvertraut, und es taten sich beträchtliche Probleme auf. Vor allem schien es, als bliebe die Energie in diesem gekrümmten vierdimensionalen Raum nicht erhalten – ein grundlegender Fehler.

Noether löste dieses Problem, indem sie mit Hilfe von Symmetrieerwägungen bewies, daß die Energie im vierdimensionalen Raum erhalten bleibt. Aber sie ging weit darüber hinaus. (Sie durfte diese wissenschaftliche Arbeit mit dem Noetherschen Theorem übrigens nicht selbst vorstellen; das mußte sie dem Mathematiker Felix Klein überlassen.) Das Noethersche Theorem bewies, daß die Erhaltungssätze genau das gleiche wie Symmetrien sind – ein gewaltiger Durchbruch. Weil die Gesetze der Physik symmetrisch sind, ändern sie sich nicht mit der Entfernung oder der Zeit, im Weltraum oder auf der Erde, in großem oder kleinem Maßstab, heute oder morgen.

Noether schloß vom Besonderen auf das Allgemeine, vom Vergänglichen auf das Dauerhafte. »Ihr Genie bestand darin, daß sie das Problem mit großer Tiefe und Allgemeingültigkeit gelöst hat, und nicht nur für die allgemeine Relativitätstheorie«, meint die Physikerin Nina Byers von UCLA, die sich mit Noethers Beitrag zur Elementarteilchenphysik beschäftigt hat. »Sie hat das Problem für die gesamte Physik gelöst.«

Einstein schrieb über ihre Arbeiten: »Es hat mich zutiefst erstaunt, daß man diese Dinge von einem so allgemeinen Standpunkt aus sehen konnte. Es hätte der Alten Garde in Göttingen nicht geschadet, wenn sie ein, zwei Dinge von Emmy gelernt hätten. Sie weiß ganz gewiß, was sie tut.«

Es paßt ins Bild, daß Emmy Noether eine derart herausragende Rolle gespielt hat, denn sie war der Typ von Mathematikerin, die immer große, weit gefaßte, allgemeine Wahrheiten sieht – also erschien ihr der Gedanke, Symmetrie mit den fundamentalen Naturgesetzen zu verknüpfen, als ganz natürlich. Berechnungen interessierten sie nicht. Tatsächlich war sie so weit von derlei niederen Betätigungen entfernt, daß einige Leute ihre Art von Mathematik als »Theologie« bezeichneten.

Ihre Mathematik hatte nichts mit Registrierkassen und Rezepturen zu tun, sondern mit dem Wahren und Schönen. Sharon Bertsch McGrayne schreibt in *Nobel Prize Women in Science*, daß in Noethers besten Arbeiten »Formeln, Zahlen, physikalische Beispiele und Berechnungen zurücktreten. Es ist, als beschriebe und vergliche sie die Eigenschaften von Gebäuden – Höhe, Stabilität, Nützlichkeit und Größe –, ohne je Gebäude selbst zu erwähnen. Zahlen und Formeln schienen sie eher am Verständnis der mathematischen Gesetze und Beweise zu hindern.«

Wie Einstein selbst sah Noether die verborgenen Strukturen, die die scheinbar so unterschiedlichen Dinge zusammenhielten. Zu ihrem Gedenken schrieb Einstein einen Brief an die *New York Times*, in dem er sie als ein »schöpferisches mathematisches Genie« bezeichnete, das Methoden »von ungeheurer Wichtigkeit« entdeckt hatte.

Die angesehensten Wissenschaftler beklagten ihren plötzlichen Tod mit tiefempfundener Trauer. Es war eine Ironie des Schicksals, daß sie den Nazis entronnen war, daß sie die Barrikaden überwunden hatte, die man gegen Frauen in der Naturwissenschaft errichtet hatte, und dann wohl einer Infektion erlag, die nach einer erfolgreich verlaufenen Operation plötzlich eintrat. Sie war bei ihrem Tod gerade einmal Anfang Fünfzig und befand sich »auf dem Gipfel ihrer mathematischen schöpferischen Kraft«, sagte der Physiker Hermann Weyl in seiner Gedenkansprache im Jahre 1935. Er scheint die allgemeine Stimmungslage gut eingefangen zu haben, als er sagte, daß sie »ein solcher Ausbund an Vitalität war, so fest und gesund mit beiden Beinen auf der Erde stand, mit einem gewissen robusten Humor und Lebensmut, daß niemand auf diesen Schock vorbereitet war«.

Noethers Überlegungen zur Symmetrie und zu den Naturgesetzen sind eines der konkretesten Beispiele für die Verbindung zwischen dem Wahren und dem Schönen – eine Verbindung, die auf der Vorstellung von einem tatsächlichen Zusammenhang aufbaut. »Was in der Wissenschaft schön ist, ist genau das gleiche, das auch bei Beethoven schön ist«, erläutert der große Physiker Victor Weisskopf. »Erst hat man einen Nebel von Ereignissen vor Augen, und plötzlich sieht man die Verbindung. Sie drückt einen Zusammenhang menschlicher Anliegen aus, der einem tief ins Herz dringt, der mit Dingen Verbindungen aufnimmt, die schon immer in einem geschlummert haben, die man aber nie miteinander verknüpft hatte.«

Heute haben Noethers Vorstellungen von Wahrheit die gesamte Physik durchdrungen. Physiker bauen ihre Arbeiten auf dem Noetherschen Theorem auf, auch wenn viele von ihnen keine Ahnung haben, wer Noether war oder daß

Noether eine Frau war. »Die Natur verstehen, das bedeutet, ihre Regeln zu verstehen, und das ist gleichbedeutend damit, ihre Symmetrien zu verstehen«, meint der Physiker Lawrence Krauss, der das Buch *Die Physik von Star Trek* geschrieben hat. »Deswegen sind Elementarteilchenphysiker auch so versessen auf Symmetrie. Auf der elementarsten Ebene beschreiben Symmetrien nicht nur das Universum; sie bestimmen, was möglich ist, das heißt, was Physik ist.«*

Die Suche nach Symmetrien hat unter anderem zu der Entdeckung geführt, daß Kernbausteine wie Protonen und Neutronen sich aus noch elementareren Bausteinen, den Quarks zusammensetzen. Quarks wurden als Symmetrien entdeckt, ehe irgend jemand auch nur auf den Gedanken gekommen war, im Müll der Teilchenzusammenstöße in Hochenergiebeschleunigern nach ihnen zu suchen. Nachdem er die Symmetrien gefunden hatte, konnte der Physiker Murray Gell-Mann ableiten, welches die Erhaltungsgrößen sein mußten. Alle Teile des Puzzles zusammenzusetzen, daraus besteht seither die Aufgabe unzähliger internationaler wissenschaftlicher Suchexpeditionen.

Man geht dabei ziemlich ähnlich vor wie bei der Entdeckung des Periodensystems der Elemente. Damals machte man sich die Tatsache zunutze, daß die Elemente sich sehr geordnet in verschiedene Familien einteilen lassen, die über die Generationen hinweg ziemliche Ähnlichkeiten aufweisen. Als einmal die Familienmuster klar waren, war es ziemlich einfach festzustellen, welche Mitglieder (wenn überhaupt) noch fehlten. Genauso wie es leichter festzustellen ist, welche Puzzleteile fehlen, wenn das Puzzle beinahe fertig ist.

Symmetrieerwägungen führten auch zur Entdeckung der Antimaterie. Dieses seltsame – auf Erden vor den dreißiger Jahren des zwanzigsten Jahrhunderts völlig unbekannte – Zeug tauchte zunächst als negatives Vorzeichen in einer Gleichung auf. Als der Physiker P. A. M. Dirac die spezielle Relativitätstheorie und die Quantenmechanik mathematisch zu-

---

* Dieses Zitat stammt aus einem der anderen populären Bücher von Krauss: *Nehmen wir an, die Kuh ist eine Kugel ... Nur keine Angst vor Physik.*

sammenfaßte, entsprangen aus dieser Ehe symmetrische Zwillingslösungen – eine mit einem positiven, die andere mit einem negativen Vorzeichen –, zwei Varianten, das genaue Spiegelbild voneinander.

Konnte so etwas wie Antimaterie überhaupt existieren? Carl Anderson von Caltech fand heraus, daß sie existieren kann und auch tatsächlich existiert – kurz nachdem Dirac sie vorhergesagt hatte. Als er sich Photoplatten anschaute, auf denen aus dem Weltraum hereinströmende Teilchen ihre Spuren hinterlassen hatten, fand er etwas, das aussah wie die Spur eines Elektrons, sich aber im Magnetfeld in die falsche Richtung krümmte. Es war ein Antielektron oder Positron, das erste, das der Menschheit bekannt war. Im Jahr 1949 zeigte der kürzlich verstorbene Richard Feynman, daß ein Antiteilchen mathematisch genau das gleiche ist wie ein Teilchen, das sich in der Zeit rückwärts bewegt.

Heutzutage sind Antiteilchen wie Antiprotonen und Positronen Routinewerkzeuge in der Teilchenphysik und in der Medizin geworden. PET-Scans (Positronen-Emissions-Tomographie) benutzen zum Beispiel Antimaterie dazu, abzubilden, was in Ihrem Gehirn vor sich geht.

In einem völlig symmetrischen Universum hätten wir natürlich von Anfang an über die Antimaterie Bescheid gewußt, denn die Antimaterie wäre überall zu finden gewesen. Allerdings wären wir dann wohl nicht dagewesen, um sie zu bemerken ...

Das liegt daran, daß die Menge der Materie im Universum auch eine Erhaltungsgröße ist. Wenn man Energie in Masse verwandelt, bekommt man immer genauso viele Teilchen wie Antiteilchen. Und wenn Teilchen und Antiteilchen zusammenstoßen, dann vernichten sie einander mit einem Ausbruch purer Energie.

Es erhebt sich also eine haarsträubende Frage: Wenn das Universum in einem Ausbruch purer Energie entstanden ist, wohin ist dann bitte die ganze Antimaterie geraten? Sie muß ja dagewesen sein, weil die Gesetze der Physik symmetrisch sind. Und wenn genauso viel Materie wie Antimaterie da war, dann hätte sich jedes bißchen Materie mit einem Stückchen

Antimaterie zusammengeschlossen, und die beiden hätten einander zu Nichts aufgehoben. Das ist nun eindeutig nicht geschehen, denn irgend etwas ist übriggeblieben und hat sich in Sterne, Galaxien, Planeten und uns entwickelt.

Physiker, die eine Antwort auf die Frage suchen, warum es im Universum überhaupt ein Etwas und nicht bloß Nichts gibt, untersuchen Symmetrien. Ein großer Teil der Elementarteilchenphysik beruht heute auf einem mathematischen Konzept, das Gruppentheorie heißt. Hier ist eine Gruppe eine Ansammlung aller Verwandlungsmöglichkeiten eines Objektes, die dieses Objekt invariant (unverändert) lassen. In einigen Teilbereichen der Physik gibt es bereits gute Beweise dafür, daß die Natur nicht so symmetrisch ist, wie wir immer gemeint haben. Einige subatomare Teilchen verhalten sich unsymmetrisch. Die vollkommene Symmetrie des neugeborenen Universums muß irgendwie verletzt worden sein. Ein großer Teil der Hochenergiephysik und der Kosmologie konzentriert sich dieser Tage auf die Frage, wie und warum das geschehen ist.

Symmetrie steckt auch hinter einem großen Teil der Aufregung über die Stringtheorie, von der der Physiker Edward Witten vom Institute for Advanced Studies in Princeton behauptet, sie sei ein Stück Physik aus dem 21. Jahrhundert, das sich aus Versehen schon ins 20. verirrt hat.

Die Stringtheorie hat an die Stelle der winzigen punktförmigen Teilchen, die wir als Grundbausteine der Natur ansehen, den Gedanken gestellt, daß die grundlegenden Einheiten unvorstellbar kleine vibrierende Schnüre, eben die Strings sind. Es sind keine Schnüre aus Hanf, sondern Schnüre aus einem bisher unbekannten elementaren Stoff – noch elementarer selbst als Raum und Zeit. Diese Strings vibrieren nicht nur in den gewöhnlichen drei Dimensionen, die wir auf der Erde kennen, und in der vierten Dimension, der Zeit, sondern auch noch in sechs anderen Dimensionen, die viel zu klein »zusammengerollt« sind, als daß wir sie je wahrnehmen könnten. Die harmonischen Oberschwingungen dieser Strings erzeugen alles, was existiert. Das hat dazu geführt, daß einige die Stringtheorie als »die Theorie von allem« bezeichnen.

Der große Reiz der Stringtheorie ergibt sich für Physiker daraus, daß Strings, die im zehndimensionalen Raum vibrieren, ungeheuer viele mögliche Symmetrien haben. Sie können sich auf Abermillionen verschiedene Arten verwandeln – in Schwerkraft, Gänseblümchen, Sterne, Nervenzellen und radioaktive Atome – und doch im wesentlichen unverändert bleiben.

Vor einigen Jahre gebar die Stringtheorie noch die M-Theorie – die von ihren begeisterten Fans auch als Magische oder Mysteriöse oder Muttertheorie bezeichnet wird. Die M-Theorie ist noch symmetrischer als die Stringtheorie, weil sie eine zusätzliche, eine elfte Dimension hinzunimmt. Inzwischen ist sogar die Rede von einer F-Theorie, die eine zwölfte Dimension benötigen würde. Heutzutage, schreibt David Gross, ist Symmetrie das »Leitprinzip« an der vordersten Front der Physik. »Wenn wir nach neuen und noch elementareren Naturgesetzen suchen, sollten wir nach neuen Symmetrien suchen.«

Es ist natürlich gar nicht nötig, sich in die exotischen Gefilde der Stringtheorie zu begeben, wenn man sehen will, daß die Symmetrie in der Natur an allen Ecken und Enden als zentrales Thema auftaucht. Eine Schnecke baut ihr Haus nach einer Symmetrie der vollkommenen Proportionen auf, die man auch als Goldenen Schnitt bezeichnet. Alle Wirbeltiere von der Feldmaus bis zum Grizzlybär haben ein zentrales Rückgrat, aus dem symmetrische Reihen von Rippen entspringen; jedes Auge hat sein spiegelbildliches Gegenstück, ebenso jede Hand mit fünf Fingern und jeder Fuß mit fünf Zehen.

Aber, wie Stewart schon gesagt hat, die vollkommene Symmetrie könnte unter Umständen gar nicht zu bemerken sein. Es scheint, daß hinter biologischen Mustern und auch kosmologischen Bildungsprinzipien eher die gebrochene Symmetrie steckt. Alles vom Tigerschwanz bis zum Rosenblatt ist ein Ergebnis verletzter Symmetrie – gerade so viel Symmetrieverletzung, daß wir das Muster noch erkennen, aber nicht so viel, daß es ganz zerstört würde. »Das Geheimnis der Natur ist die Symmetrie«, schreibt Gross, »aber ein großer

Teil der Strukturen in der Welt rührt von Mechanismen her, mit denen diese Symmetrie gebrochen wurde.«

Wir selbst sind hervorragende Beispiele für verletzte Symmetrie. Ein Baby beginnt sein Leben als einzelne befruchtete Eizelle – beinahe vollkommen symmetrisch. Aus dieser Gleichheit entwickeln sich Augen, Knochen, Gehirn, Herz, Verstand und Musik. Die Frage ist: Wenn die Naturgesetze zumeist symmetrisch sind, wo kommen dann all die Symmetrieverletzungen her?

Im Augenblick ist das eine der pikantesten Fragen der Naturwissenschaft und Thema für eine Unzahl hervorragender Bücher.* Um einen kleinen Vorgeschmack auf dieses Problem zu bekommen, stellen Sie sich folgendes vor: Nehmen Sie einen Haufen absolut gleicher Wassertropfen oder Nervenzellen oder Sterne. Wie bekommt man aus dieser vollkommenen Gleichheit Schneeflocken, Gedanken oder Galaxien? Wie kommt es, daß diese schlichten, einander ähnelnden Dinge so viele Muster, so viel Komplexität erzeugen? Schließlich läuft alles auf viele sehr komplizierte Symmetrieverletzungen hinaus.

»So erzeugt das Universum Komplexes aus Einfachem«, meinte John Barrow in *Die Entdeckung des Unmöglichen*. »Deswegen können wir von einer ›Theorie von allem‹ sprechen und gleichzeitig doch nicht einmal eine Schneeflocke verstehen.«

Deswegen finden auch viele Physiker das Konzept von einer »Theorie von allem« ziemlich vermessen. Denn schließlich könnten Physiker alles herausfinden, was man über jedes Atom nur herausfinden kann, aus dem sich lebendige Materie zusammensetzt, sie könnten die physikalische Nuance jedes einzelnen Tons kennen. Aber das würde ihnen noch lange nicht helfen, Teenager zu verstehen oder zu erklären, warum uns Nationalhymnen zu Tränen rühren. Selbst vollkommenes Wissen über die Zutaten bedeutet nicht, daß man auch weiß, was einen guten Kuchen ausmacht. Irgendwo zwischen Ursache und Wirkung geht die Symmetrie verloren, sagt Stewart.

* Mein persönliches Lieblingsbuch ist *Chaos – Antichaos* von Jack Cohen und Ian Stewart.

Selbst wenn die Naturgesetze symmetrisch sind, ihre Folgen sind es noch lange nicht. Vielleicht ist es richtig zu sagen, daß die »Theorie von allem« statt nach einer Erklärung für das Universum nach der ultimativen Symmetrie des Universums sucht, und das ist ja auch schon eine ziemliche Aufgabe.

Wenn man nun zum menschlichen Maßstab zurückkehrt, so hat die Verletzung von Symmetrien weitreichende Folgen für die Chemie. Denn viele Moleküle gibt es in zwei Varianten – die das genaue Spiegelbild voneinander sind. Wie der Chemiker und Dichter Roald Hofmann es formuliert, sind sie »gleich und doch nicht gleich«, wie die linke und die rechte Hand, der linke und der rechte Schuh. Contergan – das Medikament, das zu schweren Deformationen bei Kindern geführt hat, deren Mütter dieses Mittel während der Schwangerschaft einnahmen – wurde als Kombination zweier solcher Spiegelbilder verkauft. Es sieht heute so aus, als sei nur eines der beiden schädlich.

Viele dieser Spiegelmoleküle haben den gleichen Schmelzpunkt, die gleiche Farbe, das gleiche Gewicht und so weiter. Aber sie könnten verschieden riechen und sich verschieden auf lebende Zellen auswirken. Ein Spiegelbild könnte süß sein, das andere geschmacksneutral, das eine ein starkes Schmerzmittel, das andere wirkungslos.

Biologische Moleküle können, anders ausgedrückt, rechts von links unterscheiden.

Es hat sich herausgestellt, daß die meisten biologischen Moleküle eine Richtung deutlich bevorzugen. Sie sind verdreht wie winzige Wendeltreppen – eine Symmetrieverletzung, die in die dritte Dimension geht. Rechtsdrehende und linksdrehende Spiralen kann man nicht wie Spiegelbilder »umklappen«, so daß sie genau übereinander liegen, genauso wenig, wie man mit noch so vielen Verdrehungen die rechte Hand in einen linken Handschuh bekommen kann.

Und doch drehen sich die meisten DNS-Moleküle und auch Eiweißmoleküle nur in eine Richtung – nach »rechts«. Diese Bevorzugung der rechten Drehrichtung ist eine riesige Überraschung, denn von den meisten toten Gegenständen – wie etwa Kristallen – gibt es ungefähr gleich viele rechts- und linksdrehende Varianten. (Tatsächlich würden ausschließlich linksdrehende Aminosäuren auf dem Meteoriten vom Mars wohl selbst die hartnäckigsten Skeptiker davon überzeugen, daß die kleinen röhrenförmigen Gebilde wirklich Fossilien einer uralten außerirdischen Lebensform sind.)

Die »angeborene« Asymmetrie des Lebens hat zu aufsehenerregenden Spekulationen über den Ursprung des Lebens geführt. Wenn sich das Leben an vielen Orten gleichzeitig in seine spiralige Existenz geschraubt hätte, dann würde man eigentlich erwarten, daß gleichviele Spiralen dieser frühen Moleküle sich nach rechts und links drehen – genau wie das bei den Silicium- und Sauerstoffatomen in Quarzkristallen der Fall ist. Aber wenn das Leben als ein einziges, äußerst seltenes Ereignis begann, dann hätte ein einziges Molekül seine rechtshändige Drehrichtung als Erbe an alle lebendigen Wesen der Zukunft weitergegeben. Anders ausgedrückt: die rechtsdrehende Spirale so vieler biologischer Moleküle könnte bedeuten, daß wir alle von einem einzigen Molekül oder einer einzigen Gruppe von Molekülen abstammen, die gelernt hat, sich mit Hilfe von Bausteinen aus ihrer Umgebung zu vervielfältigen. Wir könnten alle einen einzigen gemeinsamen Ahnen haben.

Wie der kürzlich verstorbene Physiker Richard Feynman es formuliert hat: »Die Tatsache, daß alle Moleküle in Lebewesen genau die gleiche Drehrichtung haben, ist vielleicht der weitestgehende Beweis dafür, wie gleichförmig die Ahnen des Lebens waren, bis hin zur molekularen Ebene.«

Natürlich ist das nur eine der vielen Ideen, die von Biologen, Mathematikern und Physikern vorgebracht werden, die versucht haben, die durchgängig rechtsdrehende Spirale des Lebens zu erklären. Warum die Asymmetrie hartnäckig bestehen bleibt, hat man verstanden: Schließlich können rechtsdrehende Moleküle nur mit anderen rechtsdrehenden Molekülen reagieren. Aber wie zu Anfang die Symmetrie überhaupt erst verletzt wurde, das bleibt ein pikantes Geheimnis.

Die Physikerin Elsa Feher, die eine wunderbare Ausstellung über Symmetrie zusammengestellt hat, die sich im Augenblick auf einer dreijährigen Rundreise durch die Wissenschaftsmuseen der USA befindet, spazierte eines Tages durch ihre Ausstellung, um sich ein Bild von der Reaktion der Besucher zu machen. Die Ausstellung ist breit gefächert und geht in die Tiefe, und sie bietet vielfältige Möglichkeiten, selbst mit Symmetrien zu spielen: in Sprache und Musik, in Raum und Zeit, in zwei und drei Dimensionen, mit natürlichen Objekten und Gemälden, mit Illusionen und Molekülen, mit menschlichen Gesichtern und Kristallen, mit Zahlen und Mustern auf Kacheln.

Ein Exponat beschäftigt sich mit Spiralsymmetrie, die sich um einen zentralen Punkt in die dritte Dimension dreht – die Symmetrie der Moleküle des Lebens. In einer graphischen Darstellung stellt Feher die Frage, warum beinahe alle DNS-Spiralen rechtsdrehend sind, und spekuliert in diesem Zusammenhang über einen Zusammenhang zwischen dem Ursprung des Lebens und einer Symmetrieverletzung.

An diesem speziellen Tag blieb Feher neben einem Mann stehen, der mit den rechts- und linksdrehenden Spiralen spielte und dabei völlig in das Schild mit der Erklärung vertieft war. Er wandte sich ihr zu, hielt sie wohl ebenfalls für eine Besucherin der Ausstellung und meinte: »Stellen Sie sich das bloß einmal vor! Wußten Sie, daß man daraus, aus dem Verständnis der Symmetrie in der dritten Dimension, Rückschlüsse auf den Ursprung des Universums ziehen kann?!«

Das ließ mich an Adam und Eva, die ersten Moleküle und an den Anfang des Lebens auf unserer Erde denken. Es ist wohl ziemlich unwahrscheinlich, daß Gott als Geometer uns das Wissen als Strafe geschickt hat. Viel wahrscheinlicher ist doch, daß er eine ganze Lawine interessanter Symmetrieverletzungen auf uns hat niedergehen lassen – und als eine der ersten davon den Unterschied zwischen Mann und Frau.

> Was ist die wirkliche, die echte Wahrheit? Für einen Physiker wie mich ist diese Frage uninteressant, denn sie hat keine physikalischen Auswirkungen. Beide Ansichten, die eines gekrümmten und die eines flachen Raum-Zeit-Kontinuums, ergeben für alle Messungen genau die gleichen Vorhersagen.
>
> *Kip Thorne, Physiker am Caltech*

Jedes Kind, das einmal einen Karnevalszug von den Schultern des Vaters aus angesehen hat, weiß davon zu erzählen, was ein veränderter Standpunkt bewirken kann. Nach der kleinen Kletterpartie, die uns in der dritten Dimension einen Meter achtzig weiter nach oben befördert, eröffnen sich ganz neue Aussichten, und Bereiche, die bis vor wenigen Augenblicken noch unsichtbar waren, werden auf der Stelle klar und deutlich.

Die gesamte Menschheit bekam eine solche verbesserte Sicht, als die ersten *Apollo*-Bilder vom Mond zurückkamen und die Erde als eine kleine wäßrige Welt allein im endlosen Weltraum zeigten. Plötzlich war unser Platz an der Sonne unwiderruflich anders geworden, obwohl uns keine neuen »Fakten« vorgestellt wurden und sich nichts geändert hatte – außer unserem Blickpunkt.

Einsteins Relativitätstheorie ist ebenfalls fest in der Vorstellung von veränderlichen Bezugssystemen verwurzelt. Wenn man seine Theorien durch die Brille der veränderlichen Bezugssysteme ansieht, stellt man die Invarianz auf den Kopf. Anstatt sich auf das zu konzentrieren, was sich nicht verändert, konzentriert man sich jetzt auf das, was anders aussieht – und am meisten darauf, daß völlig verschiedene Blickpunkte gleichzeitig gültig sein können.

Wechselnde Bezugssysteme – und die tiefschürfende Vorstellung, daß die Wirklichkeit beide Perspektiven umfassen könnte, ohne daß eine von ihnen »falsch« sein muß – waren die Grundlage für Einsteins spezielle Relativitätstheorie (die Elastizität von Raum, Zeit, Energie und Materie) und seine allgemeine Relativitätstheorie (die Krümmung des Raum-Zeit-Kontinuums).

Diese Vielzahl von gültigen Blickwinkeln bedeutet aber nicht, daß wir damit zu der Denkschule Marke »alles ist relativ« zurückkehren. Die unveränderlichen Wahrheiten bleiben unveränderlich, aber die äußeren Erscheinungen sind so veränderlich wie Schatten.

Schatten sind ein ziemlich gutes Bild für die Erforschung der wechselnden Bezugssysteme, denn sie schneiden die Wirklichkeit in seltsamen Winkeln ab und melden sie in verräterisch verzerrten Formen an uns zurück. Wenn Sie an einem Spätsommernachmittag eine lange sonnenbeschienene Treppe hinaufgehen, dann geht Ihr Schatten mit. Aber das sind nicht genau Sie. Zum einen ist der Schatten nur eine zweidimensionale Scheibe – vielleicht ein Profil (dann hätten Sie eine Nase, aber keine Arme) oder eine Frontalansicht (zwei Arme, aber keine Nase). Zum anderen liegt Ihr Schatten wahrscheinlich so schlapp wie geschmolzener Toffee vor Ihnen – weil das Sonnenlicht unter einem so kleinen Winkel einfällt. Am dramatischsten jedoch ist, daß er in seltsamen Winkeln über die Stufen springt, sich an die Treppenstufen anschmiegt und in einem Zickzackmuster nach oben drängelt.

Anders ausgedrückt: was Ihr Schatten reflektiert, ist eine dünne Scheibe von Ihnen, die sowohl durch das Licht verändert wird, das auf Sie fällt, als auch durch die Form des Untergrundes, auf den er fällt. Das dreidimensionale Objekt, das den Schatten wirft – das sind Sie –, bleibt bei all diesen Veränderungen unverändert. Aber Ihre zweidimensionale Projektion verändert sich beinahe zur Unkenntlichkeit. (Dieses Experiment ist außerdem ein weiteres Beispiel dafür, daß man immer mehr Symmetrie bekommt, je höher die Dimension ist. Das Objekt kann in drei Dimensionen unverändert bleiben, aber in zwei Dimensionen geht die Symmetrie verloren.)

Alle diese Faktoren – und viele weitere– beeinflussen alles, was wir sehen oder messen können. Die abgebildeten Scheiben des Lebens können in jeder Dimension auftauchen, können groß oder klein sein, flüchtig oder dauerhaft. Sie können auf winkelige, flache oder gekrümmte Oberflächen abgebildet werden. Der Teil, den wir uns aussuchen, um ihn zu beleuchten, und die Art, wie wir ihn beleuchten, können ebenfalls das Erscheinungsbild völlig verändern.

Und alles teilt uns sehr viel über die Beschränkungen und Verzerrungen mit, die jedem einzelnen Standpunkt eigen sind. Das ist alles weit mehr als bloße Philosophie. Gesichtspunkte lassen sich mit Zahlen belegen. Wenn Sie sich bewegen, dann sehen Dinge, die fest am Boden verwurzelt sind, ganz anders aus, als wenn Sie ruhig daneben stehen.

Diese verschiedenen Gesichtspunkte nennt man Bezugssysteme. Sie fassen wie in einem Rahmen alle Objekte zusammen, die sich gemeinsam bewegen, zum Beispiel mit einer gleichförmigen Bewegung durch den Weltraum schweben oder gemeinsam beschleunigen – wie ein Pulk von Marathonläufern beim Start. Ein bestimmtes Bezugssystem definiert eine bestimmte Welt, in der sich Dinge gemeinsam bewegen, in der die Zeit von den gleichen Uhren abgelesen wird, die von den gleichen Kräften bestimmt wird. Normalerweise setzen wir unser Bezugssystem als gegeben voraus. Wir verwechseln es irrtümlich mit der »Wirklichkeit«. Wir denken in den seltensten Fällen darüber nach, daß unser Bezugssystem auf der Oberfläche der guten, alten Erde uns mit einer Geschwindigkeit von Tausenden von Kilometern in der Sekunde durch den Weltraum bewegt und uns dabei auch noch mit atemberaubender Geschwindigkeit dreht.

Es überrascht wohl kaum jemanden, daß der Wechsel des Gesichtspunkts dramatische Auswirkungen darauf hat, was wir sehen. Vom bewegten Bezugssystem eines Autos aus erscheint die festgefügte Landschaft mit Bäumen und Häusern an uns vorbeizugleiten wie die Kulisse in einem Hollywood-Film – und wir denken uns nichts weiter dabei. Wir wissen, daß eine Person, die neben den Häusern steht, unser Auto mit hoher Geschwindigkeit vorbeibrausen sieht. Wir akzeptieren diese widersprüchlichen Wirklichkeiten beide als wahr – jede in ihrem eigenen Bezugssystem.

Was dagegen überrascht, ist die Tatsache, daß die Leute oft leugnen, wie wichtig das Bezugssystem für die Wirklichkeit ist. Nehmen wir einmal den Fall des Mannes, der in einem Flugzeug sitzt, das sich mit achthundert Stundenkilometern fortbewegt, und eine Münze in die Luft wirft. Er schaut sich die Münze an, wie sie hochfliegt und dann wieder nach unten fällt, auf dem gleichen geraden Weg. Für jemanden, der auf einer vorbeiziehenden Wolke sitzt, würde die Bewegung der Münze erheblich anders aussehen. Sie würde eine weite, elegante Parabel zurücklegen, wie eine Wasserfontäne in einem Brunnen – sich gleichzeitig nach vorn und nicht nur nach oben bewegen, gleichzeitig vorwärts und nach unten.

Der Mann, der in der Boeing 747 ungeduldig seine Münze in die Luft wirft (wahrscheinlich wartet er auf seinen Whisky), bemerkt die Parabel nicht, weil Menschen, die in Flugzeugen sitzen, nicht merken, daß sie sich mit achthundert Stundenkilometern vorwärts bewegen – auch wenn der Blick aus dem Fenster sie vom Gegenteil überzeugen sollte. Sie haben das Gefühl, sie stünden in der Luft still, und sie benutzen dieses Bezugssystem als das Fenster, durch das sie sich alles andere ansehen.

Darin liegt auch das Problem. Damit wir die Beziehung zwischen dem, was wir sehen, und dem, was geschieht, wahrnehmen können, müssen wir den Einfluß unseres eigenen Bezugssystems addieren – oder abziehen. Und die meisten Leute sind sich einfach nicht darüber im klaren, daß sie überhaupt mit einem Bezugssystem auf dem Rücken herumlaufen.

Denken Sie nur an die frühen Astronomen, die die Bewegungen der Planeten am Himmel aufgezeichnet haben. Mars und Venus und all die anderen Mitglieder der Planetenfamilie zeichneten barocke Schnörkel an den Himmel – wie Piloten, die ein bißchen zu tief ins Glas geschaut haben. Diese Achterbahnschleifen – oder Epizyklen, wie sie im Fachjargon heißen – sind präzise, praktisch nutzbare Beschreibungen der Planetenbewegungen relativ zur Erde. Sie haben unseren fernen Vorfahren gute Dienste bei allen möglichen astronomischen Vorhersagen geleistet, einschließlich der Vorhersage von Sonnen- und Mondfinsternissen.

Das einzige, was unsere Vorfahren bei den Bewegungen der Planeten außer acht ließen, war ihr eigenes Bezugssystem. Sie gingen – genau wie die Leute in der Boeing 747 – davon aus, daß sie selbst sich nicht bewegten. Wenn man das Bezugssystem so verändert, daß man auch die Bewegung der Erde mit einbezieht und die Sonne ins Zentrum der Bewegung stellt, bekommt man schließlich statt der verschnörkelten Epizyklen ganz brave Ellipsen.

Wenn eine Sichtweise so richtig ist wie die andere, dann könnten Sie jetzt mit Recht fragen, warum die Leute soviel Aufhebens um den Riesensprung machen, den Kopernikus tat, als er das Sonnensystem so neu ordnete, daß die Sonne im Zentrum war.* Warum nennen wir das erdzentrierte System »überholt« und das heliozentrische »fortschrittlich«? Weder der sonnenzentrierte noch der erdzentrierte Standpunkt ist strenggenommen falsch oder richtig – solange man weiß, wie man von dem einen Bezugssystem ins andere gelangen kann.

Die kopernikanische, sonnenzentrierte Sichtweise ist jedoch wesentlich vorzuziehen, denn die Epizyklen sind so kompliziert, daß die tiefe Beziehung zwischen der Schwerkraft und der Bewegung der Planeten völlig verdeckt war. Genau wie die Bilder, die *Apollo* vom Mond zur Erde schickte, änderte die sonnenzentrierte Sicht nicht notwendigerweise die »Fakten«. Aber die Verschiebung in der Sehweise bot die Möglichkeit, Beziehungen, die vorher verschwommen waren, nun klar und deutlich zu sehen. Insbesondere erlaubte sie Newton, die Beziehungen zwischen Gegenständen und Bewegungen zu erkennen, die es ihm möglich machten, die Umlaufbahnen der Planeten und Monde mit dem Fall der Äpfel auf der Erde in Beziehung zu setzen.

Umgekehrt können Illusionen (und Witze) dabei herauskommen, wenn man sein Bezugssystem außer acht läßt. Denn dann erwischt es einen oft auf dem falschen Fuß. Zum Beispiel erscheint der Mond größer, wenn er tiefer am Horizont hängt, als wenn er direkt über uns steht. Denn am Horizont kommt die Perspektive hinzu, so daß die Scheibe des

---

* Insbesondere, wenn man bedenkt, daß das neue kopernikanische Sonnensystem immer noch viele Komplikationen bot. Zum Beispiel bestand Kopernikus, obwohl er die Sonne ins Zentrum stellte, immer noch darauf, daß die Umlaufbahnen der Planeten vollkommene Kreise sein mußten (in Wirklichkeit sind es Ellipsen).

Mondes weiter weg zu sein scheint. Normalerweise sehen weit entfernte Gegenstände, etwa Segelboote in großer Ferne, winzig klein aus. Wenn also der Mond (durch die Perspektive) weit entfernt zu sein scheint, dann geht unser Hirn davon aus, daß er riesengroß sein muß, wenn dabei sein Bild auf unserer Netzhaut genauso groß ist, wie wenn er über uns am Himmel steht.*

Oft streiten sich die Leute über »richtig« und »falsch«, wenn es doch eigentlich nur um verschiedene Bezugssysteme geht. Die Ansicht, daß die Erde eine flache Scheibe ist, gilt heutzutage sicherlich als falsch, und global gesehen ist sie das sicher auch. Alle haben die Apollo-Bilder gesehen. Und schon lange vorher konnte man aus der Form des Erdschattens auf dem Mond und daraus, daß Schiffe langsam hinter dem Horizont verschwinden, schließen, daß die Erde eine gekrümmte Oberfläche haben muß.

Aber Tatsache ist doch, daß die Erde für alle praktischen Erwägungen, das heißt in der Größenordnung, in der sich Menschen normalerweise bewegen, wirklich eine flache Scheibe ist. Das liegt daran, daß wir normalerweise an einem Tag nicht so große Strecken zurücklegen, daß wir die Krümmung bemerken könnten, die sich erst auf lange Sicht zeigt.

Tatsächlich wird ja jede gekrümmte Oberfläche praktisch flach, wenn man nur ein ausreichend kleines Stück betrachtet. So wie ein Fußball oder sogar ein Pingpongball praktisch flach ist, wenn man nur ein ganz winzig kleines Stück herausnimmt. Die Leute, die die Erde für eine flache Scheibe hielten, waren nicht dumm, sie sind nur nicht besonders weit herumgekommen. Es kann also wirklich enorme Folgen haben, wenn man sein Bezugssystem erweitert oder einschränkt.**

In einem Bezugssystem ist die Erde rund, im anderen platt.

Die Vorstellung vom »Bezugssystem« läßt sich auf viele verschiedene Konzepte anwenden, die wir so selbstverständlich hinnehmen, daß wir ganz vergessen, daß es sie gibt. Zum Beispiel das Konzept des Weltraums. Wir gehen davon aus,

---

* Wahrnehmungspsychologen sind sich allerdings nicht einig über den Grund für diese Mondillusion.
** Siehe Kapitel 5 »Eine Frage des Maßstabs«

daß der Raum flach ist – vielleicht höchstens noch ein Nichts ohne hervorstechende Eigenschaften, wie etwa ein leeres Blatt Papier oder eine unsichtbare Bühne, auf der das Universum »passiert«. Aber seit Einsteins gekrümmtem Raum-Zeit-Kontinuum und dem überschäumenden quantenmechanischen Vakuum der subatomaren Physik hat sich unsere Sichtweise auf dieses »Nichts« völlig verändert. Das Raum-Zeit-Kontinuum hat eine Form und besitzt Energie. Es entwickelt sich. Es hat eine Vergangenheit und eine Zukunft. Das subatomare Vakuum wimmelt nur so vor spontaner Erzeugung von sogenannten virtuellen Teilchen, Paaren von Materie und Antimaterie, die sich aus dem Nichts bilden und dann wieder in Nichts auflösen.

Mit anderen Worten: Der Hintergrund spielt bei der Bildung des Vordergrundes eine wichtige Rolle – genauso wie sich die Form des Schattens verändert, wenn er auf unebenes Pflaster fällt. Jeder, der je eine Landkarte gelesen hat, weiß, daß die Formen und Größen der Kontinente sich verändern, je nachdem ob man sie auf einem kugelrunden Globus darstellt oder in einer zweidimensionalen Projektion. Der Bezugsrahmen ändert das Bild.

Sicher sah das alles viel einfacher aus, ehe Einstein und die Quantenmechanik daherkamen und unsere Aufmerksamkeit auf die Form der Bühne und auf ihren Einfluß auf die Handlung lenkten. In jenen einfacheren früheren Tagen fand die Geometrie in einem eigenschaftslosen Raum statt, etwa auf der Wandtafel hinter dem Pult de Lehrers, wo es Parallelen nicht im Traum einfallen würde, sich zu schneiden, und wo die Winkel in allen Dreiecken in der Summe stets brav 180° ergaben. Die euklidische Geometrie unterteilte die Welt in ordentliche Dreiecke, Kreise und Parallelen – die sich über Tausende von Jahren nicht verändert haben.

James Newman nennt die Entwicklung der nicht-euklidischen Geometrie die aufregendste mathematische Neuerung des 19. Jahrhunderts. Über zweitausend Jahre lang hatte das von Euklid vervollkommnete System als absolute Autorität gegolten. Die Regeln, die in diesem System für die geometrischen Beziehungen im Raum formuliert wurden, galten als so unverrückbar wie das Einmaleins. Der Raum gehorchte Euklid, pflegten die Mathematiker zu sagen, und Euklid gehorchte dem Raum.

Irgendwie ist es wirklich verwunderlich, daß man die Geometrie des gekrümmten Raumes nicht früher bemerkt hat. Schließlich leben wir alle auf der gekrümmten Oberfläche der Erde. Jeder Navigator weiß, daß sich die Längengrade, die am Äquator parallel verlaufen, an den Polen schneiden. Und wie Thorne aufzeigt, würden zwei Bälle, die man auf »parallelen« Geraden zur Erde fallen läßt, sich (wenn sie könnten) im Zentrum der Erde treffen.

Wenn der Gedanke uns auch noch so vertraut ist, das Konzept, daß sich die Wandtafel verbiegen kann, ist äußerst gewöhnungsbedürftig. Ein altes Rätsel zeigt das deutlich: Stellen Sie sich vor, Sie stehen auf der Erdkugel und gehen eine Meile in Richtung Süden, dann eine Meile in Richtung Osten, eine Meile in Richtung Norden und kommen wieder an Ihrem Ausgangspunkt an. Welche Farbe haben die Bären? Die Antwort ist »weiß«, denn Sie befinden sich am Nordpol.*

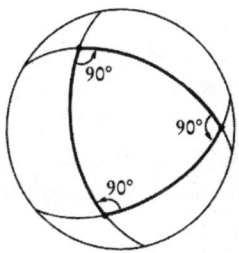

Welche Farbe haben die Bären? Wie man aus drei rechten Winkeln auf der gekrümmten Oberfläche der Erde ein Dreieck konstruieren kann.

So groß ist die Macht des gekrümmten Raums. Er kann bewirken, daß sich Parallelen schneiden und unmögliche Dreiecke bilden. Und nicht nur auf den wohlvertrauten gekrümmten zweidimensionalen Oberflächen (z. B. unserer Erde), die sich in die dritte Dimension (z. B. den Raum)

---

* Eigentlich gibt es am Nordpol gar keine Bären, aber so macht das Rätsel noch mehr Spaß.

schmiegt. Der allgemeinen Relativitätstheorie zufolge verknüpfen sich die drei Dimensionen des Raumes noch mit der vierten Dimension, der Zeit, und bilden das vierdimensionale Raum-Zeit-Kontinuum. Stellen Sie sich das vielleicht wie die Fäden eines dicht gewebten Gewandes vor: Drei Dimensionen teilen Ihnen mit, wo etwas im Raum ist, die vierte, wo es in der Zeit ist.

Der Gedanke, daß sich das Raum-Zeit-Kontinuum in der Nähe schwerer Objekte krümmt – wie ein Wasserbett, wenn sich ein stämmiger Schläfer draufsetzt –, wird heute ohne Probleme akzeptiert. Er ist immer und immer wieder getestet worden und hat alle Prüfungen stets bravourös bestanden. (Weitere Tests sind noch im Gange.)

Aber was ist mit dem Universum als Ganzes? Hat das Raum-Zeit-Kontinuum eine Gesamtform? Und wenn es gekrümmt ist, sieht es dann aus wie eine Kugel oder eher wie ein Sattel?

In Euklids wohltuend flachem Raum konnte man davon ausgehen, daß ein Ort, der eine Million Lichtjahre entfernt liegt, genauso aussieht wie der Ort gleich nebenan, daß der Raum vor 15 Milliarden Jahren genauso aussah, wie er in 15 Millionen Jahren aussehen wird. Der Gedanke, daß der Raum eine Form hat, bedeutet jedoch, daß es nicht mehr möglich ist, mit Gewißheit zu sagen, was irgendwo zu irgendeiner Zeit geschieht. Hier in der Gegend könnte der Raum flach sein, etwas weiter drüben aber gekrümmt. Oder heute flach und vorher zusammengerollt.

Astronomen und Kosmologen benutzen heute alle möglichen pfiffigen Methoden, um die Gesamtkrümmung des Raum-Zeit-Kontinuums zu messen, aber das ist harte Arbeit. Es gibt im Raum wenig feste Bezugspunkte und noch weniger Punkte, die auch klare und deutliche Signale aussenden und eindeutige Informationen geben wie: »Stern mit acht Trillionen Watt Lichtleistung. Vierzig Millionen Lichtjahre von der Erde entfernt.«

Selbst die bloße Vorstellung von der Form des Raum-Zeit-Kontinuums erfordert ein Höchstmaß an Phantasie. Geht es in alle Ewigkeit so weiter? Und wenn nicht, was ist dann jenseits seiner Grenzen? Keine der möglichen Antworten ist leicht zu verdauen.

Man kann einen Trick anwenden, um dieses Problem in den Griff zu bekommen: das eigene Bezugssystem verändern. Stellen Sie sich vor, unser vierdimensionales Raum-Zeit-Kontinuum ist die Oberfläche eines Ballons. Der kann ja eine endliche Oberfläche haben, hat aber trotzdem keinen Rand. Ob nun diese Sichtweise richtig (oder auch nur nützlich) ist, können wir allerdings nur mit der Zeit (oder dem Raum) erfahren.

Seltsamerweise hießen in Einsteins Universum unsere Zeit und unser Raum Eigenzeit und Eigenraum, um sie von dem Standpunkt aller anderen zu unterscheiden. (Es versteht sich von selbst, daß es eine Unmenge politischer und sozialer Situationen gibt, in denen wir unser Bezugssystem als »eigen« sehen – um dann überrascht festzustellen, daß die Sichtweise aller anderen seltsam verzerrt wirkt. Streitereien über die Notwendigkeit einer Quotenregelung für Frauen, Minderheiten etc. drehen sich immer wieder darum, daß man es einfach nicht schafft, eine gemeinsame »Ebene« zu finden, die aus allen Perspektiven als Ebene gesehen wird.)

Unsere persönliche Perspektive umfaßt neben der Form der Bühne noch eine ganze Reihe von anderen Faktoren – unter anderem Zeitsysteme, Blickwinkel, den Nullpunkt und viele, viele andere.

Nehmen wir nur einmal die Temperatur. Die Kelvin-Skala beginnt beim absoluten Nullpunkt – der kältesten Temperatur, die man sich vorstellen kann – ungefähr bei minus 460 Grad auf der Fahrenheitskala oder minus 273 Grad Celsius. Celsius legt seinen Nullpunkt an den Gefrierpunkt des Wassers – 32 Grad Fahrenheit. Sogenannte Hochtemperatur-Supraleiter transportieren Elektrizität ohne Reibungsverlust bei sogenannten »hohen« Temperaturen wie 130 Grad Kelvin, mehr als hundert Grad unter dem Nullpunkt der Celsiusskala und Hunderte von Grad unter dem der Fahrenheitskala. Es ist wie der alte Witz: Vierzig ist doch kein Alter, jedenfalls wenn man ein Baum ist.

Auch Zeitsysteme können die Sichtweise sehr stark verzerren. Astronomen, die das Universum für »jung« halten, argumentieren, daß es zwischen 8 und 12 Milliarden Jahren alt ist. Eine Galaxie »ganz in der Nähe« ist 4 Millionen Lichtjahre entfernt. Geologen behaupten, daß der Boden unter unseren Füßen sich wie eine Flüssigkeit verhält, selbst wenn er uns als massiver Fels erscheint. Ob sich Berge und Kontinente tatsächlich »bewegen«, hängt ganz und gar von Ihrem Zeitbezugssystem ab. Die elliptischen Umlaufbahnen der Planeten um die Sonne mußte man dadurch bestätigen, daß man über lange Zeiträume hinweg viele Messungen machte. So etwas wie eine Umlaufbahn in einem Augenblick gibt es einfach nicht. Es geht um folgendes: Manche Dinge »existieren« in einigen Zeitbezugssystemen, in anderen verschwinden sie.

Konzepte wie heiß und kalt, alt und jung, Hintergrund oder Nichts sind ohne Bedeutung, wenn sie kein richtiges Bezugssystem haben. Ohne Zusammenhang ergeben Messungen keinen Sinn. Die Menschen erfinden immer wieder Konzepte wie die Null und das Nichts und Arten und Organismen. Genauso wie sie die sogenannten imaginären Zahlen »erfunden« haben, die inzwischen von so grundlegender Bedeutung für jegliche Berechnung von allen möglichen Dingen von elektrischen Schaltkreisen bis hin zum vierdimensionalen Raum-Zeit-Kontinuum sind. Sie sind genausowenig »gegebene Größen« wie der formlose Raum oder eine »Sekunde« als Zeitmaß. (Oder wie der Physiker Frank Oppenheimer zu sagen pflegte, wenn er frustriert auf die Warnungen seiner Mitmenschen reagierte, die ihm vorhielten, er solle endlich die Beschränkungen der wirklichen Welt akzeptieren: »Das ist nicht die wirkliche Welt. Das ist eine Welt, die wir uns ausgedacht haben.«)

Wenn man menschliche Eigenschaften miteinander vergleicht, kommt man beinahe immer in Bedrängnis, weil man sich nicht auf die Meßinstrumente und Ausgangspunkte einigen kann.* Wenn man über Intelligenz oder über Wert diskutiert, ohne vorher eine allgemeine Übereinkunft über die

* Siehe Kapitel 4 »Das Maß des Menschen und aller Dinge«

Größe und Art der Maßstäbe zu treffen, so ist das genauso sinnlos, als würde man eine Temperatur als 30 Grad angeben und nicht dazusagen, ob es Grad Kelvin, Fahrenheit oder Celsius sein soll.

Eine der spannendsten Auswirkungen eines geänderten Bezugssystems ist der Übergang von Einfachem zu Komplexem und umgekehrt. Erstaunlich einfache Dinge können sich aus ungeheuer komplexen Zusammenhängen ergeben – und umgekehrt. Viele einfache ähnliche Dinge (Sterne, Wassertropfen, Nervenzellen) auf einem Haufen addieren sich zu komplizierten Dingen (Galaxien, Wolken, Hirnen). Wenn man den Maßstab verschiebt, mit dem man sie sich ansieht, ändern sie ihren Charakter vollkommen.

Komplizierte Dinge können auch eine elegante Schlichtheit an den Tag legen, wenn man das Gesichtsfeld erweitert. Die Familie der Sterne und Planeten und Galaxien, die sich alle in Struktur und Zusammensetzung stark unterscheiden, entwickelt sich dann zu einer Ansammlung regelmäßiger runder oder zumindest ovaler Objekte. Blutgefäße und Bäume und Flüsse verzweigen sich auf erstaunlich ähnliche Weise. Die gleichen einfachen Muster wiederholen sich immer wieder, erwachsen aus dem scheinbaren Chaos: Jupiters majestätischer roter Punkt, der nun schon seit Jahrhunderten knapp unterhalb der Taille dieses riesigen Planeten sitzt, wird von unvorstellbar wilden Stürmen erzeugt. Vererbte Merkmale, zum Beispiel die Nase Ihres Vaters, sind selbst nach ungeheuer vielen Permutationen noch erkennbar.

Daß diese Muster so robust und beständig sind, liegt daran, daß die verschiedenen Bezugssysteme von verschiedenen Naturgesetzen regiert werden, die verschiedene Verhaltensmuster hervorrufen.* So tritt zum Beispiel die Quantenmechanik erst im subatomaren Reich in Aktion. Tief im Inneren des Tisches, auf dem ich dies tippe, sausen atomare Teilchen mit einer nur durch Wahrscheinlichkeiten beschreibbaren Unschärfe herum, sind weder hier noch dort und überall gleichzeitig. Der Tisch besteht zum größten Teil aus leerem Raum.

---

* Siehe Kapitel 5 »Eine Frage des Maßstabs«

Aber hier oben, in meiner menschlichen Größenordnung, ist keine Spur von diesen Vorgängen zu merken. Der Tisch steht einfach da, massiv und ruhig.

Ein Gebäude sieht ganz einfach aus, bis Sie sich einmal die elektrische Verkabelung und die Röhren und Leitungen anschauen. Eine Landschaft wirkt völlig kompliziert, bis Sie sie einmal von einem Flugzeug aus sehen und die sich ständig wiederholenden Muster der Flüsse, Berge und Bäume erkennen. »Naturgesetze sind keine ewigen, abstrakten Wahrheiten«, schreibt Stewart. »Es sind Muster, die in einem bestimmten gewählten Zusammenhang deutlich werden.«

Kürzlich habe ich mich mit einem befreundeten Physiker über ein Problem unterhalten, an dem er gerade arbeitet: an der Natur von Glas. Glas ist ein seltsames Zwitterwesen, eine feste Flüssigkeit, wenn Sie so wollen, oder ein flüssiger Festkörper. Ich sagte, das schiene mir aber ein ziemlich komplexes Problem zu sein. Er erwiderte: »Das sieht vielleicht nur kompliziert aus, weil wir die Antwort noch nicht kennen. Wenn wir die Antwort kennen, ist es unter Umständen ganz einfach.«

Das Konzept von den veränderten Bezugssystemen gibt der inneren Dualität der Natur weitere Gültigkeit. Die besagt nämlich, daß das Gegenteil von Wahrheit, wie es Frank Oppenheimer einmal formulierte, eben nicht Gotteslästerung ist. Es könnte ganz einfach nur eine andere Art von Wahrheit sein. Jeder zusätzliche Standpunkt bringt neue Einsichten – solange der Betrachter sich darüber im klaren ist, in welchem Bezugssystem er sich befindet, oder begreift, wie stark die Brille ist, durch die er schaut.

Die Naturwissenschaften funktionieren, meinte Stewart, »genau aus dem Grund, weil verschiedene Standpunkte verschiedene Eigenschaften der Welt erleuchten«.

Der Physiker Viki Weisskopf hat immer gern die Geschichte von den beiden berühmten Kollegen erzählt, die einmal zusammen am Strand spazierengingen. Der eine erklärte dem anderen die mathematische Struktur des Raumes. Der andere antwortete: »Unsinn. Der Raum ist blau, und es fliegen Vögel drin herum.«

Das Problem ist: Wir brauchen alle beide. Oder mit einer oft zitierten Binsenwahrheit, die so verschiedenen Urhebern wie Christopher Morley und Niels Bohr zugeschrieben wird: »Das Gegenteil von einer oberflächlichen Wahrheit ist falsch; das Gegenteil von einer tiefen Wahrheit ist auch wahr.«

Danksagung

Letztlich haben wir dieses Buch meiner Lektorin Jane Isay zu verdanken, die mich als erste darauf aufmerksam gemacht hat, daß es sich hier um ein Buch über Mathematik handelt. Das hat mich zunächst völlig überrascht. Ich hatte sie besucht, um mit ihr einige Ideen zu besprechen, die mich schon seit Jahren beschäftigten. Angeregt dazu hatten mich unzählige Freunde, Kollegen, Autoren von Büchern und Aufsätzen, die ich nie kennengelernt hatte, und Naturwissenschaftler, mit denen ich nur irgendwann einmal telefoniert hatte. Und doch hatte ich irgendwie nicht den nötigen Abstand, um zu erkennen, daß der eine rote Faden, der alles zusammenhielt, die Mathematik war. Danke, Jane!

Zu den anderen Einflüssen gehören beinahe alle Menschen, die mich je in irgendeiner Form beeindruckt haben. Ich versuche also gar nicht erst, sie alle zu nennen. Viele von ihnen habe ich jedoch in der Bibliographie am Ende des Buches aufgeführt. Viele andere sind die Naturwissenschaftler und Mathematiker, die in meinem Text nur hier und da durch ein Zitat vertreten sind, deren Rat und Gedanken aber eigentlich das ganze Buch durchziehen. Danke an alle für die vielen Stunden mit Gesprächen, Fragen und Anfragen. Ein ganz besonderes Dankeschön an Cathleen Morawetz, die eine frühe Fassung des Buches sehr sorgfältig durchgelesen hat (noch ehe ich wußte, daß es um die Mathematik der Wahrheit ging), ihre Bedenken äußerte und Ermutigung aussprach, was mir sehr weitergeholfen hat.

Ich bin allen sehr dankbar, die das gesamte Manuskript in verschiedenen Fassungen gelesen haben. Sie haben Ratschläge, eigene Einsichten und Ergänzungen beigesteuert und mich manchmal einfach vor dummen Fehlern bewahrt. Danke an: Virginia Barber, Keith Devlin, David Goodstein, Haim Harrari, Roald Hoffmann, Gerald Holton, Tom Humphrey, Patty O'Toole. Danke auch an alle, die für einzelne

Teile des Buches die gleiche unschätzbare Hilfe geleistet haben: Susan Chace, Elsa Feher, Adam Frank, Liz Janssen und Lawrence Krauss. Ganz klar: alle dummen Fehler, die noch übrig sind, gehen allein auf meine Kappe.

Joel Greenberg, mein Redakteur bei der *Los Angeles Times*, hat mit auch sehr geholfen, meine Gedanken knapper zu fassen und immer wieder in Frage zu stellen. Immer wieder schlichen sich nämlich die Themen, die ich für dieses Buch erforschte, auch in die Artikel ein, die ich für die Zeitung schrieb (und letzten Endes auch umgekehrt). Danke, Joel.

Ohne die Unterstützung meiner Freundinnen hätte ich dieses Buch niemals schreiben können: insbesondere Mary Kay Blakely, Susan Chace, Evelyn Renold, Patty O'Toole, Claudette Sutherland und Mary Lou Weisman. Danke auch an meine Kinder Pete und Liz Janssen, die mein Leben auf millionenfache Weise so sehr bereichern und mich viel weiser gemacht haben. Und ein riesiges Dankeschön an meinen Vater Bob Cole – dafür, daß er einfach immer da war.

Ich möchte auch die indirekte, aber sehr wichtige Inspiration nicht unerwähnt lassen, die mir zwei Schriftstellerverbände gegeben haben, zu deren Mitgliedern ich mich voller Stolz zähle: zum einen das PEN Center West, das mich immer wieder daran erinnert, daß Autoren und Autorinnen auf der ganzen Welt teuer (manchmal mit ihrem Leben) für einen Beruf zahlen, den ich beinahe für selbstverständlich halte. Zum anderen die Frauen von JAWS für ihre hohen Ansprüche und ihren Mut.

Und schließlich ein großes Dankeschön an meine Agentin Ginger Barber, die meine Arbeit nicht nur gründlich und äußerst hilfreich kommentiert, sondern auch jenes wichtige Gespräch mit Jane Isay arrangiert hat.

Auswahlbibliographie

Adams, William J. *Get a Grip on Your Math*. Iowa: Kendall/Hunt Publishing Company, 1996.

Axelrod, Robert. *Die Evolution der Kooperation*. Aus d. Engl. u. mit einem Nachw. v. Werner Raub und Thomas Voss. München, Wien: Oldenbourg (Scientia Nova), 1997.

Barrow, John D. *Die Entdeckung des Unmöglichen; Forschung an den Grenzen des Wissens*. Heidelberg, Berlin, New York: Spektrum, 1999.

– *Ein Himmel voller Zahlen. Auf den Spuren mathematischer Wahrheit.* Aus d. Engl. v. Anita Ehlers. Heidelberg, Berlin, New York: Spektrum, 1994.

Bartlett, Albert A. »Arithmetic, Population and Energy (Forgotten Fundamentals of the Energy Crisis)«. Ursprünglich veröffentlicht in *American Journal of Physics*. Nr. 9, Sept. 1978.

– *The Exponential Function* (Serie). The Physics Teacher, 1976–1996.

Benjamin, Arthur und Michael Brant Shermer. *Mathemagics*. Los Angeles: Lowell House, 1993.

Brams, Steven J. *Theory of Moves*. Cambridge: Cambridge University Press, 1994.

Brams, Steven J. und Alan D. Taylor. *Fair Division: From Cake Cutting to Dispute Resolution*. Cambridge: Cambridge University Press, 1996.

Byers, Nina. *The Life and Times of Emmy Noether: Contributions of Emmy Noether to Particle Physics*. Proceedings of the International Conference on The History of Original Ideas and Basic Discoveries in Particle Physics: Erice, 1994.

Carr, Joseph J. *The Art of Science*. San Diego: High Text Publications Inc., 1992.

Casti, John L. *Complexification*. New York: HarperCollins Publishers, 1994.

– *Die großen Fünf. Mathematische Theorien, die unser Jahrhundert prägten.* Aus d. Amerik. v. Gisela Menzel und Benno Zimmermann. Basel, Boston, Berlin, Stuttgart: Birkhäuser, 1996.

Changeux, Jean-Pierre und Alain Connes. *Conversations on Mind, Matter, and Mathematics*. Princeton: Princeton University Press, 1989.

Cipra, Barry. *What's Happening in the Mathematical Sciences*. RI: American Mathematical Society, 1995–1996.

Cohen, Jack und Ian Stewart. *Chaos – Antichaos. Ein Ausblick auf die Wissenschaft des 21. Jahrhunderts*. Aus d. Engl. v. Friedrich Griese. Byblos, 1994.

Cole, K. C. *Sympathetic Vibrations: Reflections on Physics as a Way of Life.* New York: William Morrow and Company, Inc. , 1985.

Courant, Richard und Herbert Robbins. *Was ist Mathematik?* Berlin: Springer, 1998.

Coveney, Peter und Roger Highfield. *Frontiers of Complexity.* New York: Ballantine Books, 1995.

Cronin, Helena. *The Ant and the Peacock.* Cambridge: Cambridge University Press, 1991.

Crutchfield, James P. und J. Doyne Farmer, Norman H. Packard und Robert S. Shaw. *Chaos und Fraktale.* Einl. v. Hartmut Jürgens, Heinz O. Peitgen und Dietmar Saupe. Heidelberg, Berlin, New York: Spektrum, 1989.

Darling, David. *Equations of Eternity.* New York: Hyperion, 1993.

Davis, Philip J. und Reuben Hersh. *Erfahrung Mathematik.* Einl. v. Hans Freudenthal. Aus d. Amerik. v. Jeannette Zehnder. Basel, Boston, Berlin, Stuttgart: Birkhäuser, 1996.

Devlin, Keith. *All the Math That's Fit to Print.* Washington, D. C.: The Mathematical Association of America, 1994.

– *Goodbye, Descartes.* New York: John Wiley and Sons, 1997.

– *Mathematics. The New Golden Age.* London: Penguin Books, 1988.

– *Muster der Mathematik. Ordnungsgesetze des Geistes und der Natur.* Heidelberg, Berlin, New York: Spektrum, 1997.

Dewdney, A. K. *200 Prozent von nichts. Die geheimen Tricks der Statistik und andere Schwindeleien mit Zahlen.* Aus d. Amerik. v. Michael Zillgitt. Basel, Boston, Berlin, Stuttgart: Birkhäuser, 1994.

Dick, Auguste. *Emmy Noether (1882–1935).* (BEM – Beihefte zur Zeitschrift »Elemente der Mathematik«, 00013). Basel, Boston, Berlin, Stuttgart: Birkhäuser, 1970.

Eigen, Manfred und Ruth Winkler. *Das Spiel. Naturgesetze steuern den Zufall.* München: Piper, 1996.

Einstein, Albert und Max Born. *Briefwechsel 1916 –1955.* Vorw. v. Werner Heisenberg. Geleitwort von Bertrand Russell. Komment. v. Max Born. München: Nymphenburger, Neuauflage 1991.

Ekeland, Ivar. *The Broken Dice.* Chicago: The University of Chicago Press, 1993.

Emiliani, Cesare. *The Scientific Companion.* Canada: John Wiley and Sons, Inc., 1988.

Faludi, Susan. *Backlash. Die Männer schlagen zurück.* Reinbek: Rowohlt 1995.

Farnes, Partricia und G. Kass-Simon. *Women of Science.* Bloomington: Indiana University Press, 1990.

Feynman, Richard P. *Vom Wesen physikalischer Gesetze.* Vorw. v. Rudolf Mössbauer. Aus d. Amerik. v. Sieglinde Summerer und Gerda Kurtz. München: Piper, 1997.

Freiberger, Paul und Daniel McNeill. *Fuzzy Logic. Die »unscharfe« Logik erobert die Technik.* Aus d. Amerik. v. Robert Jaroslawski. München: Droemer Knaur, 1996.

Gamow, George und Walter Theimer. *Eins, zwei, drei … Unendlichkeit. Grenzfragen der modernen Wissenschaft verständlich gemacht.* Aus d. Engl. v. Walter Theimer. Hannover: Fackelträger-Verl. , 1956.

Gardner, Martin. *Mathematischer Karneval. Eine Sammlung der vergnüglichsten mathematischen Spiele.* Aus d. Amerik. v. Sibylle und Ulfried Wesser. Berlin: Ullstein , 1993.

– *The New Ambitextrous Universe.* New York: W. H. Freeman and Company, 1990.

– *The Night is Large.* New York: St. Martin's Press, 1996.

Gigerenzer, Gerd und Zeno Swijtink, Theodore Porter, Lorraine Daston, John Beatty und Lorenz Krüger. *Das Reich des Zufalls. Wissen zwischen Wahrscheinlichkeiten, Häufigkeiten und Unschärfen.* Heidelberg, Berlin, New York: Spektrum, 1998.

Gladwell, Malcolm. »The Tipping Point.« *The New Yorker.* 3. Juni 1996.

Glaubermann, Naomi und Russell Jacoby. *The Bell Curve Debate.* Toronto: Times Books, 1995.

Gregory, Richard L. *Mind in Science.* Cambridge: Cambridge University Press, 1981.

Gross, David J. »The Role of Symmetry in Fundamental Physics«, *The Proceedings of the National Academy of Sciences,* Bd. 93, Nr. 25, 14256–14259. Princeton: Princeton University Press, 1996.

Guillen, Michael. *Brücken ins Unendliche. Die menschliche Seite der Mathematik.* Aus d. Engl. v. Rupprecht Schattner. München: Nymphenburger, 1984.

– *Five Equations That Changed The World.* New York: Hyperion, 1995.

Guinier, Lani. *The Tyranny of the Majority.* New York: Martin Kessler Books, 1994.

Hawking, Stephen und Roger Penrose. *Raum und Zeit.* Aus d. Engl. v. Claus Kiefer. Reinbek: Rowohlt, 1998.

Herrnstein, Richard J. und Charles Murray. *The Bell Curve.* New York: The Free Press, 1994.

Hoffman, Paul. *Archimedes' Revenge.* New York: Ballantine Books, 1988.

Hoffmann, Roald. *Sein und Schein. Reflexionen über die Chemie.* Stuttgart: Wiley, 1997.

Hofstadter, Douglas R. *Die FARGonauten. Über Analogie und Kreativität.* Hrsg. Fluid Analogies Research Group. Aus d. Amerik. v. Ulrich Enderwitz und Monika Noll. Stuttgart: Klett-Cotta, 1996.

Hofstadter, Douglas R. *Metamagicum. Fragen nach der Essenz von Geist und Struktur.* Aus d. Amerik. v. Ulrich Enderwitz u. a. Stuttgart: Klett-Cotta, 1996.

251

Holton, Gerald. *Einstein, die Geschichte und andere Leidenschaften. Der Kampf gegen die Wissenschaft am Ende des 20. Jahrhunderts.* Wiesbaden: Vieweg, 1997.

Horgan, John. *An den Grenzen des Wissens. Siegeszug und Dilemma der Naturwissenschaften.* Aus d. Amerik. v. Thorsten Schmidt. München: Luchterhand, 1997.

Huff, Darrell. *Wie lügt man mit Statistik.* Aus d. Engl. v. Fritz Levi. Zürich: Sanssouci, 1956.

Jacobs, Harold. *Mathematics: A Human Endeavour.* San Francisco: W. H. Freeman and Company, 1970.

Kahneman, Daniel und Amos Tversky. »The Psychology of Preferences«, *Scientific American,* Januar 1982.

Kasner, Edward und James Newman. *Mathematics and Imagination.* Redmond, Wash. : Tempus Books, 1989.

Kevles, Daniel J. *The Physicists.* Cambridge: Harvard University Press, 1971.

King, Jerry P. *The Art of Mathematics.* New York: Ballantine Books, 1992.

Kline, Morris. *Mathematics: The Loss of Certainty.* New York: Oxford University Press, 1980.

– *Mathematics and the Search for Knowledge.* New York: Oxford University Press, 1985.

– *Mathematics in Western Culture.* New York: Oxford University Press, 1953.

Konner, Melvin. *Why the Reckless Survive.* New York: Viking, 1990.

Krauss, Lawrence M. *Nehmen wir an, die Kuh ist eine Kugel ... Nur keine Angst vor Physik.* Aus d. Amerik. v. Wolfram Knapp. Stuttgart: DVA, 1996.

– Die Physik von Star Trek. München: Heyne, 1996.

Laplace, Pierre S de. *Philosophischer Versuch über die Wahrscheinlichkeit.* Hrsg. v. R. von Mises. Frankfurt: H. Deutsch, 1996.

Lederman, Leon M. und David N. Schramm. *Vom Quark zum Kosmos. Teilchenphysik als Schlüssel zum Universum.* Aus d. Amerikan. v. Dirk Meenenga. Heidelberg: Spektrum d. Wiss., 1990.

Lewis, H. W. *Technological Risk.* New York: W. W. Norton and Company, 1990.

McGrayne, Sharon Bertsch. *Nobel Prize Women in Science.* New York: Birch Lane Press, 1993.

MacNeal, Edward. *Mathematics: Making Numbers Talk Sense.* New York: Viking, 1994.

Margulis, Lynn und Mark McMenamin. »Marriage of Convenience«, *The Sciences.* September/Oktober 1990.

Margulis, Lynn und Dorion Sagan. *Microcosmos.* New York: Summit Books, 1986.

Mathematical Sciences Research Institute. *Fermat's Last Theorem: The Theorem and Its Proof, An Exploratorium of Issues and Ideas.* Berkeley: MSRI, 1993.

Morrison, Philip. *Nothing is Too Wonderful to Be True.* New York: American Institute of Physics, 1995.

Morrison, Philip und Phylis Morrison, Charles Eames und Ray Eames. *Zehn hoch. Dimensionen zwischen Quarks und Galaxien.* Aus d. Amerik. v. Peter Herbst. Heidelberg, Berlin, New York: Spektrum, 1991.

Morrison, Philip und Phylis Morrison. *Das Geheimnis unserer Wahrnehmung. Warum wir wissen, was wir wissen.* München: Droemer Knaur, 1988.

Morrow, James D. *Game Theory.* Princeton: Princeton University Press, 1994.

Motz, Lloyd und Jefferson Hane Weaver. *The Story of Mathematics.* New York: Avon Books, 1993.

National Research Council. *Understanding Risk.* Washington, D. C.: National Academy Press, 1996.

Newman, James R., Hrsg. *The World of Mathematics.* Redmond, Wash.: Tempus Books, 1956.

Osen, Lynn M. *Women in Mathematics.* Cambridge: The MIT Press, 1974.

Osserman, Robert. *Poetry of the Universe.* New York: Anchor Books, 1995.

Paltiel, A. David und Aaron A. Stinnet. »Making Health Policy Decisions: Is Human Instinct Rational? Is Rational Choice Human?«, *Chance,* Bd. 9, Nr. 2, 1996.

Paulos, John Allen. *A Mathematician Reads the Morning Newspaper.* New York: Basic Books, 1995.

– *Zahlenblind. Mathematisches Analphabetentum und seine Konsequenzen.* Mit einem Vorw. v. Douglas R. Hofstadter. Aus d. Engl. v. Kollektiv Druck-Reif. München: Heyne, 1993.

– *Von Algebra bis Zufall. Streifzüge durch die Mathematik.* Aus d. Engl. v. Thomas M. Niehaus. Frankfurt/Main: Campus, 1992.

Perl, Teri. *Women and Numbers.* San Carlos, Calif.: Wide World Publishing/Tetra House, 1993.

Peterson, Ivars. *Islands of Truth: A Mathematical Mystery Cruise.* New York: W. H. Freeman and Company, 1990.

– *Mathematische Expeditionen. Ein Streifzug durch die moderne Mathematik.* Aus dem Amerik. v. Klaus Volkert. Heidelberg, Berlin, New York: Spektrum, 1992.

Piattelli-Palmarini, Massimo. *Die Illusion zu wissen. Was hinter unseren Irrtümern steckt.* Reinbek: Rowohlt, 1997.

Pickover, Clifford A. *Keys to Infinity.* New York: John Wiley and Sons, Inc., 1995.

Pimm, David. *Speaking Mathematically.* New York: Routledge, 1987.

Poundstone, William. *Prisoner's Dilemma.* New York: Anchor Books, 1992.

Primack, Joel R. and Nancy Ellen Abrahams. »In the Beginning ...‹ Quantum Cosmology and the Kabbalah«, *Tikkun*, Bd. 10, Nr. 1, Jan/Feb 1995.

Root-Bernstein, Robert. »Future Imperfect: Incomplete Models of Nature Guarantees All Predictions Are Unreliable«, *Discover.* Dezember 1993.

Rothenberg, Albert. *Symmetry in Art and Science.* Seattle: AAAS Meeting, 1997.

Rothstein, Edward. *Emblems of Mind.* New York: Avon Books, 1995.

Rucker, Rudy. *Die Ufer der Unendlichkeit. Analysen und Spekulationen über die mathematischen, physikalischen und wirklichen Ränder unseres Denkens.* Frankfurt/Main: Krüger, 1989.

Russell, Bertrand. *Einführung in die mathematische Philosophie.* Darmstadt: Holle, 1952.

Saari, Donald G. *Geometry of Voting.* New York: Springer, 1994.

Schattschneider, Doris. *M. C. Escher: Visions of Symmetry.* New York: W. H. Freeman and Company, 1990.

Schimmel, Annemarie und Franz Endres. *Das Mysterium der Zahl. Zahlensymbolik im Kulturvergleich.* München: Diederichs, 1996.

Singh, Simon. *Fermats letzter Satz. Die abenteuerliche Geschichte eines mathematischen Rätsels.* Aus d. Engl. v. Klaus Fritz. München: Hanser, 1998.

Sen, Amartya. »The Economics of Life and Death«, *Scientific American.* Mai 1993.

Smoot, George und Keay Davidson. *Das Echo der Zeit. Auf den Spuren der Entstehung des Universums.* Aus d. Amerik. v. Friedrich Griese. München: Bertelsmann, 1995.

Steen, Lynn A. Hrsg. *For all Practical Purposes.* New York: W. H. Freeman and Company, 1988.

Stein, Sherman K. *Strength in Numbers.* New York: John Wiley and Sons, 1996.

Stevens, Peter S. *Zauber der Formen in der Natur.* Aus d. Amerik. v. Uta und Martin Weichert. München, Wien: Oldenbourg, 1983.

Stewart, Ian und Martin Golubitsky *Denkt Gott symmetrisch? Das Ebenmaß in Mathematik und Natur.* Aus d. Engl. v. Gisela Menzel. Basel, Boston, Berlin, Stuttgart: Birkhäuser, 1993.

Stewart, Ian. *Spiel, Satz und Sieg für die Mathematik. Zwölf vergnügliche Ausflüge in die Welt der Zahlen.* Aus d. Engl. v. Gisela Menzel. Basel, Boston, Berlin, Stuttgart: Birkhäuser, 1992.

Stewart, Ian. *Mathematik. Probleme – Themen – Fragen.* Hrsg. u. aus d. Engl. v. Günther Eisenreich. Berlin: Akad. -Verl., 1990.

Tavris, Carol. *The Mismeasure of Women*. New York: Simon & Schuster, 1992.

Thompson, d'Arcy. *On Growth and Form*. New York: Cambridge University Press, 1961.

Thorne, Kip S. *Gekrümmter Raum und verbogene Zeit. Einsteins Vermächtnis*. Aus d. Amerik. v. Doris Gerstner und Shaukat Kahn. München: Droemer Knaur, 1996.

Thurston, William P. »On Proof and Progress in Mathematics«, *Bulletin of the American Mathematical Society*, April 1994.

Tobias, Sheila. *Overcoming Math Anxiety*. New York: W. W. Norton and Company, Inc., 1978.

Waldrop, M. Mitchell. *Inseln im Chaos. Die Erforschung komplexer Systeme*. Aus d. Engl. v. Anita Ehlers. Reinbek: Rowohlt, 1993.

Weinstein, Neil D. »Optimistic Biases about Personal Risks«. *Science*. Bd. 246, 8. Dezember 1989.

– »Why It Won't Happen to Me: Perceptions of Risk Factors and Susceptibility«. *Health Psychology*, 1984, 3(5).

Weyl, Hermann. »Emmy Noether«. Gedenkrede vom 26. April 1935 in Bryn Mawr. Veröffentlicht in *Scripta Mathematica III*, 3 (1935).

– *Symmetry*. Princeton: Princeton University Press, 1952.

Wilczek, Frank. »The Cosmic Asymmetry between Matter and Anti-Matter«. *Scientific American*. Dezember 1980.

Wooley, Benjamin. *Virtual Worlds*. London: Penguin Books, 1992.

Young. H. Peyton. *Equity in Theory and Practice*. Princeton: Princeton University Press, 1994.

Zaslavsky, Claudia. *Africa Counts*. Boston: Prindle, Weber and Schmidt Inc. , 1973.

Zimmer, Carl. »The Sharebots«, *Discover*, September 1995.

ISBN 3-351-02496-7

1. Auflage 1999
© Aufbau-Verlag GmbH, Berlin 1999
Copyright © 1998 by K. C. Cole
Published by arrangement with Harcourt Brace & Company
Einbandgestaltung PEIX, Regine Kujat
Druck und Binden Graphischer Großbetrieb Pößneck
Ein Mohndruck-Betrieb
Printed in Germany